"十三五"普通高等教育规划教材

高层建筑结构

编 著 谭 皓
主 审 刘 幸 王天稳

U0322256

中国电力出版社
CHINA ELECTRIC POWER PRESS

内 容 提 要

本书是"十三五"普通高等教育规划教材。全书共分 7 章，主要内容包括高层建筑结构概述、高层建筑结构的结构体系与布置、高层建筑结构的荷载和地震作用、框架结构内力与位移计算、剪力墙结构设计、框架-剪力墙结构设计、简体结构设计等，是根据《高层建筑混凝土结构技术规程》（JGJ 3—2010）等国家标准和规范编写的，并且每章后配有习题，有利于初学者掌握本课程的内容。

本书可作为普通高等院校土木工程专业的教材，也可作为高职高专应用型人才培养用书，还可供相关专业的设计、施工、科研人员参考。

图书在版编目（CIP）数据

高层建筑结构/谭皓编著 . —北京：中国电力出版社，2018.8 (2019.6重印)
"十三五"普通高等教育规划教材
ISBN 978-7-5198-2110-4

Ⅰ.①高…　Ⅱ.①谭…　Ⅲ.①高层建筑—建筑结构—高等学校—教材　Ⅳ.①TU973

中国版本图书馆 CIP 数据核字（2018）第 121397 号

出版发行：中国电力出版社
地　　址：北京市东城区北京站西街 19 号（邮政编码 100005）
网　　址：http：//www.cepp.sgcc.com.cn
责任编辑：霍文婵
责任校对：黄　蓓　闫秀英
装帧设计：郝晓燕
责任印制：钱兴根

印　　刷：北京建宏印刷有限公司
版　　次：2018 年 8 月第一版
印　　次：2019 年 6 月北京第二次印刷
开　　本：787 毫米×1092 毫米　16 开本
印　　张：11.75
字　　数：284 千字
定　　价：40.00 元

前　言

　　高层建筑是人类社会经济和科技发展的必然产物。随着城市人口日益增多，建筑用地正在不断减少，发展高层建筑成为城市建设的必然选择。近年来，高层建筑得到快速发展，对土木工程专业人才的需求增加，要求提高。因此，对于毕业后将要从事高层建筑结构设计、施工的学生，必须学习和掌握高层建筑设计的基本理论和基本方法。

　　本书的编写目的是使学生通过本课程的学习，能够掌握多层及高层建筑的结构设计的基本方法，了解高层建筑结构的组成及各种结构体系的布置特点、应用范围；掌握高层建筑结构计算简图的确定方法；掌握风荷载及地震作用的计算方法；掌握框架结构、剪力墙结构、框架-剪力墙结构受力分析与设计的实用方法；掌握高层建筑结构的抗震设计概念，掌握框架和剪力墙的截面设计原理；了解筒体结构的内力计算方法。

　　本书是在编者多年来在教学、科研和工程实践经验的基础上，根据《建筑结构荷载规范》（GB 50009—2012）、《混凝土结构设计规范》（GB 50010—2010）、《建筑抗震设计规范》（GB 50011—2010）、《高层建筑混凝土结构技术规程》（JGJ 3—2010）等的有关规定，并吸收了高层建筑结构设计理论和实践的最新成果编写而成。

　　本书由谭皓编著，由武汉大学刘幸、王天稳教授主审。

　　本书在编写过程中，参阅了有关文献，在此对这些文献的作者表示衷心的感谢！

　　由于编者水平所限，书中疏漏之处在所难免，恳请广大读者批评指正。

编　者

目　　录

第 1 章   高层建筑结构概述

1.1   高层建筑结构的特点

1.1.1   高层建筑的定义

随着经济的发展和科技的进步，世界各国兴建了大量的高层建筑。而高层建筑也成为衡量一个国家建筑科技水平的重要标志。高层建筑是指层数比较多，高度比较高的建筑。各国对高层建筑的规定不同，美国规定高度在 24.6m 以上或 7 层以上的建筑物为高层建筑；英国规定高度等于或大于 24.3m 为高层建筑；法国规定居住建筑高度在 50m 以上，其他建筑高度在 28m 以上为高层建筑；德国规定高度等于或大于 22m（从室内地面算起）的建筑物为高层建筑；日本规定高度在 31m 或 8 层以上的建筑物为高层建筑；比利时规定高度大于 25m（从室外地面算起）的建筑物为高层建筑；俄罗斯规定住宅 10 层及 10 层以上，其他建筑 7 层及 7 层以上为高层建筑。

1972 年，联合国教科文组织所属的世界高层建筑委员会建议高层建筑的层数为大于或等于 9 层，并分为四类：

第一类高层建筑：9～16 层（最高到 50m）；

第二类高层建筑：17～25 层（最高到 75m）；

第三类高层建筑：26～40 层（最高到 100m）；

第四类高层建筑（超高层建筑）：40 层以上（高度 100m 以上）。

《高层建筑混凝土结构技术规程》（JGJ 3—2010）规定：10 层及 10 层以上或房屋高度大于 28m 的住宅建筑，以及房屋高度大于 24m 的其他高层民用建筑混凝土结构称为高层建筑。高层建筑的高度一般是指从室外地面至主要屋面的距离，不包括突出屋面的电梯机房、水箱、构架等部分的高度。习惯上，1～2 层称为低层建筑；3～9 层称为多层建筑；10 层及 10 层以上称为高层建筑。

1.1.2   高层建筑的设计特点

1. 建造高层建筑能够节约土地

高层建筑是城市人口集中、地价高涨的产物。而在有限的土地上，建造高度更高、层数更多的高层建筑，可以节约土地、解决城市用地不足的问题；但高层建筑过于密集会产生热岛效应，还有风力形成气漩涡相互干扰的群体效应，在高层建筑立面上大量的玻璃幕墙还会折射阳光形成光污染。

2. 高层建筑的设备费用和日常运行费用高

高层建筑需要设置电梯、通风、消防等设备，建造高层建筑比多层建筑需要消耗更多的材料，其建造费用要大大高于多层建筑，同时电梯的使用、通风和消防设备的维护及建筑物的清扫，都增加了建筑的使用费用。

3. 水平荷载将成为高层建筑结构设计的重要控制因素

从结构设计的角度看，高层建筑结构可以设想为支承于地面上的竖向悬臂构件，要同时承受竖向荷载和水平荷载。在低层建筑中，水平荷载产生的内力和位移很小，通常可以忽略；在多层建筑结构中，水平荷载所产生的内力位移效应随结构高度的增加而逐渐增大，在高层建筑结构中，水平荷载和地震作用将成为结构设计的重要控制因素。

4. 侧向位移成为结构设计的控制指标

高层建筑在风荷载作用下，将产生比较大的侧向位移，使室内人员感到不舒适；在不大的地震作用下，侧向变形过大，会使建筑结构出现裂缝或损坏，使电梯轨道变形影响正常使用；侧向变形还会引起结构附加弯矩，使结构主体产生裂缝或损坏，甚至倒塌。所以必须把高层建筑的侧向位移控制在一定范围内。

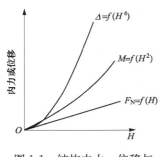

图 1-1　结构内力、位移与
高度的关系

如图 1-1 所示为结构内力（轴力 F_N、弯矩 M）、位移（Δ）与高度的关系。由图 1-1 可知，随着房屋高度的增加，弯矩与位移都呈指数曲线上升，其中位移增加最快，与高度成四次方关系；弯矩与高度成二次方关系，增加速度次之；轴力与高度呈线性关系，其效应不如位移和弯矩那么明显。结构的整体弯矩和侧向位移主要由水平荷载产生，可以说，随着房屋高度的增加，侧向位移将成为结构设计的控制指标。

5. 重视高层建筑的抗震设计

对于地震区的高层建筑，在抗震设计中，重点是提高高层建筑中重要构件及构件中关键部位的延性，耗散掉比较多的地震能量，提高高层建筑结构的抗震性能，增强结构抗倒塌的能力，并力求达到经济合理。

6. 注重高层建筑设计各工种间的协调

高层建筑设计中需要考虑的因素较多，因此在建筑、结构、给水、通风、消防、电梯等多工种设计中要注重相互配合、相互协调。

1.2　高层建筑结构的类型

按照建筑结构使用材料的不同，高层建筑结构可分为钢筋混凝土结构、钢结构、钢-混凝土混合结构三种类型。

钢筋混凝土结构具有取材容易、耐火性和耐久性良好、承载能力强、刚度大、节省钢材、造价低、可模性好，以及能浇制成各种复杂的截面和形状等优点，现浇整体式混凝土结构还具有整体性好的优点，设计合理时，可以获得较好的抗震性能。钢筋混凝土结构布置灵活方便，可以组成各种结构受力体系，在高层建筑中得到了广泛的应用。

钢结构具有材料强度高、截面小、自重轻、韧性和塑性好、制造简便、施工周期短、抗震性能好等优点，在高层建筑中也有比较广泛的应用。

钢-混凝土混合结构是将钢材放入混凝土构件内部，称为钢骨混凝土；或者在钢管内部填充混凝土，做成外包钢构件，也称为钢管混凝土。这种结构不仅具有钢结构自重轻、截面尺寸小、施工进度快、抗震性能好等特点，同时还兼有混凝土结构刚度大、防火性能好、造价低的优点，因而被认为是一种比较好的高层建筑结构形式，近年来得到迅速发展。

1.3　高层建筑结构的发展

　　高层建筑是工业化、商业化和城市化的产物。随着科学技术的进步，轻质高强度的新材料出现及机械化、电气化、计算机在建筑中的广泛应用等，又为高层建筑的发展提供了物质条件和技术保障。世界上第一幢高层建筑是美国芝加哥家庭保险公司大楼，如图 1-2 所示。该楼建于 1883 年，1885 年完工，是按照现代钢框架结构原理建造的高层建筑，即钢铁构架、铆接梁柱，共 10 层，高 42m。

图 1-2　美国芝加哥家庭
保险公司大楼

　　100 多年来，高层建筑的高度、体形在发展，结构体系在创新。我国从 1978 年改革开放以来，高层建筑得到了迅速的发展。30 年前在我国中等城市几乎看不到高层建筑，而如今在一般的城市中高层建筑随处可见。据 2016 年统计，在世界十大高楼中，我国囊括五栋。其中上海中心大厦，高度为 632m，超越了麦加皇家钟塔酒店（高度为 601m 的大楼），成为世界第二高楼；其他四栋依次为：台北 101 大厦、上海环球商业中心、香港国际商业中心、南京紫峰大厦。而 2004 年 9 月 21 日动工，2010 年 1 月 4 日竣工启用的迪拜哈利法塔以总高 828m 的高度成为世界第一高楼。世界最高的十大高层建筑见表 1-1，如图 1-3 所示。

表 1-1　　　　　　　　　　　　世界最高的十大高层建筑

排名	名　　称	城市	建成年份	层数	高度（建筑/结构）（m）	材料	用途
1	哈里法塔	迪拜	2010	163	828/584.5	钢-混凝土	综合
2	上海中心大厦	上海	2016	118	632/580	混合	综合
3	麦加皇家钟塔酒店	麦加	2012	120	601/558.4	钢-混凝土	综合
4	纽约世界贸易中心 1 号楼	纽约	2012	82	541.3/417	混合	办公
5	台北 101 大厦	台北	2004	101	508/438	混合	办公
6	上海环球金融中心	上海	2008	101	492/474	混合	办公/旅馆
7	香港国际商业中心	香港	2010	108	484/468.8	混合	办公/旅馆
8	石油大厦 1 和 2	吉隆坡	1998	88	452/375	混合	办公
9	南京紫峰大厦	南京	2010	89	450/316.6	混合	办公/旅馆
10	西尔斯大厦	芝加哥	1974	108	442/412.69	钢	办公

　　注　建筑高度是指室外地面到建筑物顶部的高度，包括尖顶，不包括天线、桅杆或旗杆；结构高度是指室外地面到建筑物主要屋面的高度，不包括尖顶或天线。

1.3.1　高层建筑蓬勃发展的原因

　　高层建筑之所以能如此迅速地发展，其主要原因如下：

　　（1）18 世纪末的产业革命，带来了生产力的飞速发展和经济繁荣，大工业的兴起引起了商品生产和商品交换的发展，促使人口向城市集中，造成了城市用地紧缺，地价高涨。为

(a) 哈里法塔

(b) 上海中心大厦

(c) 麦加皇家钟塔酒店

(d) 纽约世界贸易中心 1 号楼

(e) 台北 101 大厦

(f) 上海环球金融中心

(g) 香港国际商业中心

(h) 石油大厦 1 和 2

(i) 南京紫峰大厦

(j) 西尔斯大厦

图 1-3　世界最高的十大高层建筑

了能在较少的场地范围内建造出更多的建筑面积，楼房不得不向空中延伸，由多层发展成为高层。高层建筑是经济发展的必然产物。

（2）从促使建设和管理的角度来看，建筑物向高空伸展，可以减少城市平面规模，缩短城市道路和各种公用管线的长度，从而节约了城市建设投资的费用。

（3）建造高楼可以增加人们的聚集密度，缩短交通联系的距离，通过水平交通与竖向交通相结合，把人们在地面上的活动转移到高空，从而节约了时间，提高了效率。

（4）在建筑面积与占地面积相同比值的条件下，高层建筑比低矮的房屋能够提供更多繁荣、空闲的地面。将它用作绿化和休闲场地，有利于美化城市环境，并给房屋带来更充足的日照、采光和通风效果，因此可以改善城市的环境质量。

（5）现代科技进步为高层建筑的迅速发展提供了可能，生产出多种轻质高强度的建筑材料，构思出新型的高效结构体系，创造出先进的施工技术和建筑机械设备，提供了高速电梯、空调、消防、自控等现代化设施，为建造高层建筑提供了充分必要的条件。

高层建筑是现代城市的点缀或标志性建筑，在设计中不但要着重于使用功能，同时又要充分表现其美学功能。随着科学技术和经济的发展，高层建筑的功能和形式越来越多样化，集商业、办公、公寓、娱乐等功能于一体；室内外环境相互融合。这些，充分展示了科学和经济的发展对建筑领域的提升作用。

1.3.2　高层建筑的发展趋势

未来高层建筑的发展，主要体现在如下几方面：

（1）高层建筑酝酿高度上的突破，高度将超过 1000m。

（2）建筑材料，向轻质、高强方向发展。

（3）施工技术，向机械化、高效率、快速安全方向发展。

（4）设计手段，向着快速、精确、可靠方向发展。

（5）结构体系，向着多样、经济、可靠、抗震性能更合理的方向发展。

（6）高层建筑的智能化、生态化将成为高层建筑的发展趋势。

习　题

1-1　我国高层建筑是如何定义的？

1-2　高层建筑结构的受力及变形有哪些特点？

1-3　世界上最高的十大高层建筑是什么？

1-4　简述高层建筑的发展趋势。

第 2 章　高层建筑结构的结构体系与布置

在高层建筑中起主导作用的是水平荷载，故其结构体系常称为抗侧力结构体系。基本的钢筋混凝土抗侧力结构单元有框架、剪力墙、筒体等，由它们可以组成多种结构体系。在高层建筑结构设计中，要正确地选用结构体系和合理地进行结构布置，以确保整个结构有比较高的强度、比较大的刚度、良好的延性，还应该与建筑、水电、设备和施工密切配合，做到技术先进、经济合理、安全适用。

2.1　结构体系（structural system）

2.1.1　框架结构体系（frame structural system）

框架结构由横梁、立柱通过刚性节点连接构成，若整栋房屋均采用这种结构形式，则称为框架结构体系或框架结构房屋，图 2-1 为框架结构房屋平面与剖面示意图。

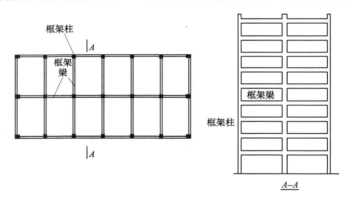

图 2-1　框架结构房屋平面与剖面示意图

按施工方法不同，框架结构可分为现浇式、装配式和装配整体式三种。在地震区，多采用梁、柱、板全现浇或梁柱现浇、板预制的方案；在非地震区，有时可采用梁、柱、板均预制的方案。

在竖向荷载和水平荷载作用下，框架结构各构件将产生内力和变形。框架结构的侧向位移一般由两部分组成。由水平力引起的楼层剪力，使梁、柱构件产生弯曲变形，形成框架结构的剪切变形；由水平力引起的倾覆力矩，使框架柱产生轴向变形（一侧柱拉伸，另一侧柱压缩），形成框架结构的弯曲变形。当框架结构房屋的层数不多时，其侧向位移主要表现为弯曲变形，弯曲变形的影响很小；框架在水平力作用下的侧向位移曲线以剪切型为主。

框架结构体系的优点是：建筑平面布置灵活，能获得比较大的空间（特别适用于商店、餐厅等），也可按需要隔成小房间；建筑立面比较容易处理；结构自重比较轻；计算理论比较成熟；在一定高度范围内造价比较低。图 2-2 是框架结构房屋几种典型的柱网布置图。但框架结构的侧向刚度较小,水平荷载作用下侧向位移较大,有时会影响正常使用;如果框架结构房屋的高宽比较大,则水平荷载作用下的侧向位移也较大,而且引起的倾覆作用也较大。因此,设计时应该控制房屋的高度和高宽比。

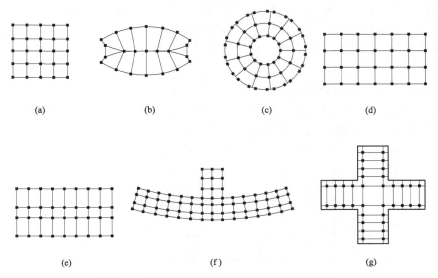

图 2-2　框架结构房屋几种典型的柱网布置图

2.1.2　剪力墙结构体系（shearwall structural system）

当建筑物高度比较大时,采用框架结构就会造成柱截面尺寸过大,影响到房屋的使用功能。而用钢筋混凝土墙代替框架,能有效地控制房屋的侧向位移。这种钢筋混凝土墙主要用于承受水平荷载,墙体承受剪力和弯矩,称为剪力墙。整栋房屋的竖向承重结构全部由剪力墙组成,称为剪力墙结构。图 2-3 是剪力墙结构房屋几种平面布置示意图。

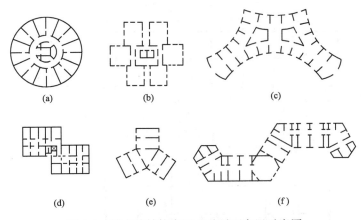

图 2-3　剪力墙结构房屋几种平面布置示意图

剪力墙的高度可以高达几十米,甚至一百多米;宽度可达几米、十几米或者更大;厚度很薄,一般为 140～400mm。在竖向荷载作用下,剪力墙是受压的薄壁柱;在水平荷载作用下,剪力墙为下端固定、上端自由的悬臂柱;在两种荷载共同作用下,剪力墙各截面将产生轴力、弯矩和剪力，并引起变形。对于高宽比较大的剪力墙，其侧向变形呈弯曲型。

剪力墙结构房屋的楼板直接支承在墙上，房间墙面及天花板平整，层高较小，比较适用于住宅、宾馆等建筑；剪力墙的水平承载力和侧向刚度均很大，侧向变形比较小。

剪力墙结构的缺点是结构自重比较大，建筑平面布置局限性大，获得大的建筑空间比较难。为了扩大剪力墙结构的应用范围，在城市临街建筑中可以将剪力墙结构房屋的底层或者底部几层做成框架，形成框支剪力墙，框支层空间大，可以用作商店、餐厅等，上部剪力墙结构层可以用作住宅、宾馆等。

由于框支层与上部剪力墙结构层的结构形式及结构构件布置不同，因而在两者连接处需设置转换层，故这种结构也称为带转换层高层建筑，如图 2-4（a）所示。转换层的水平转换构件，可以是转换梁、转换桁架、空腹桁架、箱形结构、斜撑、厚板等。

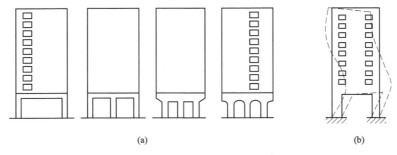

图 2-4　带转换层高层建筑（部分框支剪力墙结构）

带转换层高层建筑结构在其转换层上、下层间刚度发生突变，形成柔性底层或者底部，在地震作用下，容易遭受破坏甚至倒塌，如图 2-4（b）所示。为了改善这种结构的抗震性能，底层或者底部几层必须采用部分框支剪力墙、部分落地剪力墙，形成底部大空间剪力墙结构，如图 2-5 所示。在底部大空间剪力墙结构中，一般应该把落地剪力墙布置在两端或者

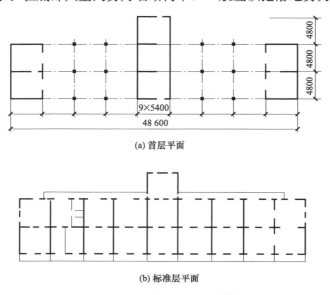

图 2-5　底部大空间剪力墙结构

中部，并将纵、横向墙围成筒体；另外，还应该采取增大墙体厚度、提高混凝土强度等措施加大落地墙体的侧向刚度，使整个结构的上、下侧向刚度差别减小，上部则宜采用开间较大的剪力墙布置方案。

当房屋高度不大但仍需要采用剪力墙结构，或者带转换层结构需要控制转换层上、下结构的侧向刚度（一般是增大下部结构的侧向刚度，减小上部结构的侧向刚度）时，可以采用短肢剪力墙结构。这种结构体系一般是在电梯、楼梯部位布置剪力墙形成筒体，其他部位则根据需要在纵、横墙交接处设置截面高度为 2m 左右的 T 形、十字形、L 形截面短肢剪力墙，墙肢之间在楼面处用梁连接，并用轻质材料填充，形成使用功能及受力均比较合理的短肢剪力墙结构体系。转换层以下采用底部大空间剪力墙结构，转换层以上则采用短肢剪力墙结构。

2.1.3　框架-剪力墙结构体系（frame-shearwall structural system）

为了充分发挥框架结构平面布置灵活和剪力墙结构侧向刚度大的特点，当建筑物需要有比较大的空间且高度超过框架结构的合理高度时，可以采用框架和剪力墙共同工作的结构体系，称为框架-剪力墙结构。当楼盖为无梁楼盖时，由无梁楼板与柱组成的框架称为板柱框架，而由板柱框架与剪力墙共同承受竖向和水平作用的结构，称为板柱-剪力墙结构，其受力和变形特点与框架-剪力墙结构相同。框架-剪力墙结构体系以框架为主，并布置一定数量的剪力墙，通过水平刚度很大的楼盖将两者联系在一起共同抵抗水平荷载。其中剪力墙承担大部分水平荷载，而框架承担比较小的一部分水平荷载。图 2-6 是框架-剪力墙结构房屋典型平面布置图。

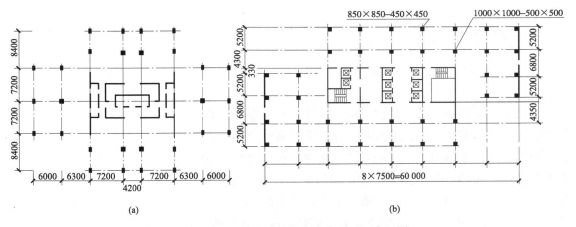

(a)　　　　　　　　　　　　　　　　　(b)

图 2-6　框架-剪力墙结构房屋典型平面布置图

框架-剪力墙结构一般可采用以下几种形式：框架和剪力墙（包括单片墙、联肢墙、剪力墙筒体）分开布置，各自形成比较独立的抗侧力结构；在框架结构的若干跨内嵌入剪力墙（框架相应跨的柱或梁成为该片墙的边框，称为带边框剪力墙）；在单片抗侧力结构内连续分别布置框架和剪力墙；上述两种或三种形式的混合。

在水平荷载作用下，框架的侧向变形属于剪切型，层间侧向位移自上而下逐层增大；剪力墙的侧向变形一般是弯曲型，其层间侧向位移自上而下逐层减小；当框架与剪力墙通过楼盖形成框架-剪力墙结构时，各层楼盖因其巨大的水平刚度使框架与剪力墙的变形一致，因而其侧向变形介于剪切型与弯曲型之间属于弯剪型，如图 2-7 所示。

由于框架与剪力墙的协同工作，使框架各层层间剪力趋于均匀，各层梁、柱截面尺寸和配筋也趋向均匀，改变了纯框架结构的受力及变形特点。框架-剪力墙结构与框架结构相比水平承载力和侧向刚度都有很大提高，因而广泛应用于办公楼、教学楼、医院和宾馆等建筑中。

2.1.4　筒体结构体系（Tube Structural System）

筒体的基本形式有实腹筒、框筒和桁架筒。由钢筋混凝土剪力墙围成的筒体称为实腹筒，如图 2-8（a）所示；布置在房屋四周，由密排柱和高宽比很大的窗裙梁形成的密柱深梁框架而围成的筒体称为框筒，如图 2-8（b）所示；将筒体的四壁做成桁架，就形成桁架筒，如图 2-8（c）所示。筒体结构体系是指由一个或几个筒体作为竖向承重结构的高层建筑结构体系。

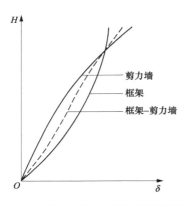

图 2-7　框架-剪力墙结构变形特征

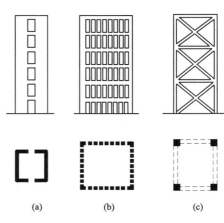

图 2-8　筒体的基本形式

筒体最主要的受力特点是它的空间性能，在水平荷载作用下，筒体可以看成下端固定、顶端自由的悬臂构件。实腹筒实际上就是箱形截面悬臂柱，这种截面因有翼缘参与工作，其截面抗弯刚度比矩形截面大很多，故实腹筒具有很大的侧向刚度及水平承载力，并具有很好的抗扭刚度。框筒也可视为箱形截面悬臂柱，其中与水平荷载方向平行的框架称为腹板框架，与其正交方向的框架称为翼缘框架。在水平荷载作用下，翼缘框架柱主要承受轴力（拉力或压力），腹板框架一侧柱受拉，另一侧柱受压，其截面应力分布如图 2-9（b）所示。应当指出，虽然框筒与实腹筒均可以看成箱形截面构件，但两者截面应力分布并不完全相同。在实腹筒中，腹板应力基本为直线分布，如图 2-9（a）所示。

框筒的腹板应力为曲线分布。框架与实腹筒的翼缘应力均为抛物线分布，但框筒的应力分布更不均匀。这是因为框筒中各柱之间存在剪力，剪力使联系柱子的窗裙梁产生剪切变形，从而使柱之间的轴力传递减弱。因此，在框筒的翼缘框架中，远离腹板框架的各柱轴力越来越小；在框筒的腹板框架中，远离翼缘框架各柱轴力的递减速度比按直线规律递减的要快。上述现象称为剪力滞后。框筒中剪力滞后现象越严重，参与受力的翼缘框架柱越少，空间受力性能越弱。设计中应该设法减少剪力滞后现象，尽量使各柱受力均匀，这样可以增大框筒的侧向刚度及水平承载力。

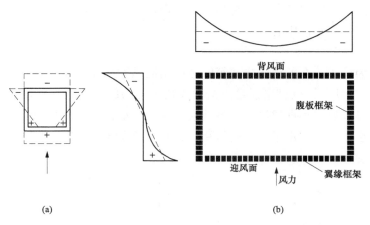

图 2-9　筒体的受力特征

1. 框筒结构

框筒也可以作为抗侧力结构单独使用。为了减小楼板和梁的跨度，在框筒中部可以设置一些柱子，如图 2-10 （a）所示。这些柱子只用来承受竖向荷载，不考虑其承受水平荷载。

2. 筒中筒结构

筒中筒结构一般用实腹筒做内筒，框筒或桁架筒做外筒，如图 2-10 （b）所示。内筒可以集中布置于电梯、楼梯、竖向管道等，楼板起到承受竖向荷载，作为筒体的水平刚性隔板和协同内、外筒工作等作用。在这种结构中，框筒的侧向变形以剪切变形为主，内筒（实腹筒）以弯曲变形为主，两者通过楼板联系，共同抵抗水平荷载，其协同工作原理与框架-剪力墙结构类似。由于内、外筒的协同工作，结构侧向刚度增大，侧向位移减小，因此，筒中筒结构成为 50 层以上超高层建筑的主要结构体系。

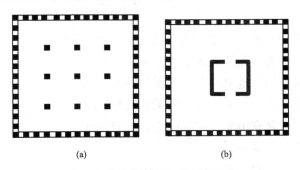

图 2-10　框筒结构与筒中筒结构

3. 多筒结构-束筒

束筒是由若干单筒集成一体成束状，形成空间刚度极大的抗侧力结构。束筒中相邻筒体之间具有共同的筒壁，每个单元筒又能单独形成一个筒体结构。因此，沿房屋高度方向，可以中断某些单元筒，使房屋的侧向刚度及水平承载力沿高度逐渐变化，如美国的 Sears 大厦，由 9 个正方形单筒组合而成，如图 2-11 （a）所示。每个筒体的平面尺寸为 22.9m×22.9m，沿房屋高度方向，在 3 个不同标高处中断了一些单元筒。这种自下而上逐渐减少筒体数量的处理手法，使高层建筑结构更加经济合理。但是应当注意，这些逐渐减少的筒体结构，应对称于建筑物的平面中心。

4. 巨型框架

利用筒体作为柱子，在各筒体之间每隔数层用巨型梁相连，筒体和巨型梁即构成巨型框架，如图 2-11（b）所示。巨型梁通常由桁架或几层楼构成，它是具有很大抗弯刚度的水平构件。巨型梁上可以设置小框架以支承各楼层结构，小框架只承受竖向荷载并将其传给巨型梁，一般不考虑小框架抵抗水平荷载的作用。巨型框架的侧向刚度可以根据筒体（巨型柱）和巨型梁的刚度确定。

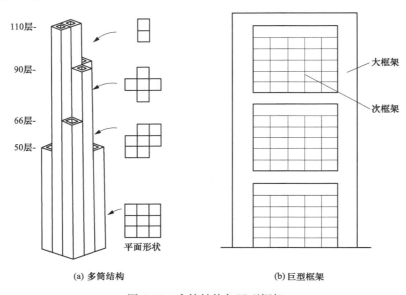

图 2-11　多筒结构与巨型框架

从结构方面看，巨型框架具有很大的承载能力和侧向刚度。由于它可以看作是由两级框架组成，第一级为巨型框架，是承载的主体；第二级是位于巨型框架单元内的辅助框架，也起承载作用，因此，这种结构是具有两道抗震防线的抗震结构，具备良好的抗震性能。从建筑方面看，这种结构体系在上、下两层巨型梁之间有比较大的灵活空间，可以布置小框架形成多层房间，也可以形成具有很大空间的中庭，来满足使用功能和建筑的需要。30～150 层的超高层建筑可以采用巨型框架。

2.1.5　框架-核心筒结构体系（frame-corewall structural system）

由核心筒与外围的稀柱框架组成的高层建筑结构称为框架-核心筒，其中筒体主要承担水平荷载，框架主要承受竖向荷载。这种结构兼有框架结构与筒体结构两者的优点，建筑平面布置灵活便于设置大房间，又具有比较大的侧向刚度和水平承载力，框架-核心筒结构的受力和变形特点及协同工作原理与框架-剪力墙结构类似。因此，框架-核心筒得到了广泛应用，其典型结构平面如图 2-12 所示。

2.1.6　带加强层高层建筑结构体系

筒中筒结构与框架-核心筒结构相比，前者由于外框筒是由密柱和深梁组成，有时不符

合建筑立面处理和景观视线的要求，后者因外围框架由
稀柱和浅梁组成，能给予建筑创作较多的选择和自由，
并便于用户使用。因此，从功能上看，框架-核心筒结
构比筒中筒更受用户欢迎，其应用范围更为广泛。然
而，与筒中筒结构相比，框架-核心筒结构的侧向刚度
比较小。为了提高其侧向刚度，减小水平荷载作用下核
心筒的弯矩和侧移，可沿框架-核心筒结构房屋的高度
方向每隔 20 层左右，于设备层或结构转换层处由核心
筒伸出纵、横向伸臂与结构的外围框架柱相连，并沿框

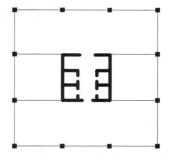

图 2-12　框架-核心筒典型结构平面

架设置一层楼高的带状水平梁或桁架。这种结构称为带加强层的高层建筑。

2.1.7　各种结构体系的最大适用高度和适用的最大高宽比

1. 最大适用高度

JGJ 3—2010 对各种高层建筑结构体系的最大适用高度做了规定，见表 2-1 和表 2-2。
其中 A 级高度的钢筋混凝土高层建筑是符合表 2-1 高度限值的建筑，也是目前数量最多，
应用最广泛的建筑；B 级高度的高层建筑是指较高的（其中高度超过表 2-1 规定的高度）、
设计上有严格要求的高层建筑，称为超限高层建筑，其最大适用高度应该符合表 2-2 的
规定。

表 2-1　　　　　　　　　A 级高度钢筋混凝土高层建筑的最大适用高度　　　　　　　　　　　m

结构体系		非抗震设计	抗震设防烈度				
			6 度	7 度	8 度		9 度
					0.20g	0.30g	
框架		70	60	50	40	35	—
框架-剪力墙		150	130	120	100	80	50
剪力墙	全部落地剪力墙	150	140	120	100	80	60
	部分框支剪力墙	130	120	100	80	50	不应采用
筒体	框架-核心筒	160	150	130	100	90	70
	筒中筒	200	180	150	120	100	80
板柱-剪力墙		110	80	70	55	40	不应采用

注　1. 表中框架不含异形柱框架结构。
　　2. 部分框支剪力墙结构是指地面以上有部分框支剪力墙的剪力墙结构。
　　3. 甲类建筑，6、7、8 时宜按本地区抗震设防烈度提高 1 度后符合本表的要求，9 度时应专门研究。
　　4. 框架结构、板柱-剪力墙结构及 9 度抗震设防的表列其他结构，当房屋高度超过本表数值时，结构设计应该有
　　　可靠依据，并采取有效的加强措施。

应当注意，表 2-1 和表 2-2 中房屋高度是指室外地面至主要屋面的高度，不包括局部突
出屋面的电梯机房、水箱、构架等高度；部分框支剪力墙结构是指地面以上有部分框支剪力
墙的剪力墙结构。

表 2-2   **B 级高度钢筋混凝土高层建筑的最大适用高度**   m

结构体系		非抗震设计	抗震设防烈度			
			6 度	7 度	8 度	
					0.20g	0.30g
框架-剪力墙		170	160	140	120	100
剪力墙	全部落地剪力墙	180	170	150	130	110
	部分框支剪力墙	150	140	120	100	80
简体	框架-核心筒	220	210	180	140	120
	简中筒	300	280	230	170	150

注   1. 部分框支剪力墙结构是指地面以上有部分框支剪力墙的剪力墙结构。

      2. 甲类建筑，6、7 度时宜按本地区设防烈度提高 1 度后符合本表要求，8 度时应专门研究。

      3. 当房屋高度超过表中数值时，结构设计应有可靠依据，并采取有效的加强措施。

2. 适用的最大高宽比

房屋的高宽比越大，水平荷载作用下的侧向位移越大，抗倾覆作用的能力越小。因此，应该控制房屋的高宽比，避免设计高宽比很大的建筑物。JGJ 3—2010 对混凝土高层建筑结构适用的最大高宽比做了规定，见表 2-3，这是对高层建筑结构的侧向刚度、整体稳定性、承载能力和经济合理的宏观控制。

表 2-3   **钢筋混凝土高层建筑结构适用的最大高宽比**

结构体系	非抗震设计	抗震设防烈度		
		6、7 度	8 度	9 度
框架	5	4	3	—
板柱-剪力墙	6	5	4	—
框架-剪力墙、剪力墙	7	6	5	4
框架-核心筒	8	7	6	4
简中筒	8	8	7	5

对复杂体形的高层建筑结构，其高宽比较难确定。作为一般原则，可以按所考虑方向的最小投影宽度计算高宽比，但对突出建筑物平面很小的局部结构（如楼梯间、电梯间等），一般不应包含在计算宽度内；对于不宜采用最小投影宽度计算高宽比的情况，可以根据情况采取合理的方法计算；对带有裙房的高层建筑，当裙房的面积和刚度相对于其上部塔楼的面积和刚度较大时，计算高宽比时房屋的高度和宽度可以按照裙房以上部分考虑。

2.2 结构总体布置 (structural layout and arrangement)

在高层建筑结构初步设计阶段，除了应该根据房屋高度选择合理的结构体系外，还应该对结构平面和立面进行合理的总体布置。在结构总体布置时，应该综合考虑房屋的使用要求、建筑美观、结构合理及便于施工等因素。

2.2.1　结构平面布置（structural plan layout）

1. 基本要求

高层建筑的结构平面布置，应该有利于抵抗水平荷载和竖向荷载，受力明确，传力直接，力求均匀对称，减少扭转的影响。在地震作用下，建筑平面力求简单、规则，但是在风荷载作用下可以适当放宽。

高层建筑结构平面布置应该符合下述规定：

（1）在高层建筑的一个独立结构单元内，宜使结构平面形状简单、规则，刚度和承载力分布均匀，不应该采用严重不规则的平面布置。

震害经验表明，L形、T形平面和其他不规则的建筑物，很多因扭转而破坏。因此，平面布置力求简单、规则、对称，避免应力集中的凹角和狭长的缩颈部位。对于严重不规则结构，必须对结构方案进行调整，以使其变为规则结构或比较规则的结构。

（2）高层建筑宜选用风作用效应比较小的平面形状。在沿海地区，风荷载成为高层建筑的控制性荷载，采用风压较小的平面形状有利于抗风设计。对抗风有利的平面形状是简单、规则的凸平面，如圆形、正多边形、椭圆形、鼓形等平面。建筑平面不宜采用角部重叠或细腰形平面布置。对抗风不利的平面是有较多凹、凸的复杂平面形状，如V形、Y形、H形、弧形等平面。

（3）抗震设计的 A 级高度钢筋混凝土高层建筑，其平面布置宜简单、规则、对称，减少偏心；平面长度 L 不宜过长，突出部分长度 l 不宜过大，如图 2-13 所示；L、l 等值宜满足表 2-4 的要求。

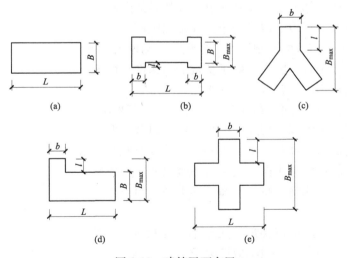

图 2-13　建筑平面布置

表 2-4　　　　　　　　　　　　　　　　　　**L、l 的限值**

设防烈度	L/B	l/B_{max}	l/b
6、7度	≤6.00	≤0.35	≤2.00
8、9度	≤5.00	≤0.30	≤1.50

平面过于狭长的建筑物，在地震时因两端地震波输入有相位差而容易产生不规则振动，

造成较大的震害，故应该对 L/B 值予以限制，见表 2-4。为了减轻因 L/B 过大而造成的震害，在实际工程中，L/B 最好不超过 4（设防烈度为 6、7 度时）或 3（设防烈度为 8、9 度时）。

建筑平面上突出部分长度 l 过大时，突出部分容易产生局部振动而引发凹角处破坏，故应该对 l/b 值予以限制，见表 2-4。但是在实际工程中，l/b 最好不大于 1，以减轻由此而引发的建筑物震害。

（4）抗震设计的 B 级高度钢筋混凝土高层建筑、混合结构高层建筑及复杂高层建筑，其平面布置应该简单、规则，减少偏心。

B 级高度钢筋混凝土高层建筑和混合结构高层建筑的最大适用高度较高，复杂高层建筑的竖向布置已不规则，这些结构的地震反应较大，故对其平面布置的规则性应该要求更严一些。

（5）结构平面布置应该减少扭转的影响。在考虑偶然偏心影响的地震作用下楼层竖向构件的最大水平位移和层间位移：A 级高度高层建筑不宜大于该楼层平均值的 1.2 倍，不应该大于该楼层平均值的 1.5 倍；B 级高度高层建筑、混合结构高层建筑及复杂高层建筑不宜大于该楼层平均值的 1.2 倍，不应大于该楼层平均值的 1.4 倍。结构扭转为主的第一自振周期 T_t 与平动为主的第一自振周期 T_1 之比，A 级高度高层建筑不应该大于 0.9，B 级高度高层建筑、混合结构高层建筑及复杂高层建筑不应该大于 0.85。

国内外历次震害表明，平面不规则、质量中心与刚度中心偏心较大和抗扭刚度太弱的结构，其震害严重。国内一些复杂体形高层建筑振动台模型试验结果也表明，扭转效应会导致结构的严重破坏，所以结构平面布置应该减少扭转的影响。

对结构的扭转效应可以从以下两个方面加以限制：

1）限制结构平面布置的不规则性，避免质心与刚心出现过大的偏心从而导致结构产生较大的扭转效应。在工程实践中，除了从抗侧力构件平面布置上加以控制外，还要按照上述规定控制楼层竖向构件的扭转效应。计算扭转变形时，需要考虑偶然偏心的影响。

2）结构楼层位移和层间位移控制值验算时，应该采用 CQC（完全二次项组合方法，即考虑平扭耦联效应、振型间的相互影响）的效应组合。但是计算扭转位移比时，楼层的位移可取"规定水平地震力"计算，由此得到的位移比与楼层扭转效应之间存在明确的相关性，规定水平地震力一般可以采用振型组合后的楼层地震剪力换算的水平作用力，并考虑偶然偏心。水平作用力的换算原则：每一楼面处的水平作用力选取该楼面上、下两个楼层的地震剪力差的绝对值。

当计算的楼层最大层间位移角不大于本楼层层间位移角限值的 40% 时，该楼层的扭转位移比的上限可以适当放松，但不应该大于 1.6，扭转位移比为 1.6 时，该楼层的扭转变形已很大，相当于一端位移比为 1.0，另一端位移比为 4。

理论分析结果表明，若周期比 T_t/T_1 小于 0.5，则相对扭转振动效应 $\theta\gamma/u$ 一般较小（θ、γ 分别表示扭转角和结构的回转半径，$\theta\gamma$ 表示由于扭转产生的离质心距离为回转半径处的位移，u 为质心处的位移），即使结构的刚度偏心很大，偏心距 e 达到 0.7γ，其相对扭转变形 $\theta\gamma/u$ 值仅为 0.2；当周期比 T_t/T_1 大于 0.85 以后，相对扭转变形 $\theta\gamma/u$ 值急剧增加，即使刚度偏心很小，偏心距 e 仅为 0.1γ；当周期比 T_t/T_1 等于 0.85 时，相对扭转变形 $\theta\gamma/u$ 值可以达到 0.25；当周期比 T_t/T_1 接近 1 时，相对扭转变形 $\theta\gamma/u$ 值可以达到 0.5。

可见，抗震设计中应该采取措施减小周期比 T_t/T_1 值，以使结构具有必要的抗扭刚度。如果周期比 T_t/T_1 不满足上述规定的上限值，应该调整抗侧力结构的布置，增大结构的抗扭刚度。扭转耦联振动的主振型，可以通过计算振型方向因子来判断。在两个平动和一个扭转方向因子中，当扭转方向因子大于 0.5 时，则该振型可以认为是扭转为主的振型。

2. 对楼板开洞的限制

为了改善房间的通风、采光等性能，高层建筑的楼板经常有比较大的凹入或开有比较大面积的洞口。楼板开洞后，楼盖的整体刚度会减弱，结构各部分可能出现局部振动，降低了结构的抗震性能。为此，JGJ 3—2010 对高层建筑的楼板做了如下规定：

(1) 当楼板平面比较狭长，有比较大的凹入和开洞，从而使楼板有比较大的削弱时，应该在设计中考虑楼板削弱产生的不利影响，楼面凹入或开洞尺寸不宜大于楼面宽度的一半；楼板开洞总面积不宜超过楼面面积的 30%；在扣除凹入或开洞后，楼板在任一方向的最小净宽不宜小于 5m，且开洞后每一边的楼板净宽度不应该小于 2m。

目前，在工程设计中采用的结构分析方法和设计软件，大多假定楼板在平面内刚度为无限大，这个假定在一般情况下是成立的。但是当楼板平面比较狭长，有比较大的凹入和开洞，从而使楼板有比较大的削弱时，楼板可能产生明显的平面内变形，这时应该采用考虑楼板变形影响的计算方法和相应的计算程序。

楼板有比较大的凹入或开洞时，被凹口或洞口划分的各部分之间的连接较为薄弱，在地震过程中，由于各相对独立部分产生相对振动（或局部振动），会使连接部位的楼板产生应力集中，因此，应该对凹口或洞口的尺寸加以限制。设计中应该同时满足上述规定的各项要求。

(2) 草字头形、井字形等外伸长度比较大的建筑，当中央部分楼、电梯间使楼板有比较大的削弱时，应该加强楼板及连接部位墙体的构造措施，必要时还可以在外伸段凹槽处设置连接梁或连接板。

(3) 楼板开大洞削弱之后，宜采取构造措施予以加强：①加厚洞口附近楼板，提高楼板的配筋率；采用双层双向配筋，或加配斜向钢筋。②洞口边缘设置边梁、暗梁。③在楼板洞口角部集中配置斜向钢筋。

2.2.2　结构竖向布置（structural vertical arrangement）

从结构受力及对抗震性能要求而言，高层建筑结构的承载力和刚度宜自下而上逐渐减小，变化宜均匀、连续，不应突变。但是，在实际工程中，往往由于建筑需要或使用要求，出现一些竖向不规则建筑，如图 2-14 所示。这些建筑由于抗侧力结构（框架、剪力墙和简体等）沿竖向布置不当或侧向刚度突然改变，或采用悬挂结构、悬挑结构等，使结构的抗震性能降低。因此，设计中应该尽量避免将高层建筑设计为竖向不规则建筑。高层建筑结构的竖向布置应该符合下列要求：

(1) 震害经验表明，结构的侧向刚度沿竖向突变、结构沿竖向出现外挑或内收等，均会使某些楼层的变形过分集中出现严重破坏，甚至倒塌。因此，高层建筑的竖向体形宜规则、均匀，避免有过大的外挑和内收；结构的侧向刚度宜下大上小，逐渐均匀变化，不应采用竖向布置严重不规则的结构。

(2) 抗震设计时，对框架结构，楼层与上部相邻楼层的侧向刚度比 γ_1 不宜小于 0.7，与上部相邻三层侧向刚度比 γ_1 的平均值不宜小于 0.8；对框架-剪力墙和板柱-剪力墙结构、

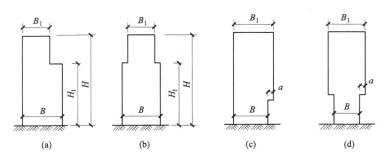

图 2-14　结构竖向收进和外挑示意图

剪力墙结构、框架-核心筒结构、筒中筒结构，楼层与上部相邻楼层侧向刚度比 γ_2 不宜小于 0.9，楼层层高大于相邻上部楼层层高 1.5 倍时，不应小于 1.1；底部嵌固楼层不应小于 1.5。γ_1 和 γ_2 的计算公式为

$$\gamma_1 = (V_i/\Delta_i)/(V_{i+1}/\Delta_{i+1})$$

$$\gamma_2 = [V_i/(\Delta_i/h_i)]/[V_{i+1}/(\Delta_{i+1}/h_{i+1})]$$

式中　γ_1、γ_2——楼层侧向刚度比和考虑层高修正的楼层侧向刚度比；

　　　　V_i、V_{i+1}——第 i 层和第 $i+1$ 层的地震剪力标准值；

　　　　Δ_i、Δ_{i+1}——第 i 层和第 $i+1$ 层在地震作用标准值下的层间位移；

　　　　h_i、h_{i+1}——第 i 层和第 $i+1$ 层的层高。

（3）抗侧力结构层间受剪承载力的突变将导致薄弱层出现严重破坏，甚至倒塌。为了防止结构出现薄弱层，A 级高度高层建筑的楼层层间抗侧力结构的层间受剪承载力不宜小于其相邻上一层受剪承载力的 80%，不应小于其相邻上一层受剪承载力的 65%；B 级高度高层建筑的楼层层间抗侧力结构的层间受剪承载力不应小于其相邻上一层受剪承载力的 75%。

（4）如果底层或底部若干层取消一部分剪力墙或柱子，中部楼层剪力墙中断，或顶部取消部分剪力墙或内柱，会造成结构竖向抗侧力构件上下不连续，形成局部柔软层或薄弱层。所以，抗震设计时，结构竖向抗侧力构件宜上下连续贯通。

（5）理论分析及试验研究结果表明，当结构上部楼层相对于下部楼层收进时，收进的部位越高，收进后的水平尺寸越小，其高振型地震反应越明显；当结构上部楼层相对于下部楼层外挑时，结构的扭转效应和竖向地震作用效应明显。因此，抗震设计时，如果结构上部楼层收进部位到室外地面的高度 H_1 与房屋高度 H 之比大于 0.2，上部楼层收进后的水平尺寸 B_1 不宜小于下部楼层水平尺寸 B 的 0.75 倍，如图 2-14（a）、（b）所示；当结构上部楼层相对于下部楼层外挑时，上部楼层水平尺寸 B_1 不宜小于下部楼层水平尺寸 B 的 1.1 倍，且水平外挑尺寸 a 不宜大于 4m，如图 2-14（c）、（d）所示。

（6）震害经验表明，沿房屋高度楼层质量分布不均匀时，在质量突变处容易造成应力集中，震害相对较重。因此，楼层质量沿高度宜均匀分布，楼层质量不宜大于相邻下部楼层质量的 1.5 倍。

（7）当同一楼层的侧向刚度和承载力均较小时，该楼层将非常不利。所以，抗震设计时，不宜采用同一部位楼层刚度和承载力变化同时不满足上述第（2）、（3）条规定的高层建筑结构。

（8）结构顶层取消部分墙、柱形成空旷房间时，其楼层侧向刚度和承载力可能与其下部楼层相差比较多，形成刚度和承载力突变，使结构顶层的地震反应增大很多，所以宜进行弹性或弹塑性动力时程分析补充计算，并采取有效的构造措施，如沿柱子全长加密箍筋、大跨度屋面构件要考虑竖向地震作用效应等。

（9）高层建筑设置地下室时，可以利用土体的侧压力防止水平力作用下结构的滑移、倾覆，减轻地震作用对上部结构的影响，还可以降低地基的附加压力，提高地基的承载力。震害经验也表明，有地下室的高层建筑，其震害明显减轻。因此，高层建筑宜设地下室，而且同一结构单元应该设置全部地下室，不宜采用部分地下室，地下室要有相同的埋置深度。

2.2.3　结构缝（structural joint）

在建筑结构的总体布置中，要考虑沉降、混凝土收缩、温度改变和建筑体形复杂等所产生的不利影响。通过设置结构缝将结构分割为若干相对独立的部分，以消除各种不利因素的影响。结构缝包括伸缩缝、沉降缝、防震缝、构造缝、防连续倒塌的分割缝等。在结构设计时，通过设置结构缝将结构分割为若干相对独立的单元，以消除各种不利因素的影响。除永久性结构缝以外，还应该考虑设置施工接槎、后浇带、控制缝等临时性缝以消除某些暂时性的不利影响。

高层建筑设缝后，给建筑、结构和设备的设计与施工带来了一定困难，基础防水也不容易处理。因此，目前总趋势是避免设缝，并从总体布置或构造上采取相应措施来减少沉降、温度变化或体形复杂造成的影响。当必须设缝时，应该将高层建筑划分为几个独立的结构单元。

1. 沉降缝

高层建筑的主体结构周围常设置裙房，它们与主体结构的重量相差悬殊，会产生相当大的沉降差。这时可以用沉降缝将两者分成独立的结构单元，使各部分自由沉降。

当采取以下措施后，主体结构与裙房之间可以连为整体而不设沉降缝：①采用桩基，桩支承在基岩上；或采取减少沉降的有效措施并经计算，沉降差在允许范围内。②主楼与裙房采用不同的基础形式。主楼采用整体刚度较大的箱形基础或筏形基础，可降低土压力，并加大埋置深度，减少附加压力；裙房采用埋置深度较浅的十字交叉条形基础等，可增加土压力，使主楼与裙房沉降接近。③地基承载力较高，沉降计算较为可靠时，主楼与裙房的标高预留沉降差，并先施工主楼，后施工裙房，使两者最终标高一致。对后两种情况，施工时应该在主体结构与裙房之间预留后浇带，等待沉降基本稳定后再连为整体。

2. 伸缩缝

由温度变化引起的结构内力称为温度应力，它可使房屋产生裂缝，影响正常使用。温度应力对高层建筑造成的危害，在它的底部数层和顶部数层较为明显。房屋基础埋在地下，温度变化的影响较小，因而底部数层由温度变化引起的结构变形受到基础的约束；在房屋顶部，日照直接作用在屋盖上，顶层板的温度变化比下部各层剧烈，故房屋顶层由温度变化引起的变形受到下部楼层的约束；中间各楼层在使用期间温度条件接近，相互约束小，温度应力的影响较小。此外，新浇混凝土在结硬过程中会产生收缩应力有可能引起结构裂缝。为了消除温度和收缩应力对结构造成的危害，JGJ 3—2010 规定了高层建筑结构伸缩缝的最大间距，见表 2-5。当房屋长度超过表 2-5 中规定的限值时，宜采用伸缩缝将上部结构从顶部到基础顶面断开，分成独立的温度区段。

表 2-5　　　　　　　　　　　　　　伸缩缝的最大间距

结构体系	施工方法	最大间距（m）
框架结构	现浇	55
剪力墙结构	现浇	45

注　1. 框架-剪力墙结构的伸缩缝间距可以根据结构的具体布置情况取表中框架结构与剪力墙结构之间的数值。

　　2. 当屋面无保温或隔热措施、混凝土的收缩比较大或室内结构因施工外露时间比较长时，伸缩缝间距应该适当减小。

　　3. 位于气候干燥地区、夏季炎热且暴雨频繁地区的结构，伸缩缝间距宜适当减小。

当采用下列构造措施和施工措施减少温度和混凝土收缩对结构的影响时，可以适当放宽伸缩缝的间距：①在房屋的顶层、底层、山墙和纵横墙开间等温度应力比较大的部位提高配筋率。②在屋顶加强保温隔热措施或设置架空通风双层屋面，减少温度变化对屋盖结构的影响；外墙设置保温层，减少温度变化对主体结构的影响。③施工中每隔 30～40m 间距留后浇带，带宽 800～1000m，钢筋采用搭接接头，如图 2-15（a）所示，后浇带混凝土宜在两个月后浇灌。④房屋顶部楼层改用刚度较小的结构形式，如剪力墙结构顶部楼层局部改为框架-剪力墙结构，或顶部设局部温度缝，将结构划分为长度比较短的区段。⑤采用收缩性小的水泥、减少水泥用量、在混凝土中加入适宜的外加剂等措施，减少混凝土收缩。⑥提高每层楼板的构造配筋率或采用部分预应力混凝土结构。

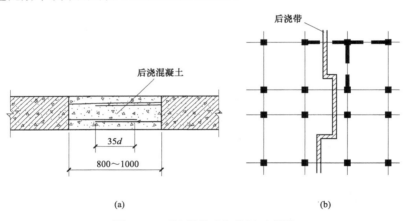

（a）　　　　　　　　　　　　　　　　（b）

图 2-15　后浇带构造与位置示意图

施工后浇带的作用在于减小混凝土的收缩应力，提高建筑物对温度应力的耐受能力，并不直接减小温度应力。因此，后浇带应该通过建筑物的整个横截面，将全部的墙、梁和楼板分开，使两部分混凝土可以自由收缩。在后浇带处，板、墙钢筋应该采用搭接接头，如图 2-14（a）所示，梁主筋可以不断开。后浇带应该从结构受力较小部位曲折通过，不宜在同一平面内通过，以免全部钢筋均在同一平面内搭接。一般情况下，后浇带可以设在框架梁和楼板的 1/3 跨处，还可以设在剪力墙洞口上方连梁跨中或内外墙连接处，如图 2-14（b）所示。

3. 防震缝

在高层建筑中，当房屋的平面长度和突出部分长度超过表 2-4 的限制而没有采取措施，各部分结构刚度相差过大或荷载相差悬殊、各部分结构采取不同材料和不同结构形式、房屋各部分有比较大错层时，在地震作用下，会造成扭转及复杂的振动形式，并在房屋连接薄弱部位造成损坏。因而在设计中如果遇到上述情况，宜设防震缝。

在地震作用时，由于结构发生开裂、局部损坏或进入弹塑性状态，防震缝两侧的房屋水平位移比较大，因此比较容易发生碰撞而造成震害。为了防止防震缝两侧建筑物在地震中相互碰撞，防震缝必须保留足够的宽度。防震缝净宽度原则上应该大于两侧结构允许的水平位移之和。在具体设计时，防震缝最小宽度应该符合下列要求：

（1）框架结构房屋，高度不超过 15m 的部分可以取 100mm；超过 15m 的部分，6～9 度相应每增加高度 5、4、3m 和 2m，宜加宽 20mm。

（2）框架-剪力墙结构房屋可按照（1）规定数值的 70% 采用，剪力墙结构房屋可以按照（1）规定数值的 50% 采用，但两者均不宜小于 100m。

防震缝两侧结构体系不同时，防震缝宽度应该按照不利的结构类型确定，例如一侧为框架结构体系，另一侧为框架-剪力墙结构体系，则防震缝宽度应该按照框架结构体系确定。防震缝两侧的房屋高度不同时，防震缝宽度应该按照比较低的房屋高度确定。

（3）当相邻结构的基础存在比较大的沉降差时，为了防止因缝两侧基础倾斜而导致房屋顶部的防震缝宽度变小，宜增大防震缝的宽度。

（4）防震缝宜沿房屋全高设置，当不兼作沉降缝时，地下室、基础可不设防震缝，但在地下室、基础与上部防震缝对应处应该加强构造和连接。结构单元之间或主楼与裙房之间如果没有可靠措施，不应该采用主楼框架柱设牛腿、低层或裙房屋面或楼面梁搁置在牛腿上的做法，也不应该采用牛腿托梁的做法设置防震缝。因为地震时各结构单元之间，尤其是高、低层之间的振动情况不同，牛腿支承处容易压碎、拉断，产生严重震害。

4. 分割缝

对于重要的混凝土结构，为了防止局部破坏引发结构连续倒塌，可以采用防连续倒塌的分割缝，将结构分为几个区域，限制可能发生连续倒塌的范围。

2.3　高层建筑的楼盖结构及基础

2.3.1　楼盖结构选型

高层建筑对于楼盖的水平刚度及整体性比多层建筑要求更高。当房屋高度超过 50m 时，框架-剪力墙结构、筒体结构及复杂高层建筑结构应该采用现浇楼盖，剪力墙结构和框架结构宜采用现浇楼盖。当房屋高度不超过 50m 时，剪力墙结构和框架结构可以采用装配式楼盖，但是应该采取必要的构造措施。

框架-剪力墙结构由于各片抗侧力结构刚度相差很大，作为主要抗侧力结构的剪力墙间距比较大时，水平荷载通过楼盖传递，楼盖变形更加显著，因而，框架-剪力墙结构中的楼盖应该有更好的水平刚度和整体性。所以，房屋高度不超过 50m 时，8、9 度抗震设计的框架-剪力墙结构宜采用现浇楼盖；6、7 度抗震设计的框架-剪力墙结构可以采用装配整体式楼盖，但是应该符合有关构造要求。板柱-剪力墙结构应该采用现浇楼盖。

高层建筑楼盖结构可以根据结构体系和房屋高度按照表 2-6 选型。

表 2-6 高层建筑楼盖结构选型

结构体系	高 度	
	不大于 50m	大于 50m
框架和剪力墙	可采用装配式楼盖（灌板缝）	宜采用现浇楼盖
框架-剪力墙	宜采用现浇楼盖（8、9 度抗震设计），可采用装配整体式楼盖（灌板缝加现浇面层）（7、8 度抗震设计）	应采用现浇楼盖
板柱-剪力墙	应采用现浇楼盖	—
框架-核心筒和筒中筒	应采用现浇楼盖	应采用现浇楼盖

2.3.2 楼盖构造要求（requirements for detailing of diaphragm system）

（1）为了保证楼盖的平面内刚度，现浇楼盖的混凝土强度等级不宜低于 C20；同时由于楼盖结构中的梁和板为受弯构件，所以混凝土强度等级不宜高于 C40。

（2）房屋高度不超过 50m 的框架结构或剪力墙结构，当采用装配式楼盖时，应该符合下列要求：

1）楼盖的预制板板缝宽度不宜小于 40mm，板缝大于 40mm 时应该在板缝内配置钢筋，并宜贯通整个结构单元。预制板板缝、板缝梁的混凝土强度等级应该高于预制板的混凝土强度等级，且不低于 C20。

2）预制板搁置在梁上或剪力墙上的长度分别不宜小于 35mm 或 25mm。

3）预制板板端宜预留胡子筋，其长度不宜小于 100mm。

4）预制板板孔堵头宜留出不小于 50mm 的空腔，并采用强度等级不低于 C20 的混凝土浇灌密实。

（3）房屋高度不超过 50m，且 6、7 度抗震设计的框架-剪力墙结构，当采用装配整体式楼盖时，除应该符合上述（2）中 1）的规定外，其楼盖每层宜设置钢筋混凝土现浇层。现浇层厚度不应该小于 50mm，混凝土强度等级不应该低于 C20，不宜高于 C40，并应该双向配置直径 6~8mm、间距 150~200mm 的钢筋网，钢筋应该锚固在剪力墙内。

（4）房屋的屋盖对于加强其顶部约束、提高抗风和抗震能力，以及抵抗温度应力的不利影响均有重要作用；转换层楼盖上部是剪力墙或比较密的框架柱，转换层下部为部分框架及部分落地剪力墙或比较大跨度的框架，转换层上部抗侧力结构的剪力通过转换层楼盖传递到落地剪力墙和框支柱或数量比较少的框架柱上，因而，楼盖承受较大的内力；平面复杂或开洞过大的楼层，以及作为上部结构嵌固部位的地下室楼层，其楼盖受力复杂，对其整体性要求更高。因此，上述楼层应该采用现浇楼盖。

一般楼层现浇楼板厚度不应该小于 80mm，当板内预埋暗管时不宜小于 100mm；顶层楼板厚度不宜小于 120mm，宜双层双向配筋。

转换层楼板厚度不宜小于 180mm，应该双层双向配筋，且每层每方向的配筋率不宜小于 0.25%，楼板中钢筋应该锚固在边梁或墙体内；落地剪力墙和筒体外周围的楼板不宜开洞。楼板边缘和比较大的洞口周边应该设置边梁，其宽度不宜小于板厚的 2 倍，纵向钢筋配筋率不应小于 1.0%，钢筋接头宜采用机械连接或焊接。与转换层相邻楼层的楼板也应该适当加强。

普通地下室顶板厚度不宜小于 160mm；作为上部结构嵌固部位的地下室楼层的顶楼盖应该采用梁板结构，楼板厚度不宜小于 180mm，混凝土强度等级不宜低于 C30，应该采用双层双向配筋，且每层每方向的配筋率不宜小于 0.25%。

（5）采用预应力混凝土平板可以减小楼面结构的高度，压缩层高并减轻结构自重；大跨度平板可以增加楼层适用面积，容易改变楼层用途。因此，近年来预应力混凝土平板在高层建筑楼盖结构中应用比较广泛。板的厚度应该考虑刚度、抗冲切承载力、防火及防腐蚀等要求。在初步设计阶段，现浇混凝土楼板厚度可以按照跨度的 1/50～1/45 采用，且板厚不应小于 150mm。

（6）现浇预应力混凝土楼板是与梁、柱、剪力墙等主要抗侧力结构连接在一起的，如果不采取措施，就对楼板施加预应力时，不仅压缩了楼板，而且对梁、柱、剪力墙也施加了附加侧向力，使其产生位移且不安全。为了防止或减小施加楼板预应力的不利影响，应该采用合理的施加预应力方案。例如，采用板边留缝以张拉和锚固预应力钢筋，或在板中部预留后浇带，待张拉并锚固预应力钢筋后再浇筑混凝土。

2.3.3　基础形式及埋置深度（type and embedded depth of foundation）

高层建筑的基础必须具有足够的刚度和稳定性，能对上部结构起到可靠的嵌固作用，避免由于基础沉降和转动使上部结构受力复杂化，防止在巨大的水平力作用下建筑物发生倾覆和滑移。

因此，高层建筑应该采用整体性好、能满足地基的承载力和允许变形要求并能调节不均匀沉降的基础形式，一般宜采用整体性好和刚度大的筏形基础，必要时也可以采用箱形基础。当地质条件好、荷载较小，且能满足地基承载力和变形要求时，也可以采用交叉梁或其他形式基础。当地基承载力或变形不能满足设计要求时，可以采用桩基础或复合基础。国内在高层建筑中采用复合基础已有比较成熟的经验，可以根据需要将地基承载力提高到 300～500kPa。高层建筑基础的混凝土强度等级不宜低于 C30。

高层建筑的基础应该有一定的埋置深度，埋置深度可以从室外地坪算至基础底面。在确定埋置深度时，应该考虑建筑物的高度、体形、地基土质、抗震设防烈度等因素。当采用天然地基或复合地基时，埋置深度可以取房屋高度的 1/15；当采用桩基础时，埋置深度可以取房屋高度的 1/18（桩长不计在内）；当建筑物采用岩石地基或采取有效措施时，在满足地基承载力、稳定性及基础底面与地基之间零应力区面积不超过限值的前提下，基础埋置深度可以不受上述条件的限制。当地基可能产生滑移时，应该采取有效的抗滑移措施。

习　题

2-1　高层建筑混凝土结构有哪几种结构体系？每种结构体系的优缺点、受力特点和应用范围如何？

2-2　框架-剪力墙结构与框架-核心筒结构有何异同？框架-核心筒结构与框筒结构有何区别？带加强层高层建筑结构与框架-核心筒结构有何不同？

2-3　高层建筑结构平面布置的基本原则是什么？结构平面布置应该符合哪些要求？变

形缝如何设置?

2-4 为什么规范对每一种结构体系规定最大的适用高度?实际工程是否允许超过规范规定的最大适用高度?

2-5 为什么要限制高层建筑的高宽比 H/B?

2-6 高层建筑结构竖向布置的基本原则是什么?应该符合哪些要求?

2-7 高层建筑楼盖结构如何选型?有哪些构造要求?

2-8 如何选择高层建筑的基础形式?基础埋置深度如何确定?

第 3 章 高层建筑结构的荷载和地震作用

结构上的作用是指能使结构或构件产生应力、内力、位移、应变、裂缝等各种效应的总称，依据作用性质可划分为直接作用和间接作用。直接作用（也称荷载）是指直接施加在结构上并导致结构或者构件产生效应；间接作用（也称为作用）是指导致结构或者构件产生外加变形或约束的原因。建筑结构上的荷载可分为三类：①永久荷载，包括结构自重、土压力、预应力等；②可变荷载，包括楼面活荷载、屋面活荷载、积灰荷载、吊车荷载、风荷载、雪荷载等；③偶然荷载，包括爆炸力、撞击力等。高层建筑承受的荷载有竖向荷载和水平荷载，竖向荷载包括结构构件自重、楼面活荷载、屋面雪荷载、施工活荷载等。水平荷载包括风荷载和地震作用。高层建筑的竖向荷载效应远大于多层建筑结构，水平荷载的影响明显增加，是高层建筑设计的主要考虑因素；同时，对高层建筑结构还应该考虑竖向地震作用、温度变化、材料的收缩和徐变、地基不均匀沉降等间接作用在结构中产生的效应。

3.1 竖向荷载（vertical load）

3.1.1 永久荷载（permanent load）

永久荷载是指在结构使用期间，永久荷载值不随时间变化，或其变化与平均值相比可以忽略不计，或其变化是单调的并能趋于限值的荷载。永久荷载包括结构构件自重和找平层、保温层、防水层、装修材料层、隔墙、幕墙及其附件、固定设备及其管道等重量，其标准值可以按构件及其装修的设计尺寸和材料单位体积或面积的自重计算确定。常用材料和构件的容量可以由《建筑结构荷载规范》（GB 50009—2012）中表 A.1 中查得。某些自重变异比较大的材料和构件，如现场制作的保温材料、混凝土薄壁构件等，应根据永久荷载对结构的不利状态，取其自重上限值或下限值。

3.1.2 可变荷载（variable load）

可变荷载是指在结构使用期间，可变荷载值随时间变化，且其值变化与平均值相比不可以忽略不计的荷载，包括楼面活荷载、屋面活荷载、积灰荷载、吊车荷载、风荷载、雪荷载、温度作用等。

1. 楼面活荷载

高层建筑楼面上的活荷载，不可能按其标准值的大小同时布满在所有楼面上，因此，在设计梁、墙、柱和基础时，还要考虑实际荷载沿楼面分布的变异情况，对活荷载标准值乘以规定的折减系数。确定折减系数比较复杂，目前大多数国家均通过从属面积来考虑，具体可以依据 GB 50009—2012 的规定执行。

高层建筑楼面均布活荷载的标准值、组合值、频遇值、准永久值，可以按照 GB 50009—2012 的规定采用。标准值是指荷载的基本代表值，为设计基准期内最大荷载统计分布的特征值（如均值、众值、中值或某个分位值）。组合值是指对可变荷载，使组合后的荷载效应在设计基准期内的超越概率，能与该荷载单独出现时的相应概率趋于一致的荷载值；或使组合后的结构具有统一规定的可靠指标的荷载值。频遇值是指对可变荷载，在设计基准期内，其超越的总时间为规定的较小比率或超越频率为规定频率的荷载值。准永久值是指对可变荷载，在设计基准期内，其超越的总时间约为设计基准期一半的荷载值。对高层建筑结构，在计算活荷载产生的内力时，可以不考虑活荷载的最不利布置方式。目前，我国钢筋混凝土高层建筑单位面积的竖向荷载，框架、框架-剪力墙结构体系为 $12\sim14\mathrm{kN/m^2}$，剪力墙、筒体结构体系为 $14\sim16\mathrm{kN/m^2}$，而其中楼（屋）面活荷载一般为 $2.0\sim2.5\mathrm{kN/m^2}$，只占全部竖向荷载的 $15\%\sim20\%$，所以楼面活荷载的最不利布置方式对内力产生的影响很小；高层建筑的层数和跨数都比较多，活荷载不利布置方式众多，计算工作量很大。为了简化计算，可以按照活荷载满布所有楼面进行计算，再将所求得的梁跨中截面和支座截面弯矩乘以 $1.1\sim1.3$ 的放大系数。

2. 屋面活荷载

屋面均布活荷载包括屋面积灰荷载、雪荷载及上人屋面、不上人屋面、屋顶停机坪荷载等的标准值及其组合值、频遇值和准永久值，可以按照 GB 50009—2012 的规定采用。

屋面直升机停机坪的活荷载应该采用下列两款中能使平台产生最大内力的荷载：

（1）直升机总质量引起的局部荷载，按照由实际最大起飞质量决定的局部荷载标准值乘以动力系数确定。对具有液压轮胎起落架的直升机，动力系数可以取 1.4；当没有机型技术数据时，局部荷载标准值及其作用面积可以根据直升机类型按照下列规定采用：

1）轻型，最大起飞质量 2t，局部荷载标准值取 20kN，作用面积 0.20m×0.20m。

2）中型，最大起飞质量 4t，局部荷载标准值取 40kN，作用面积 0.25m×0.25m。

3）重型，最大起飞质量 6t，局部荷载标准值取 60kN，作用面积 0.30m×0.30m。

（2）屋顶停机坪的等效均布活荷载不低于 $5.0\mathrm{kN/m^2}$。

3. 屋面雪荷载

屋面水平投影面上的雪荷载标准值应该按照式（3-1）计算，即

$$s_k = \mu_r s_0 \tag{3-1}$$

式中　s_k——雪荷载标准值（$\mathrm{kN/m^2}$）；

　　　s_0——基本雪压（$\mathrm{kN/m^2}$），一般按当地空旷平坦地面上积雪自重的观测资料，经过概率统计得到 50 年一遇最大值确定，应该按照 GB 50009—2012 中全国基本雪压分布图及其有关的资料采用；

　　　μ_r——屋面积雪分布系数，屋面坡度 $\alpha \leqslant 25°$ 时，μ_r 取 1.0，$\alpha \geqslant 60°$ 时，μ_r 取 0，其他情况可以按照 GB 50009—2012 采用。

雪荷载的组合值系数可以取 0.7；频遇值系数可以取 0.6；准永久值系数按照雪荷载分区 I、II 和 III 的不同，分别取 0.5、0.2 和 0。

4. 施工活荷载

施工活荷载一般取 $1.0\sim1.5\mathrm{kN/m^2}$。依据 JGJ 3—2010，当施工中采用附墙塔、爬塔等对结构受力有影响的起重机械或其他施工设备时，应该根据具体情况确定施工活荷载对结构的影响。擦窗机等清洗设备应该按实际情况确定其自重的大小和作用位置。

3.1.3　偶然荷载（accidental load）

偶然荷载是指在结构设计使用年限内不一定出现，而一旦出现其量值很大，且持续时间

很短的荷载，包括爆炸力、撞击力等，应该按照建筑结构使用的特点确定偶然荷载的代表值。

3.2　水平荷载（horizontal load）

3.2.1　风荷载（wind load）

空气从气压大的地方向气压小的地方流动就形成了风，当气流以某一速度向前运动，遇到建筑物的阻塞时，在建筑物迎风面产生压力，而在建筑物背风面、侧面、屋面和角隅等部位，空气会形成一定的涡流，从而产生吸力，这种风力作用称为风荷载。风荷载的大小及分布非常复杂，除了与风速、风向有关之外，还与建筑物的高度、形状、表面状况、周围环境等因素有关，一般可以通过实测或风洞试验来确定。对于高层建筑，一方面风压作用的平均值使建筑物受到一个基本上比较稳定的风压；另一方面风压的波动又使建筑物产生风力振动。因此，高层建筑不仅要考虑风的静力作用，还要考虑风的动力作用。

3.2.1.1　风荷载标准值（characteristic value of wind load）

主体结构计算时，垂直于建筑物表面的单位面积风荷载标准值 w_k 按照式（3-2）计算风荷载作用面积，应该取垂直于风向的最大投影面积，即

$$w_k = \beta_z \mu_s \mu_z w_0 \tag{3-2}$$

式中　　w_k——风荷载标准值（kN/m^2）；

w_0——基本风压（kN/m^2）；

μ_s——风荷载体形系数；

μ_z——风压高度变化系数；

β_z——高度 z 处的风振系数。

1. 基本风压

根据风速可以求出风压，但是风速随高度、周围地貌的不同而变化，为了比较不同地区风速或风压的大小，必须对不同地区的地貌、测量风速的高度有所规定。按规定地貌和高度等条件所确定的风压称为基本风压。GB 50009—2012 规定，基本风压是以当地空旷平坦地面上 10m 高度处 10min 的平均风速观测数据，经概率统计得出 50 年一遇最大值确定的风速，并考虑相应的空气密度，按 $w_0 = v_0^2/1600$ 确定的风压值，应该按照 GB 50009—2012 中全国基本风压分布图及有关资料采用，但是不得小于 0.3 kN/m^2。对风荷载比较敏感的高层建筑，承载力设计时应该按基本风压的 1.1 倍采用，对于正常使用极限状态计算，如位移计算，其要求比承载力设计适当降低，可以采用基本风压值或设计人员根据实际情况确定。

2. 风压高度变化系数

由于地面对风引起的摩擦作用，使接近地面的风速随离地面距离的减小而降低。在大气边界层内，风速随离地面距离的增加而加大。在距离地面 300～550m 时，风速不再受地面粗糙度的影响，能够在气压梯度的作用下自由流动，达到所谓的"梯度风速"，该高度称为梯度风高度。地面粗糙度不同，近地面风速变化的快慢也不相同。地面越粗糙，风速变化越慢，梯度风高度越高；反之，地面越平坦，风速变化越快，梯度风高度越小。例如，开阔乡村和海面的风速比高楼林立大城市的风速更快地达到梯度风速；或位于同一高度处的风速，城市中心处要比乡村和海面处小。风压沿高度的变化规律一般用指数函数式（3-3）表

示，即

$$v_z = v_H (z/H)^{2\alpha} \tag{3-3}$$

式中　z、v_z——任意点高度及该处的平均风速；

　　　　H、v_H——标准高度（如 10m）及该处的平均风速；

　　　　α——地面粗糙度系数。

由于 GB 50009—2012 仅给出了高度为 10m 处的风压值，即基本风压 w_0，所以其他高度处的风压应根据基本风压乘以风压高度变化系数 μ_z 换算得来。风压高度变化系数是指某类地表上空 z 高度处的风压 w_z 与基本风压 w_0 的比值。GB 50009—2012 将地面粗糙程度分为 A、B、C、D 四类。

（1）A 类。指近海海面、海岛、海岸、湖岸及沙漠地区。

（2）B 类。指田野、乡村、丛林、丘陵，以及房屋比较稀疏的乡镇。

（3）C 类。指有密集建筑群的城市市区。

（4）D 类。指有密集建筑群，且房屋较高的城市市区。

地面粗糙度程度越大，α 值越大，则 A 类取 0.12，B 类取 0.15，C 类取 0.22，D 类取 0.30。对应于不同地面粗糙度时的梯度风高度分别为：A 类取 300m，B 类取 350m，C 类取 450m，D 类取 550m。根据地面粗糙度系数及梯度风高度，即可以得出风压高度变化系数

$\mu_z^A = 1.284\ (z/10)^{0.24}$，$\mu_z^B = 1.000\ (z/10)^{0.30}$，$\mu_z^C = 0.544\ (z/10)^{0.44}$，$\mu_z^D = 0.262\ (z/10)^{0.60}$

GB 50009—2012 给出了各类地区风压高度变化系数，见表 3-1，在山区及离岸海岛上的高层建筑，查表 3-1 后还应该根据 GB 50009—2012 的要求进行修正。

表 3-1　　　　　　　　　　　　　　　风压高度变化系数 μ_z

离地面或海平面高度（m）	地面粗糙度类别			
	A	B	C	D
5	1.09	1.00	0.65	0.51
10	1.28	1.00	0.65	0.51
15	1.42	1.13	0.65	0.51
20	1.52	1.23	0.74	0.51
30	1.67	1.39	0.88	0.51
40	1.79	1.52	1.00	0.60
50	1.89	1.62	1.10	0.69
60	1.97	1.71	1.20	0.77
70	2.05	1.79	1.28	0.84
80	2.12	1.87	1.36	0.91
90	2.18	1.93	1.43	0.98
100	2.23	2.00	1.50	1.04
150	2.46	2.25	1.79	1.33
200	2.64	2.46	2.03	1.58
250	2.78	2.63	2.24	1.81

续表

离地面或海平面高度（m）	地面粗糙度类别			
	A	B	C	D
300	2.91	2.77	2.43	2.02
350	2.91	2.91	2.60	2.22
400	2.91	2.91	2.76	2.40
450	2.91	2.91	2.91	2.58
500	2.91	2.91	2.91	2.74
≥550	2.91	2.91	2.91	2.91

3. 风荷载体形系数

当风流动经过建筑物时，对建筑物不同部位会产生不同的效果，有压力，也有吸力，空气流动还会产生漩涡，从而对建筑物局部会产生较大的压力或吸力。即使在同样的风速条件下，在建筑物表面上风压分布也是很不均匀的，一般与房屋的体形、尺寸等几何性质有关。图 3-1 为一矩形建筑物的实测风压分布系数，是指房屋平面风压分布系数，正值是压力，负值是吸力。图 3-1（a）为空气流经建筑物时风压对建筑物的作用，在迎风面上产生压力，在侧风面及背风面均产生吸力，而且各面风压分布并不均匀。图 3-1（b）为迎风面风压分布系数，图 3-1（c）为背风面风压分布系数，即风等压线。它表示在建筑物表面上的某个部分风压（或吸力）较大，另一部分风压较小，风压分布也并不均匀。通常，迎风面的风压在建筑物的中间偏上为最大，两边及底部最小；侧风面一般近侧大，远侧小，分布也不均匀；背风面一般两边略大，中间小。

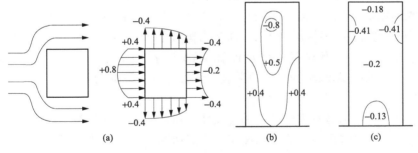

图 3-1　风压分布系数

风荷载体形系数是指建筑物表面上所受到的风压与来流风的速度压的比值。风荷载体形系数一般都是通过实测或风洞模拟试验的方法确定，它表示建筑物表面在稳定风压作用下的静态压力分布规律，主要与建筑物的体形和尺寸有关，也与周围环境和地面粗糙度有关。在计算风荷载对建筑物的整体作用时，只需要按照各个表面的平均风压计算，即采用各个表面的平均风荷载体形系数计算。根据我国多年设计经验及风洞试验，高层建筑风荷载体形系数可以按照下列规定采用。

（1）单体风荷载体形系数。

1）圆形和椭圆形平面建筑，风荷载体形系数取 0.8。

2）正多边形及截角三角形平面建筑，风荷载体形系数按照式（3-4）计算，即

$$\mu_s = 0.8 + 1.2/\sqrt{n} \tag{3-4}$$

式中　n——多边形的边数。

3）矩形、方形、十字形（高宽比 $H/B \leqslant 4$）平面建筑风荷载体形系数取 1.3。

4）下列建筑取 1.4：

a. V 形、Y 形、弧形、双十字形、井字形平面建筑；

b. L 形、槽形和高宽比 $H/B > 4$ 的十字形平面建筑；

c. 高宽比 $H/B > 4$，长宽比 $L/B \leqslant 1.5$ 的矩形、鼓形平面建筑。

5）在需要更细致地进行风荷载计算的情况下，风荷载体形系数可以按附录 1 采用，或由风洞试验确定。

6）当房屋高度大于 200m 时宜采用风洞试验来确定建筑物的风荷载。对于建筑平面形状或立面形状复杂、立面开洞或连体建筑、周围地形和环境较复杂的高层建筑，宜由风洞试验确定建筑物的风荷载。

在对复杂体形的高层建筑结构进行内力和位移计算时，正反两个方向风荷载的绝对值可以取两个中的较大值。

（2）群体风荷载体形系数。对于高层建筑群，当各房屋间距比较近时，由于漩涡的相互干扰，各房屋某些部位的局部风压会显著增大。因而 JGJ 3—2010 规定，当多栋或群集的高层建筑间距较近时，宜考虑风力相互干扰的群体效应。可以将单栋建筑物的体形系数 μ_s 乘以相互干扰增大系数，该系数可以参考类似条件的试验数据确定，必要时通过风洞试验确定。

（3）局部风荷载体形系数。高层建筑表面的风荷载分布很不均匀，在角隅、檐口、边棱处和在附属结构的部位（如阳台、雨篷等外挑构件），局部风压会超过平均风压。因此，计算风荷载对建筑物某个局部表面的作用时，需要采用局部风荷载体形系数。

根据风洞试验资料和一些实测结果，并参考国外的风荷载规范，JGJ 3—2010 规定：檐口、雨篷、遮阳板、阳台等水平构件，计算局部上浮风荷载时，风荷载体形系数 $\mu_s = -2.0$，设计高层建筑的幕墙结构时，风荷载应该按照有关标准的规定采用。

4. 风振系数

风对建筑结构的作用是不规则的，随着风速、风向的紊乱变化而不停地改变着。通常把风作用的平均值看成稳定风压，即平均风压，实际风速在平均风速附近波动，实际风压是在平均风压附近波动，如图 3-2 所示。

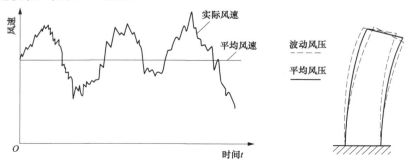

图 3-2　平均风压与波动风压

平均风压使建筑物产生一定的侧移，而波动风压使建筑物在平均侧移附近振动。对于高度比较大、刚度比较小的高层建筑，波动风压会产生不可忽略的动力效应，在设计中必须考虑。在结构的风振计算中，常常是受力方向的基本振型起主要作用，设计中采用加大风荷载的方法，即将平均风压乘以风振系数。

对于高度 $H>30\text{m}$ 且高宽比 $H/B>1.5$ 的房屋，以及基本自振周期 $T_1>0.25\text{s}$ 的各种高耸结构，应该考虑风压脉动对结构产生顺风向风振的影响。顺风向风振响应计算按照结构随机振动理论进行。

对于一般竖向悬臂型结构，如高层建筑和构架、塔架、烟囱等高耸结构，均可以仅考虑第1阶振型的影响，采用风振系数法计算其顺风向风荷载，结构的顺风向风荷载可以按照式（3-5）计算。风振系数 β_z 一般使风荷载加大（不满足上述情况时，$\beta_z=1.0$），高度 z 处的风振系数可以按照式（3-5）计算

$$\beta_z=1+2gI_{10}B_z\sqrt{1+R^2} \tag{3-5}$$

式中　g——峰值因子，可以取 2.5；

I_{10}——10m 高度处名义湍流强度，对应 A、B、C、D 类地面粗糙度，可以分别取 0.12、0.14、0.23 和 0.39；

R——脉动风荷载的共振分量因子，按照式（3-6）计算

$$R=\sqrt{\frac{\pi}{6\zeta_1}\frac{x_1^2}{(1+x_1^2)^{\frac{4}{3}}}} \tag{3-6}$$

$$x_1=\frac{30f_1}{\sqrt{k_w w_0}},\ x_1>5$$

$$B_z=kH^{\alpha_1}\rho_x\rho_z\frac{\Phi_1(z)}{\mu_z} \tag{3-7}$$

$$\rho_x=\frac{10\sqrt{B+50e^{-B/50}-50}}{B} \tag{3-8}$$

$$\rho_z=\frac{10\sqrt{H+60e^{-H/60}-60}}{H} \tag{3-9}$$

f_1——结构第1自振频率，Hz；

k_w——地面粗糙度修正系数，对 A、B、C、D 类地面粗糙度，可以分别取 1.28、1.0、0.54 和 0.26；

ζ_1——结构阻尼比，钢结构可以取 0.01，有填充墙的钢结构房屋可以取 0.02，钢筋混凝土及砌体结构可以取 0.05，其他结构可以根据工程经验确定；

B_z——脉动风荷载的背景分量因子，对体形和质量沿高度均匀分布的高层建筑和高耸结构；

$\Phi_1(z)$——结构第1阶振型系数，可以由结构动力计算，对外形、质量、刚度沿高度按照连续规律变化的竖向悬臂型高耸结构及沿高度比较均匀的高层建筑，振型系数 $\Phi_1(z)$ 可以根据相对高度 z/H 按照 GB 50009—2012 中附录 G 的规定取值，见表 3-2；

H——结构总高度（m），对 A、B、C、D 类地面粗糙度，H 的取值分别不应大于

300、350、450m 和 550m；

ρ_x——脉动风荷载水平方向相关系数，对于迎风面宽度比较小的高耸结构，水平方向相关系数可以取 $\rho_x=1$；

B——结构迎风面宽度（m），$B \leqslant 2H$；

ρ_z——脉动风荷载竖直方向相关系数；

k、α_1——系数，按表 3-3 取值。

表 3-2 高层建筑的振型系数 $\Phi_1(z)$

相对高度	振 型 序 号			
z/H	1	2	3	4
0.1	0.02	−0.09	0.22	−0.38
0.2	0.08	−0.30	0.58	−0.73
0.3	0.17	−0.50	0.70	−0.40
0.4	0.27	−0.68	0.46	0.33
0.5	0.38	−0.63	−0.03	0.68
0.6	0.45	−0.48	−0.49	0.29
0.7	0.67	−0.18	−0.63	−0.47
0.8	0.74	0.17	−0.34	−0.62
0.9	0.86	0.58	0.27	−0.02
1.0	1.00	1.00	1.00	1.00

表 3-3 系数 k 和 α_1

粗糙度类别		A	B	C	D
高层建筑	k	0.944	0.670	0.295	0.112
	α_1	0.155	0.187	0.261	0.346
高耸结构	k	1.276	0.910	0.404	0.155
	α_1	0.186	0.218	0.292	0.376

对迎风面和侧风面的宽度沿高度按直线或接近直线变化，而质量沿高度按连续规律变化的高耸结构，背景分量因子 B_z 应该乘以修正系数 θ_B 和 θ_V。θ_B 为构筑物在 z 高度处的迎风面宽度 $B(z)$ 与底部宽度 $B(0)$ 的比值；θ_V 可以按表 3-4 确定。

表 3-4 修正系数 θ_V

$B(z)/B(0)$	1	0.9	0.8	0.7	0.6	0.5	0.4	0.3	0.2	$\leqslant 0.1$
θ_V	1.00	1.10	1.20	1.32	1.50	1.75	2.08	2.53	3.30	5.60

3.2.1.2 总风荷载 （general wind load）

在结构设计时，应该计算在总风荷载作用下结构产生的内力和位移。总风荷载为建筑物各个表面上承受风作用力的合力，是沿建筑物高度变化的线荷载。通常按 x、y 两个相互垂直的方向分别计算总风荷载。z 高度处的总风荷载标准值按照式（3-10）计算，即

$$w_z = \beta_z \mu_z w_0 (\mu_{s1} B_1 \cos\alpha_1 + \mu_{s2} B_2 \cos\alpha_2 + \cdots + \mu_{sn} B_n \cos\alpha_n) \qquad (3\text{-}10)$$

式中　　　　　　　　n——建筑物外围表面积数，每个平面作为一个表面；

B_1、B_2、$\cdots$、B_n——n 个表面的宽度；

μ_{s1}、μ_{s2}、$\cdots$、μ_{sn}——n 个表面的风荷载体形系数；

α_1、α_2、$\cdots$、α_n——n 个表面法线与风作用方向的夹角。

当建筑物某个表面与风作用方向垂直时，即 $\alpha_i=0°$，则这个表面的风压全部计入总风荷载；当某个表面与风作用方向平行时，即 $\alpha_i=90°$，则这个表面的风压不计入总风荷载；其他与风作用方向成某一夹角的表面，都应计入该表面上压力在风作用方向的分力，在计算时要特别注意区别是压力还是吸力，以便做矢量相加。式（3-10）中计算得到的 w_z 是线荷载，单位为 kN/m。在结构计算时，将沿高度分布的总风荷载换算成集中作用在各楼层位置的集中荷载，再来计算结构的内力和位移。

各表面风荷载的合力作用点，即总风荷载作用点，其位置按照静力平衡条件确定。

3.2.1.3　多层钢筋混凝土框架房屋风荷载计算例题

当风荷载作用于框架结构房屋外墙上，沿高度方向上是倒三角形的分布荷载时，为了计算方便，将其简化为作用于各楼层处的水平集中力，并采用式（3-11）计算，即

$$P_i = w_k h_i B = \beta_z \mu_s \mu_z \omega_0 h_i B \tag{3-11}$$

式中　P_i——作用于第 i 楼层处的集中风荷载；

$\quad\quad h_i$——第 i 楼层受风面高度，取第 i 层楼面上层层高和下层层高各一半之和，首层层高应该从室外地面算起，屋面层受风面高度应该为顶层层高之半与女儿墙高之和；

$\quad\quad B$——受风面宽度，取房屋垂直于风向上的长度；

$\quad\quad \mu_z$——第 i 层的风荷载高度变化系数，应该根据第 i 层楼面至地面的高度确定。

【例 3-1】　某建于海岸边的四层框架结构房屋，其平面简图如图 3-3 所示。已知该地区基本风压 $w_0=0.7\text{kN/m}^2$，地面粗糙度为 A 类，试计算该房屋横向所到的水平风荷载。

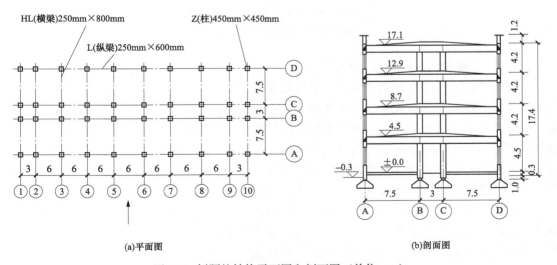

(a)平面图　　　　　　　　　　　　　　　(b)剖面图

图 3-3　例题的结构平面图和剖面图（单位：m）

解　取风振系数 $\beta_z=1$；体形系数：迎风面 $\mu_s=0.8$，背风面 $\mu_s=-0.5$；风压高度变化

系数 μ_z：地面粗糙度按照 A 类，根据各层楼面处至室外地面高度按照表 3-1 采用插值法确定风压高度变化系数及其荷载标准值，见表 3-5。

表 3-5　　　　　　　　　　　　　　风荷载标准值计算

离地面高度（m）	μ_z	$w_{k} = \beta_z \mu_s \mu_z w_0 = 1 \times (0.8 + 0.5) \times 0.70 \mu_z (kN \cdot m^{-2})$
4.8	1.09	0.99
9.0	1.24	1.13
13.2	1.37	1.25
17.4	1.47	1.34

受风面宽度取房屋纵向长度 $B=48\text{m}$，各楼层受风面高度取上下层高各半之和，顶层取至女儿墙顶，则

$$P_1 = 0.99 \times 48 \times 0.5 \times (4.8 + 4.2) = 213.84 (kN)$$
$$P_2 = 1.13 \times 48 \times 0.5 \times (4.2 + 4.2) = 227.81 (kN)$$
$$P_3 = 1.25 \times 48 \times 0.5 \times (4.2 + 4.2) = 252.00 (kN)$$
$$P_4 = 1.34 \times 48 \times (0.5 \times 4.2 + 1.2) = 212.26 (kN)$$

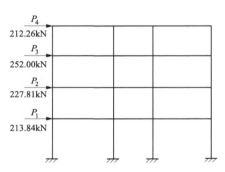

图 3-4　框架在风荷载作用下的简图
（该框架表示各横向框架的综合）

3.2.2　地震作用（seismic action）

地震时震源岩层发生断裂、错动，岩层所积累的变形能突然释放，它以波的形式从震源向四周传播，这就是地震波。地震波的传播产生地面运动，通过房屋基础使上部结构发生振动，从而形成惯性力作用。地震波可以使房屋产生水平振动或者竖向振动；但是一般房屋的破坏主要是水平振动造成的。因而在设计中主要考虑水平地震作用，只有在震中附近的高烈度区，才同时考虑水平地震作用和竖向地震作用。《建筑抗震设计规范》（GB 50011—2010）规定，在 6 度及 6 度以上地震烈度区内，建筑物应该进行抗震设防设计。

地震作用是指地震造成建筑物场地及地基的运动引起建筑物强迫振动时所产生的惯性力。建筑结构抗震设计是先计算结构的地震作用，再求出结构和构件的地震作用效应。结构的地震作用效应是指地震作用在结构中所产生的内力和变形，如弯矩、剪力、轴力和位移等。

3.2.2.1　一般计算原则（general principles in calculation）

1. 抗震设防分类

根据建筑物遭遇地震破坏后，可能造成人员伤亡、直接和间接经济损失、社会影响的程

度及其在抗震救灾中的作用等因素，对各类建筑的设防类别进行划分。依据《建筑工程抗震设防分类标准》（GB 50223—2008）的规定，建筑工程应该分为以下四个抗震设防类别：

（1）特殊设防类。指使用上有特殊设施，涉及国家公共安全的重大建筑工程和地震时可能发生严重次生灾害等特别重大灾害后果，需要进行特殊设防的建筑，简称甲类。

（2）重点设防类。指地震时使用功能不能中断或需要尽快恢复的生命线相关建筑，以及地震时可能导致大量人员伤亡等重大灾害后果，需要提高设防标准的建筑，简称乙类。

（3）标准设防类。指大量的除甲、乙、丁类以外按照标准要求进行设防的建筑，简称丙类。

（4）适度设防类。指使用上人员稀少且震损不致产生次生灾害，允许在一定条件下适度降低要求的建筑，简称丁类。

各个抗震设防类别的高层建筑结构，其抗震措施应该符合以下要求：

（1）特殊设防类，应该按照比本地区抗震设防烈度提高一度的要求加强其抗震措施；但抗震设防烈度为 9 度时应该按照比 9 度更高的要求采取抗震措施。同时，应该按照批准的地震安全性评价的结果，且高于本地区抗震设防烈度的要求确定其地震作用。

（2）重点设防类，应该按照比本地区抗震设防烈度提高一度的要求加强其抗震措施；但抗震设防烈度为 9 度时应该按照比 9 度更高的要求采取抗震措施；地基基础的抗震措施，应该符合有关规定。同时，应该按照本地区抗震设防烈度确定其地震作用。

对于划为重点设防类而规模很小的工业建筑，当改用抗震性能较好的材料且符合抗震设计规范对结构体系的要求时，允许按照标准设防类设防。

（3）标准设防类，应该按照本地区抗震设防烈度确定其抗震措施和地震作用，达到在遭遇高于当地抗震设防烈度的预估罕遇地震影响时不致倒塌或发生危及生命安全的严重破坏的抗震设防目标。当建筑场地为 Ⅰ 类时，除 6 度外，应该允许按照本地区抗震设防烈度降低一度的要求采取抗震构造措施。

（4）适度设防类，允许比本地区抗震设防烈度的要求适当降低的抗震措施，但抗震设防烈度为 6 度时不应该降低。一般情况下，仍应该按照本地区抗震设防烈度确定其地震作用。

当建筑场地为 Ⅲ、Ⅳ 类时，对设计基本地震加速度为 0.15g 和 0.30g 的地区，宜分别按照抗震设防烈度 8 度（0.20g）和 9 度（0.40g）时各类建筑的要求采取抗震构造措施。

2. 地震作用的计算规定

地震发生时，对建筑物既产生水平方向作用，也产生竖向作用。一般来说，水平地震作用是主要的。JGJ 3—2010 规定，高层建筑结构的地震作用计算应该符合下列原则：

（1）一般情况下，应该考虑在结构两个主轴方向分别计算水平地震作用；有斜交抗侧力构件的结构，当相交角度大于 15° 时，应该分别计算各抗侧力构件方向的水平地震作用。

（2）质量与刚度分布明显不均匀、不对称的结构，应该计算双向水平地震作用下的扭转影响；其他情况，应该计算单向水平地震作用下的扭转影响。

（3）高层建筑中的大跨度、长悬臂结构，7 度（0.15g）和 8 度抗震设计时应该考虑竖向地震作用。

（4）9 度抗震设计时应该计算竖向地震作用。

结构地震动力反应过程中存在着地面扭转运动，在这方面的强震实测记录又很少，地震作用计算中还不能考虑输入地面的运动扭转分量。JGJ 3—2010 规定，计算单向地震作用时

应该考虑偶然偏心的影响，每层质心沿垂直于地震作用方向的偏移值可以按式（3-12）取用，即

$$e_i = \pm 0.05 L_i \tag{3-12}$$

式中　e_i——第 i 层质心偏移值（m），各楼层质心偏移方向相同；

　　　　L_i——第 i 层垂直于地震作用方向的建筑物总长度（m）。

3. 地震作用的计算方法

高层建筑结构根据不同情况，应分别采用以下地震作用计算方法：

（1）高层建筑结构宜采用振型分解反应谱法。对质量和刚度不对称、不均匀的结构，以及高度超过 100m 的高层建筑结构，应该采用考虑扭转耦联振动影响的振型分解反应谱法。

（2）高度不超过 40m，以剪切变形为主且质量和刚度沿高度分布比较均匀的高层建筑结构，可以采用底部剪力法。

（3）7～9 度抗震设防时，甲类高层建筑结构、乙类和丙类高层建筑结构（见表 3-6）、竖向不规则的高层建筑结构、质量沿竖向分布特别不均匀的高层建筑结构、复杂高层建筑结构，均应该采用弹性时程分析法进行多遇地震作用下的补充计算。

表 3-6　　　　　　　　　　　采用时程分析法的高层建筑结构

设防烈度、场地类别	建筑高度范围（m）
8 度 Ⅰ、Ⅱ 类场地和 7 度	＞100
8 度 Ⅲ、Ⅳ 类场地	＞80
9 度	＞60

注　场地类别应该按《建筑抗震设计规范》（GB 50011—2010）的规定采用。

采取动力时程分析法进行分析时，应该按照建筑场地类别和设计地震分组选取实际地震记录和人工模拟的加速度时程曲线，其中实际地震记录的数量不应少于总数量的 2/3，多条时程曲线的平均地震影响系数曲线应该与振型分解反应谱法所采用的地震影响系数曲线在统计意义上相符；地震波的持续时间不宜小于建筑结构基本自振周期的 5 倍和 15s，其时间间隔可以取 0.01s 或 0.02s；在进行弹性时程分析时，每条时程曲线计算所得的结构底部剪力不应小于振型分解反应谱法计算结果的 65%，多条时程曲线计算所得结构底部剪力的平均值不应小于振型分解反应谱法计算结果的 80%。

在进行动力时程分析计算时，输入地震加速度的最大值可以按照表 3-7 采用。当取三组时程曲线进行计算时，结构地震作用效应宜取时程法计算结果的包络图与振型分解反应谱法计算结果的较大值；当取七组及七组以上时程曲线进行计算时，结构地震作用效应可以取时程法计算结果的平均值与振型分解反应谱法计算结果的较大值。

表 3-7　　　　　　　　　　时程分析时输入地震加速度的最大值　　　　　　　　　cm/s²

设防烈度	6 度	7 度	8 度	9 度
多遇地震	18	35（55）	70（110）	140
设防地震	50	100（150）	200（300）	400
罕遇地震	125	220（310）	400（510）	620

注　7、8 度时括号内数值分别用于设计基本地震加速度为 0.15g 和 0.30g 的地区。

3.2.2.2　计算地震作用的反应谱法（response spectrum method）

依据大量的强震记录，求出不同自振周期的单自由度体系地震最大反应，取这些反应的包线，称为反应谱。以反应谱为依据进行抗震设计，则结构在这些地震记录为基础的地震作用下是安全的，这种方法为反应谱法。利用反应谱可以求出各种地震作用下的反应最大值，因而被广泛应用。以反应谱为基础有以下两种实用方法：

1. 振型分解反应谱法

振型分解反应谱法是将结构作为多自由度体系，利用反应谱进行计算，任何工程结构均可以用该法进行地震反应分析。

2. 底部剪力法

对于多自由度体系，若计算地震反应时主要考虑基本振型的影响，则计算可以大大简化，此法为底部剪力法，是一种近似方法。

用反应谱法计算地震反应，可以解决两个问题：计算建筑结构的重力荷载代表值；根据结构的自振周期确定相应的地震影响系数。

（1）重力荷载代表值。计算地震作用时，建筑结构的重力荷载代表值应该取永久荷载标准值和可变荷载组合值之和。各可变荷载的组合值系数应该按表 3-8 的规定采用。

表 3-8　　　　　　　　　　　　**可变荷载的组合值系数**

可变荷载种类		组合值系数
雪荷载		0.5
按实际情况考虑的楼面活荷载		1.0
按等效均布荷载考虑的楼面活荷载	藏书库、档案馆、库房	0.8
	其他民用建筑	0.5

（2）地震影响系数。地震影响系数 α 是单质点弹性体系的绝对最大加速度与重力加速度的比值，应该根据地震烈度、场地类别、设计地震分组和结构自振周期及阻尼比确定。水平地震影响系数 α 按照图 3-5 采用。

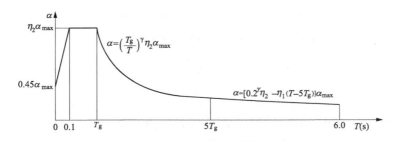

图 3-5　地震影响系数曲线

α—地震影响系数；α_{max}—地震影响系数最大值；η_1—直线下降段的下降斜率调整系数；
γ—衰减指数；η_2—阻尼调整系数；T_g—特征周期；T—结构自振周期

直线上升段，为周期小于 0.1s 的区段，取

$$\alpha = [0.45 + 10(\eta_2 - 0.45)T]\alpha_{max} \tag{3-13}$$

水平段，自 0.1s 至特征周期 T_g 区段，取

$$\alpha = \eta_2 \alpha_{max} \tag{3-14}$$

曲线下降段，自 $T_g \sim 5T_g$ 区段，取

$$\alpha = (T_g/T)^\gamma \eta_2 \alpha_{max} \qquad (3\text{-}15)$$

直线下降段，自 $5T_g \sim 6s$ 区段，取

$$\alpha = [\eta_2 0.2^\gamma - \eta_1(T - 5T_g)]\alpha_{max} \qquad (3\text{-}16)$$

式中　γ——曲线下降段的衰减指数，按照式（3-16）确定

$$\gamma = 0.9 + (0.05 - \zeta)/(0.3 + 6\zeta) \qquad (3\text{-}17)$$

　　ζ——阻尼比，一般建筑结构可以取 0.05，η_1 为直线下降段的下降斜率调整系数，按照式（3-17）确定（当 η_1 小于 0 时取 0），即

$$\eta_1 = 0.02 + (0.05 - \zeta)/(4 + 32\zeta) \qquad (3\text{-}18)$$

　　η_2——阻尼调整系数，按照式（3-18）确定，当 η_2 小于 0.55 时应该取 0.55，即

$$\eta_2 = 1 + (0.05 - \zeta)/(0.08 + 1.6\zeta) \qquad (3\text{-}19)$$

　　α_{max}——地震影响系数最大值，阻尼比为 0.05 的建筑结构应该按照表 3-9 采用，阻尼比不等于 0.05 时，表 3-9 中的数值应该乘以阻尼调整系数 η_2。

　　T——结构自振周期。

　　T_g——特征周期，根据场地类别和设计地震分组按照表 3-10 采用，计算罕遇地震作用时，特征周期应该增加 0.05s。

表 3-9　　　　　　　　　　水平地震影响系数最大值 α_{max}

地震影响	6 度	7 度	8 度	9 度
多遇地震	0.04	0.08 (0.12)	0.16 (0.24)	0.32
设防地震	0.12	0.23 (0.34)	0.45 (0.68)	0.90
罕遇地震	0.28	0.50 (0.72)	0.90 (1.20)	1.40

注　7、8 度时括号中数值分别用于设计基本地震加速度为 0.15g 和 0.30g 的地区。

表 3-10　　　　　　　　　　特征周期值 T_g　　　　　　　　　s

设计地震分组 \ 场地类别	I_0	I_1	II	III	IV
第一组	0.20	0.25	0.35	0.45	0.65
第二组	0.25	0.30	0.40	0.55	0.75
第三组	0.30	0.35	0.45	0.65	0.90

对于一般的建筑结构，阻尼比可以取 0.05，则由式（3-17）~式（3-19）分别得 $\gamma = 0.9$，$\eta_1 = 0.02$，$\eta_2 = 1$，相应的地震影响系数为

上升段　　　　　　　$\alpha = (0.45 + 5.5T)\alpha_{max} \qquad (3\text{-}20)$

水平段　　　　　　　$\alpha = \alpha_{max} \qquad (3\text{-}21)$

曲线下降段　　　　　$\alpha = (T_g/T)^{0.9}\alpha_{max} \qquad (3\text{-}22)$

直线下降段　　　　　$\alpha = [0.2^{0.9} - 0.02(T - 5T_g)]\alpha_{max} \qquad (3\text{-}23)$

对于周期大于 6.0s 的高层建筑结构，对采用的地震影响系数应该进行专门研究；对已编制抗震设防区划的地区，应该允许按照批准的设计地震动参数采用相应的地震影响系数。

3.2.2.3　水平地震作用计算（horizontal earthquake calculation）

1. 底部剪力法

高度不超过 40m，以剪切变形为主且质量和刚度沿高度分布比较均匀的结构及近似于单质点体系的结构，计算该类结构水平地震作用时可以采用底部剪力法。该法计算高层建筑结构的水平地震作用时，各楼层在计算方向上主要考虑基本振型的影响，计算简图如图 3-6 所示，结构总水平地震作用标准值即底部剪力 F_{Ek} 按照式（3-24）计算

$$F_{Ek} = \alpha_1 G_{eq} \tag{3-24}$$

$$G_{eq} = 0.85 G_E \tag{3-25}$$

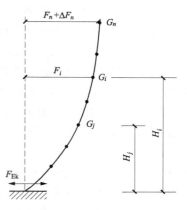

图 3-6　底部剪力法计算简图

式中　F_{Ek}——结构总水平地震作用标准值；

　　　α_1——相应于结构基本自振周期 T_1 的水平地震影响系数；

　　　G_{eq}——计算地震作用时，结构等效总重力荷载代表值，单质点应该取总重力荷载代表值，多质点可以取重力荷载代表值的 85%；

　　　G_E——计算地震作用时，结构总重力荷载代表值，应该取各质点重力荷载代表值之和。

地震作用沿高度分布具有一定的规律性。假定加速度沿高度的分布是底部为零的倒三角形，则质点 i 的水平地震作用 F_i 可以按照式（3-26）计算

$$F_i = \frac{G_i H_i}{\sum_{j=1}^{n} G_j H_j} F_{Ek}(1 - \delta_n) \tag{3-26}$$

式中　F_i——质点 i 的水平地震作用标准值；

　　G_i、G_j——集中于质点 i、j 的重力荷载代表值；

　　H_i、H_j——质点 i、j 的计算高度；

　　　δ_n——顶部附加地震作用系数，该系数用于反映高振型的影响，可以按照表 3-11 采用。

主体结构顶层附加水平地震作用标准值可以按照式（3-27）计算

$$\Delta F_n = \delta_n F_{Ek} \tag{3-27}$$

表 3-11　　　　　　　　　　　　　　顶部附加地震作用系数 δ_n

T_g/s	$T_1 > 1.4 T_g$	$T_1 \leqslant 1.4 T_g$
$T_g \leqslant 0.35$	$0.08 T_1 + 0.07$	
$0.35 < T_g \leqslant 0.55$	$0.08 T_1 + 0.01$	0.0
$T_g > 0.55$	$0.08 T_1 - 0.02$	

注　T_g 为场地特征周期；T_1 为结构基本自振周期。

采用底部剪力法计算高层建筑结构水平地震作用时，对于突出屋面的房屋，如楼梯间、电梯间、水箱间等，可以作为一个质点参加计算，求得的水平地震作用应该考虑"鞭梢效

应"的影响，需要乘以增大系数 3 进行调整，此增大的部分不应往下传递，仅用于突出屋面的房屋自身及与其直接连接的主体结构构件的设计。

对于结构基本自振周期 $T_1 > 1.4 T_g$ 的房屋并有小塔楼的情况，按照式（3-27）计算的顶层附加水平地震作用标准值应该作用于主体结构的顶层。

2. 不考虑扭转影响的振型分解反应谱法

当结构的平面形状和立面体形比较简单、规则时，沿结构两个主轴方向的地震作用可以分别计算，其与扭转耦联振动的影响可以不考虑。

采用振型分解反应谱法，沿结构的主轴方向，结构第 j 振型第 i 层的水平地震作用的标准值应该按照式（3-28）确定，即

$$F_{ji} = \alpha_j \gamma_j x_{ji} G_i \tag{3-28}$$

式中　F_{ji}——第 j 振型第 i 层水平地震作用的标准值；

　　　　α_j——相应于第 j 振型自振周期的地震影响系数；

　　　　x_{ji}——第 j 振型第 i 层的水平相对位移；

　　　　γ_j——第 j 振型的参与系数，可以按照式（3-29）计算，即

$$\gamma_j = \sum_{i=1}^{n} x_{ji} G_i / \sum_{i=1}^{n} x_{ji}^2 G_i \quad (i = 1, 2, \cdots, n; \ j = 1, 2, \cdots, m) \tag{3-29}$$

式中　n——结构计算总层数，小塔楼宜每层作为一个质点参与计算；

　　　　m——结构计算振型数，规则结构可以取 3，当建筑比较高、结构沿竖向刚度不均匀时可以取 5～6。

由各振型的水平地震作用 F_{ji} 可以分别计算各振型的水平地震作用效应（内力和位移）。当相邻振型的周期比小于 0.85 时，总水平地震作用效应 S 可以采用平方和开平方法（SRSS）求得，即

$$S = \sqrt{\sum_{j=1}^{m} S_j^2} \tag{3-30}$$

式中　S——水平地震作用标准值的效应。

　　　　S_j——第 j 振型水平地震作用标准值的效应（弯矩、剪力、轴向力和位移等），可以取前 2～3 个振型，当基本自振周期大于 1.5s 或房屋高宽比大于 5 时，振型个数应该适当增加。

　　　　m——结构计算振型数，规则结构可以取 3，当建筑较高、结构沿竖向刚度不均匀时可以取 5～6。按两个主轴方向验算，只考虑平移方向的振型时，一般考虑 3 个振型；比较不规则的结构考虑 6 个振型。

3. 考虑扭转耦联振动影响的振型分解反应谱法

在地震作用下，结构除了发生平移之外，还会产生扭转振动。引起扭转的原因：①地面运动存在转动分量，或地震时地面各点的运动存在着相位差；②结构的质量中心与刚度中心不重合。震害揭示，扭转作用会加重结构的破坏，在某些情况下，将成为导致结构破坏的主要因素。JGJ 3—2010 规定，对质量和刚度明显不均匀的结构，应该考虑水平地震作用的扭转影响。

考虑扭转影响的平面、竖向不规则结构，各楼层可以取两个正交的水平位移和一个转角位移共三个自由度，用扭转耦联振型分解法计算地震作用和地震效应时，结构第 j 振型第 i

层的水平地震作用标准值应该按照式（3-31）确定，即

$$\left.\begin{array}{l} F_{xji} = \alpha_j \gamma_{tj} x_{ji} G_i \\ F_{yji} = \alpha_j \gamma_{tj} y_{ji} G_i \\ F_{tji} = \alpha_j \gamma_{tj} r_i^2 \varphi_{ji} G_i \end{array}\right\} \quad (i=1,\ 2,\ \cdots,\ n;\ j=1,\ 2,\ \cdots,\ m) \tag{3-31}$$

式中　F_{xji}、F_{yji}、F_{tji}——第 j 振型第 i 层的 x、y 方向和转角方向的地震作用标准值；

　　　　　α_j——相应于第 j 振型自振周期的地震影响系数；

　　x_{ji}、y_{ji}——第 j 振型第 i 层质心在 x、y 方向的水平相对位移；

　　　　　φ_{ji}——第 j 振型第 i 层的相对扭转角；

　　　　　r_i——第 i 层的转动半径，可以取第 i 层绕质心的转动惯量除以该层质量的商的正二次方根；

　　　　　γ_{tj}——考虑扭转的第 j 振型参与系数，可以按照式（3-32）～式（3-34）计算。

仅考虑 x 方向地震作用时

$$\gamma_{tj} = \gamma_{xj} = \sum_{i=1}^{n} x_{ji} G_i \Big/ \sum_{i=1}^{n} (x_{ji}^2 + y_{ji}^2 + \varphi_{ji}^2 r_i^2) G_i \tag{3-32}$$

仅考虑 y 方向地震作用时

$$\gamma_{tj} = \gamma_{yj} = \sum_{i=1}^{n} y_{ji} G_i \Big/ \sum_{i=1}^{n} (x_{ji}^2 + y_{ji}^2 + \varphi_{ji}^2 r_i^2) G_i \tag{3-33}$$

考虑与 x 方向斜交的地震作用时

$$\gamma_{tj} = \gamma_{xj} \cos\theta + \gamma_{yj} \sin\theta \tag{3-34}$$

式中　γ_{xj}、γ_{yj}——按照式（3-31）和式（3-32）求得的振型参与系数；

　　　　　n——结构计算总质点数，小塔楼宜每层作为一个质点参与计算；

　　　　　m——结构计算振型数，一般情况下可以取 9～15，多塔楼建筑每个塔楼的振型数不宜小于 9；

　　　　　θ——地震作用方向与 x 方向的夹角。

在单向水平地震作用下，考虑扭转耦联的地震作用小于采用完全二次方根法（CQC 法）进行组合，应该按照式（3-35）计算，即

$$S_{Ek} = \sqrt{\sum_{j=1}^{m} \sum_{k=1}^{m} \rho_{jk} S_j S_k} \tag{3-35}$$

$$\rho_{jk} = 8\sqrt{\zeta_j \zeta_k} (\zeta_j + \lambda_T \zeta_k) \lambda_T^{1.5} / (1 - \lambda_T^2)^2 + 4\zeta_j \zeta_k (1 + \lambda_T^2) \lambda_T + 4(\zeta_j^2 + \zeta_k^2) \lambda_T^2 \tag{3-36}$$

式中　S_{Ek}——地震作用标准值的扭转效应；

　　S_j、S_k——第 j、k 振型地震作用标准值的效应，可以取 9～15 个振型；

　　　　　ρ_{jk}——第 j 振型与第 k 振型的耦联系数；

　　　　　λ_T——第 k 振型与第 j 振型的自振周期比；

　　ζ_j、ζ_k——第 j、k 振型的阻尼比。

考虑双向水平地震作用下的扭转耦联效应，应该按照式（3-37）～式（3-38）中的较大值确定，即

$$S_{Ek} = \sqrt{S_x^2 + (0.85 S_y)^2} \tag{3-37}$$

$$S_{Ek} = \sqrt{S_y^2 + (0.85 S_x)^2} \tag{3-38}$$

式中 S_x——仅考虑 x 方向水平地震作用时按照式（3-35）计算的扭转效应；

S_y——仅考虑 y 方向水平地震作用时按照式（3-35）计算的扭转效应。

4. 楼层水平地震剪力最小值计算方法

地震影响系数在长周期段下降较快，对于基本周期大于 3s 的结构，由此计算所得的水平地震作用下的结构效应可能过小。而对于长周期结构，地震时地面运动速度和位移可能对结构的破坏具有更大影响，但规范所采用的振型分解反应谱法还无法对此做出合理估计。出于结构安全的考虑，JGJ 3—2010 规定了对各楼层水平地震剪力最小值的要求，给出了不同设防烈度下的楼层最小地震剪力系数（即剪重比），当不满足最小地震剪力系数时，结构水平地震总剪力和各楼层的水平地震剪力均需要进行相应的调整或改变结构刚度使之达到规定的要求。

抗震验算时，结构任一楼层的水平地震剪力应该符合式（3-39）的要求，即

$$V_{Eki} \geqslant \lambda \sum_{j=i}^{n} G_j \qquad\qquad (3-39)$$

式中 V_{Eki}——第 i 层对应于水平地震作用标准值的楼层剪力；

λ——剪力系数，不应小于表 3-12 中规定的数值，对于竖向不规则结构的薄弱层，还应该乘以 1.15 的增大系数；

G_j——第 j 层的重力荷载代表值；

n——结构计算总层数。

表 3-12   楼层最小地震剪力系数值

类　　别	6 度	7 度	8 度	9 度
扭转效应明显或基本周期小于 3.5s 的结构	0.008	0.016 (0.024)	0.032 (0.048)	0.064
基本周期大于 5.0s 的结构	0.006	0.012 (0.018)	0.024 (0.036)	0.048

注   1. 基本周期介于 3.5s 和 5.0s 之间的结构，按照插入法取值。

2. 7、8 度时括号内数值分别用于设计基本地震加速度 0.15g 和 0.30g 的地区。

5. 动力时程分析法

动力时程分析法是 20 世纪 50 年代末由美国学者 G. W. Housner 提出来的，是指将地震动记录或人工地震波作用在结构上，直接对结构运动微分方程进行积分，求得结构任意时刻地震反应的分析方法。根据结构的非线性行为，动力时程分析可分成线性动力时程分析和非线性动力时程分析两种。动力时程分析法借助于强震台网收集到的地震记录和计算机，随着计算手段的不断发展和对结构地震反应认识的不断深入，而得到广泛应用，特别是对体系复杂结构的非线性地震反应，动力时程分析方法是理论上唯一可行的分析方法。目前许多国家的规范都把其列为采用的分析方法之一。非线性动力时程分析法由于其复杂性等原因，在实际工程抗震设计中的应用受到许多限制，同时还有很多问题待进一步研究，如地震动的输入、构件恢复力模型的确定等。

3.2.2.4 结构自振周期计算（fundamental natural period of structures）

采用振型分解反应谱法时，可以通过计算程序来确定结构的自振周期；采用底部剪力法时，可以采用近似方法计算基本自振周期。这两种方法，在结构计算时只考虑了主体承重结构的刚度，而刚度很大的砌体填充墙的刚度在计算中没有反映，因而计算所得的周期比实际

周期长，如果按照计算周期直接计算地震作用，结果偏于不安全。因此，计算各振型地震影响系数所采用的结构自振周期应该考虑非承重墙体的刚度影响进行折减，乘以周期折减系数。

周期折减系数的取值依据结构形式和砌体填充墙的多少。框架结构主体结构刚度比较小，刚度影响较大，实测周期一般只是计算周期的 $50\%\sim60\%$；相反，剪力墙结构具有很大的刚度，少数甚至没有砌体填充墙，因此，实测周期接近计算周期。当非承重墙为砌体墙时，高层建筑结构各振型的计算自振周期折减系数可以按照下列规定取值：

框架结构　　　　　　　　　　$\psi_T=0.6\sim0.7$

框架-剪力墙结构　　　　　　$\psi_T=0.7\sim0.8$

框架-核心筒结构　　　　　　$\psi_T=0.8\sim0.9$

剪力墙结构　　　　　　　　　$\psi_T=0.8\sim1.0$

其他结构体系或采用其他非承重墙体时，可以根据实际情况确定周期折减系数。对于质量与刚度沿高度分布比较均匀的框架结构、框架-剪力墙结构和剪力墙结构，其基本自振周期可以按照式（3-40）计算，即

$$T_1=1.7\psi_T\sqrt{u_T} \tag{3-40}$$

式中：T_1——结构自振周期（s）；

　　　u_T——假想的结构顶点水平位移（m），即假想把集中在各楼层处的重力荷载代表值 G_i 作为该楼层水平荷载按照弹性方法计算的结构顶点水平位移；

　　　ψ_T——考虑非承重墙刚度对结构自振周期影响的折减系数。

高层建筑结构的自振周期也可以采用经验式（3-41）～式（3-43）式计算，即

框架结构　　　　　　　　　$T_1=(0.08\sim0.10)n \tag{3-41}$

框架-剪力墙结构　　　　　$T_1=(0.06\sim0.08)n \tag{3-42}$

剪力墙结构　　　　　　　　$T_1=(0.04\sim0.05)n \tag{3-43}$

式中　n——地面以上结构层数。

3.2.2.5　竖向地震作用计算（vertical earthquake calculation）

震害统计表明，竖向地震作用对高层建筑结构有很大影响，在高烈度地震区，影响更加强烈。JGJ 3—2010 规定，设防烈度为 7 度（$0.15g$）及 8 度地区的长悬臂及大跨度构件和设防烈度为 9 度地区的高层建筑，需要考虑竖向地震作用。

9 度抗震设防时，结构竖向地震作用如图 3-6 所示。高层建筑结构的竖向地震作用可以采用类似于水平地震作用的底部剪力法进行计算，也就是先求出结构的总竖向地震作用，再在各质点上进行分配。总竖向地震作用标准值可以按照式（3-44）计算，即

$$F_{Evk}=\alpha_{vmax}G_{eq} \tag{3-44}$$

$$G_{eq}=0.75G_E \tag{3-45}$$

$$\alpha_{vmax}=0.65\alpha_{max} \tag{3-46}$$

式中　F_{Evk}——结构总竖向地震作用标准值；

　　　α_{vmax}——结构竖向地震影响系数最大值；

　　　G_{eq}——结构等效总重力荷载代表值，可以取其重力荷载代表值的 75%；

　　　G_E——计算竖向地震作用时，结构总重力荷载代表值，应该取各质点重力荷载代表值之和。

结构第 i 楼层的竖向地震作用标准值可以按照式（3-47）计算，即

$$F_{vi} = \frac{G_i H_i}{\sum_{j=1}^{n} G_j H_j} F_{Evk} \tag{3-47}$$

式中 F_{vi}——质点 i 的竖向地震作用标准值；

G_i、G_j——集中于质点 i、j 的重力荷载代表值；

H_i、H_j——质点 i、j 的计算高度。

楼层各构件的竖向地震作用效应可以按照各构件承受的重力荷载代表值的比例分配，并需要乘以增大系数 1.5。

3.3 荷载效应组合与结构设计要求

3.3.1 荷载效应组合

高层建筑结构承受的竖向荷载一般由永久荷载部分（结构、填充墙、装修等自重）和可变荷载部分（楼面活荷载、雪荷载等）组成；水平荷载有风荷载及地震作用。各种荷载有可能同时出现在结构上，但是出现的概率有别。按照概率统计和可靠度理论把各种荷载效应按照一定的规律进行组合，就是荷载效应组合。

按照各种标准荷载独立作用产生的内力及位移称为荷载效应标准值，在组合时各项荷载效应要乘以分项系数及组合系数。分项系数是考虑某些荷载可能超过标准值的情况而确定的荷载效应增大系数，而组合系数则是考虑某些荷载同时作用的概率比较小，在叠合其效应时需要乘以小于 1 的系数。例如，风荷载和地震作用同时达到最大值的概率比较小，因此在风荷载和地震作用组合时，风荷载乘以组合系数 0.2。

在持久设计状况和短暂设计状况下，当荷载与荷载效应需要按照线性关系考虑时，荷载组合的效应设计值应该按照式（3-48）确定，即

$$S_d = \gamma_G S_{Gk} + \gamma_L \psi_Q \gamma_Q S_{Qk} + \psi_w \gamma_w S_{wk} \tag{3-48}$$

式中 S_d——荷载组合的效应设计值；

γ_G——永久荷载分项系数；

γ_L——考虑结构设计使用年限的荷载调整系数，设计使用年限为 50 年时取 1.0，设计使用年限为 100 年时取 1.1；

γ_Q——楼面活荷载分项系数；

γ_w——风荷载的分项系数；

S_{Gk}——永久荷载效应标准值；

S_{Qk}——楼面活荷载效应标准值；

S_{wk}——风荷载效应标准值；

ψ_Q、ψ_w——楼面活荷载组合值系数和风荷载组合值系数，当永久荷载效应起控制作用时应该分别取 0.7 和 0.0；当可变荷载起控制作用时应该分别取 1.0 和 0.6 或 0.7 和 1.0。

注：对书库、档案库、储藏室、通风机房和电梯机房，楼面活荷载组合值系数取 0.7 的场合应该取 0.9。

在持久设计状况和短暂设计状况下，荷载效应基本组合的分项系数应该按照如下规定采用：

（1）永久荷载分项系数 γ_G。当其效应对结构不利时，对由可变荷载效应控制的组合应该取 1.2，对由永久荷载效应控制的组合应该取 1.35；当其效应对结构承载力有利时，应该取 1.0。

（2）楼面活荷载分项系数 γ_Q。一般情况下取 1.4。

（3）风荷载分项系数 γ_w。一般情况下取 1.4。

在地震设计状况下，当作用与作用效应按照线性关系考虑时，荷载和地震作用基本组合的效应设计值应该按照式（3-49）确定，即

$$S_d = \gamma_G S_{GE} + \gamma_{Eh} S_{Ehk} + \gamma_{Ev} S_{Evk} + \psi_w \gamma_w S_{wk} \tag{3-49}$$

式中　S_d——荷载和地震作用组合的效应设计值；

　　　S_{GE}——重力荷载代表值的效应；

　　　S_{Ehk}——水平地震作用标准值效应，还应该乘以相应的增大系数、调整系数；

　　　S_{Evk}——竖向地震作用标准值效应，还应该乘以相应的增大系数、调整系数；

　　　γ_G——重力荷载分项系数；

　　　γ_{Eh}——水平地震作用分项系数；

　　　γ_{Ev}——竖向地震作用分项系数；

　　　γ_w——风荷载分项系数；

　　　ψ_w——风荷载组合值系数，应该取 0.2。

在地震设计状况下，荷载和地震作用基本组合的分项系数应该按照表 3-13 采用。当重力荷载效应对结构的承载力有利时，表 3-13 中 γ_G 的值不应该大于 1.0。

表 3-13　　　　　　　　地震设计状况时荷载和地震作用的分项系数

参与组合的荷载和地震作用	γ_G	γ_{Eh}	γ_{Ev}	γ_w	说　明
重力荷载及水平地震作用	1.2	1.3	—	—	抗震设计的高层建筑结构均应考虑
重力荷载及竖向地震作用	1.2	—	1.3	—	9 度抗震设计时考虑；水平长悬臂和大跨度结构 7 度（0.15g）及 8、9 度抗震设计时考虑
重力荷载、水平地震及竖向地震作用	1.2	1.3	0.5	—	9 度抗震设计时考虑；水平长悬臂和大跨度结构 7 度（0.15g）及 8、9 度抗震设计时考虑
重力荷载、水平地震作用及风荷载	1.2	1.3	—	1.4	60m 以上的高层建筑考虑
重力荷载、水平地震作用、竖向地震作用及风荷载	1.2	1.3	0.5	1.4	60m 以上的高层建筑考虑，9 度抗震设计时考虑；水平长悬臂和大跨度结构 7 度（0.15g）及 8、9 度抗震设计时考虑
	1.2	0.5	1.3	1.4	水平长悬臂和大跨度结构，7 度（0.15g）及 8、9 度抗震设计时考虑

注　1. g 为重力加速度。

　　2. "—"表示组合中不考虑该项荷载或作用效应。

3.3.2　结构设计要求

在正常使用荷载及风荷载作用下，结构处于弹性阶段，此时仅有微小的裂缝出现。结构

应该满足承载能力及侧向位移限值要求，即在结构设计计算时需要进行承载能力计算和变形验算。

1. 高层建筑结构构件的承载能力验算公式

持久设计状况、短暂设计状况

$$\gamma_0 S_d \leqslant R_d \tag{3-50}$$

抗震设计状况

$$S_d \leqslant R_d / \gamma_{RE} \tag{3-51}$$

式中　γ_0——结构重要性系数，安全等级为一级的结构构件不应该小于 1.1，于安全等级为
　　　　　二级的结构构件不应该小于 1.0；

　　　S_d——作用组合效应设计值；

　　　R_d——构件承载力设计值；

　　　γ_{RE}——构件承载力抗震调整系数。

考虑地震作用是一种偶然作用，作用时间很短，材料性能也与静力作用不同，通过可靠度分析，用 γ_{RE} 对抗震设计中的承载力做必要的调整，见表 3-14。

表 3-14　　　　　　　　　　构件承载力抗震调整系数 γ_{RE}

构件类别	梁	轴压比小于 0.15 的柱	轴压比不小于 0.15 的柱	剪力墙		各类构件	节点
受力状态	受弯	偏压	偏压	偏压	局部承压	受剪、偏拉	受剪
γ_{RE}	0.75	0.75	0.80	0.85	1.0	0.85	0.85

2. 侧向位移限值和舒适度要求

在正常使用条件下，高层建筑处于弹性工作状态，为了满足使用要求，需要结构具有足够的刚度来避免产生过大的位移，从而影响到结构的承载力、稳定性和使用条件。

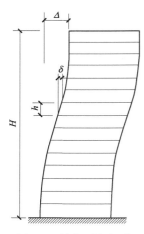

图 3-7　结构顶点侧移
和层间侧移

正常使用条件下的结构水平位移，按照风荷载和地震作用，用弹性方法计算。结构的水平位移（侧移）有顶点位移和层间位移两种，如图 3-7 所示。

层间位移以楼层的水平位移差计算，不扣除整体弯曲变形。JGJ 3—2010 规定，以弹性方法计算的风荷载或多遇地震标准值作用下的楼层层间最大水平位移 Δu_e 与层高 h 之比作为限值条件，即

$$\Delta u_e / h \leqslant [\theta_e] \tag{3-52}$$

不同高度的高层建筑宜采用的限值如下：

（1）高度不大于 150m 的高层建筑，楼层层间最大位移与层高之比不宜大于表 3-15 中规定的限值。

（2）高度不小于 250m 的高层建筑，楼层层间最大位移与层高之比的限值为 1/500。

（3）高度为 150～250m 的高层建筑，楼层层间最大位移与层高之比的限值按照线性插入法取用。

表 3-15　　　　　　　　　　　**楼层层间最大位移与层高之比的限值**

结构类型	$[\theta_e]$	结构类型	$[\theta_e]$
框架	1/550	筒中筒、剪力墙	1/1000
框架-剪力墙、框架-核心筒、板柱-剪力墙	1/800	除框架结构外的转换层	1/1000

限制结构侧向位移的主要目的是：

（1）侧向位移过大，特别是层间侧向位移过大会使填充墙、隔墙、幕墙及一些建筑装修出现裂缝或损坏，也会使电梯轨道变形过大，影响正常使用。

（2）侧向位移过大会使主体结构出现裂缝甚至破损。为了限制结构裂缝宽度就要限制结构的侧向位移及层间位移。

（3）侧向位移过大会使结构产生附加内力，严重时会加速结构的倒塌。这是因为出现侧向位移之后，建筑物上的竖向荷载会产生附加弯矩，侧向位移越大，附加弯矩越大。

（4）侧向位移过大会使人感到不舒服，影响正常使用。因而 JGJ 3—2010 增加了舒适度要求。高度超过 150m 的高层建筑结构应该具有良好的使用条件，满足风振舒适度的要求，按照 GB 50009—2012 规定的 10 年一遇的风荷载标准值作用下，结构顶点的顺风向和横风向振动最大加速度 $a_{\lim}$ 不应该超过表 3-16 中规定的限值。

表 3-16　　　　　　　　　　　**结构顶点最大加速度限值**

使用功能	$a_{\lim}$ （m/s²）
住宅、公寓	0.15
办公、旅馆	0.25

3. 整体稳定性和抗倾覆要求

无论何时都应当保证高层建筑结构的稳定性和抗倾覆的能力。由于高层建筑的刚度一般比较大，又有许多楼板做横向隔板，在重力荷载作用下，一般都不会出现丧失整体稳定的问题。但是在水平荷载作用下，出现侧向位移之后，重力荷载会产生附加弯矩，附加弯矩会增大侧向位移，这是一种二阶效应，也称为 $P\text{-}\Delta$ 效应（即重力二阶效应），它不仅会增加构件内力，严重时还会使结构位移逐渐加大而倒塌。因而在某些情况下，高层建筑结构计算要考虑 $P\text{-}\Delta$ 效应，即所谓的结构整体稳定验算。

JGJ 3—2010 规定，如果高层钢筋混凝土结构的等效抗侧向位移刚度足够大，重力二阶效应比较小，小于侧向位移的 5%～10%，可以不用进行 $P\text{-}\Delta$ 效应的计算，实际上大部分钢筋混凝土结构不需要计算 $P\text{-}\Delta$ 效应。

JGJ 3—2010 对高层建筑结构的稳定性提出以下规定：

（1）剪力墙结构、框架-剪力墙结构、筒体结构应该符合式（3-53）要求

$$EJ_d \geq 1.4H^2 \sum_{i=1}^{n} G_i \tag{3-53}$$

（2）框架结构应该符合式（3-54）的要求

$$D_i \geq 10 \sum_{j=i}^{n} G_j / h_i \ (i=1, 2, \cdots, n) \tag{3-54}$$

当高层建筑结构满足以下要求时，在进行弹性计算分析时可以不考虑重力二阶效应的不利影响：

（1）剪力墙结构、框架-剪力墙结构、板柱-剪力墙结构、筒体结构

$$EJ_d \geqslant 2.7H^2 \sum_{i=1}^{n} G_i \tag{3-55}$$

（2）框架结构

$$D_i \geqslant 20 \sum_{j=i}^{n} G_j/h_i \ (i=1,\ 2,\ \cdots,\ n) \tag{3-56}$$

式中　EJ_d——结构一个主轴方向的弹性等效侧向刚度，可以按照倒三角形分布荷载作用下结构顶点位移相等的原则，将结构的侧向刚度折算为竖向悬臂构件的等效侧向刚度；

　　　　H——房屋总高度；

　　　　n——结构计算总层数；

　　G_i、G_j——第 i、j 楼层重力荷载代表值，取1.2倍的永久荷载标准值与1.4倍的楼面可变荷载标准值的组合值；

　　　　D_i——第 i 楼层的弹性等效侧向刚度，可以取该层剪力与层间位移的比值；

　　　　h_i——第 i 楼层层高。

如果高层建筑的侧向位移很大，则其可能发生倾覆。事实上，正常设计的高层建筑不会出现倾覆问题。

在设计高层建筑时，一般都要控制高宽比 H/B，在基础设计时，高宽比大于4的高层建筑在地震作用下，基础底面不允许出现零应力区。其他建筑基础底面零应力区面积不应该超过基础底面积的15%。符合这些条件时，高层建筑一般都不可能出现倾覆问题，因此通常不需要进行抗倾覆验算。

4. 结构抗震等级

混凝土结构房屋的抗震要求与建筑物的重要性及地震设防烈度有关，还与建筑物的抗震能力有关。结构抗震能力又与房屋高度和结构类型、主要抗侧力构件及次要抗侧力构件等直接相关，在水平地震作用下，结构内力和侧向位移随房屋高度增加的速度很快，房屋越高，地震效应就越大；不同结构类型的抗侧力体系或构件对结构抗震能力的贡献是有差别的。因而 GB 50011—2010 根据建筑物的重要性、抗震设防类别、烈度、结构类型和房屋高度等因素，将建筑物抗震要求以抗震等级表示，抗震等级划分为一、二、三、四级4个等级。一级抗震要求最高，构件设计时，构造要求最严格，延性也最好；二、三级次之；四级抗震要求最低。现浇钢筋混凝土房屋的抗震等级要求见表3-17。

表 3-17　　　　　　　　　　现浇钢筋混凝土房屋的抗震等级

结构类型		抗震设防烈度								
		6度		7度			8度			9度
框架结构	高度（m）	≤24	>24	≤24		>24	≤24		>24	≤24
	框架	四	三	三		二	二		一	一
	大跨度框架	三		二			一			一
框架-抗震墙结构	高度（m）	≤60	>60	≤24	25～60	>60	≤24	25～60	>60	≤24	25～50
	框架	四	三	四	三	二	三	二	一	二	
	抗震墙	三	三	二	二		一			一	

续表

结构类型		抗震设防烈度									
		6度		7度			8度			9度	
抗震墙结构	高度（m）	≤80	>80	≤24	25~80	>80	≤24	25~80	>80	≤24	25~60
	剪力墙	四	三	四	三	二	三	二	一	二	一
部分框支抗震墙结构	抗震墙　高度（m）	≤80	>80	≤24	25~80	>80	≤24	25~80			
	抗震墙　一般部位	四	三	四	三	二	三	二			
	抗震墙　加强部位	三	二	三	二	一	二	一			
	框支层框架	二		二			一				
框架-核心筒结构	框架	三		二			一			一	
	核心筒	二		二			一				
筒中筒结构	外筒	三		二			一				
	内筒	三		二			一				
板柱-抗震墙结构	高度（m）	≤35	>35	≤35		>35	≤35		>35		
	框架、板柱的柱	三	二	二		二	一		一		
	抗震墙	二	二	二		二	二		一		

注　1. 建筑场地为 I 类时，除 6 度外应该允许按照表内降低一度所对应的抗震等级采取抗震构造措施，但相应的计算要求不应该降低。

　　2. 接近或者等于高度分界时，应该允许结合房屋不规则程度及场地、地基条件确定抗震等级。

　　3. 大跨度框架指跨度不小于 18m 的框架。

　　4. 高度不超过 60m 的框架-核心筒结构按照框架-抗震墙的要求设计时，应该按照表中框架-抗震墙结构的规定确定其抗震等级。

3.4　高层建筑结构计算的基本假定

高层建筑是比较复杂的空间结构，不仅平面形状多变，立面体形也丰富多样，而且结构形式和结构体系各不相同。高层建筑中有框架、剪力墙和筒体等竖向抗侧力结构，水平放置的楼板将它们连成整体。对这种高次超静定、多种结构形式组合在一起的空间结构，要进行内力和位移计算，就必须对计算模型进行简化，通过引入一些计算假定，从而得到合理的计算图形。以下对高层建筑常用的三大结构体系的计算基本假定和计算简图进行介绍。

3.4.1　弹性工作状态假定

高层建筑结构是按照弹性方法计算内力和位移的。非抗震设计时，在竖向荷载和风荷载的作用下，保持正常使用状态，结构处于弹性工作阶段；在抗震设计时，结构基本处于弹性工作状态，此时结构处于不裂的弹性阶段。所以，从整体来说，结构基本处于弹性工作状态，可以按照弹性方法进行计算。计算时可以利用叠加原理，当有不同荷载作用时，可以进行内力组合。

在某些情况下，可以考虑局部构件的塑性变形内力重分布及罕遇地震作用下的弹塑性位移进行验算。

3.4.2　平面抗侧力结构和刚性楼板假定

高层建筑结构由框架、剪力墙和筒体等竖向结构组成的竖向抗侧力结构及水平放置的楼板构成，楼板与竖向抗侧力结构连为整体，在满足结构平面布置条件，且在水平荷载作用下，选取计算简图时，可以采用以下两个基本假定。

1. 平面抗侧力结构假定

一榀框架或一片墙在其自身平面内刚度很大，可以抵抗其自身平面内的侧向力；而在平面外的刚度很小，可以忽略不计，即垂直于该平面的方向不能抵抗侧向力。因此，整个结构可以划分成不同方向的平面抗侧力结构，共同抵抗结构承受的侧向水平荷载。

2. 刚性楼板假定

水平放置的楼板在其自身平面内刚度很大，可以视为刚度无限大的平板；楼板平面外刚度很小，可以忽略不计。刚性楼板将各个平面抗侧力结构连接在一起共同承受水平荷载。

在上述两个基本假定下，复杂的高层建筑结构的计算可以简化。如图 3-8（a）所示，结构是由 y 方向的 6 榀框架、2 片墙和方向 x 的 3 榀框架（其中每片都有 7 跨，中间一片中含有两段墙）通过刚性楼板连接在一起的。在横向水平荷载作用下，只考虑横向框架起作用，计算简图如图 3-8（b）所示，是 8 榀平面抗侧力结构的综合；在纵向水平荷载作用下，忽略横向框架作用，计算简图如图 3-8（c）所示，是 3 榀平面抗侧力结构的综合。

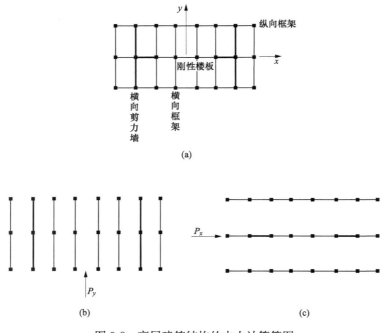

图 3-8　高层建筑结构的内力计算简图

以上沿纵横两个方向分别取计算简图的做法，只适用于结构布置形式、刚度、质量、荷载等对 x、y 轴是对称的情况。此时，结构不会产生绕竖轴的扭转，楼板只有刚性的平移，各个平面抗侧力结构在同一楼板高度处的侧向位移是相同的，可以合在一起共同承受水平荷载，如图 3-9（a）所示。当结构布置形式、刚度、质量、荷载等任一项对 x、y 轴不对称时，楼板不仅有刚性平移，还有绕竖轴的转动，各片抗侧力结构在同一楼板处的侧向位移也不再相同，如图 3-9（b）所示。

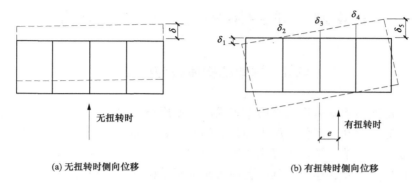

| (a) 无扭转时侧向位移 | (b) 有扭转时侧向位移 |

图 3-9　楼板的水平位移

地震作用和风荷载是高层建筑结构的主要荷载，它们均是作用于楼层的水平力。因此，高层建筑结构的内力分析要解决以下两个问题：

（1）总水平荷载在各片抗侧力结构之间的分配。

（2）计算每片抗侧力结构在所分配到的水平荷载作用下的内力和位移。

3.4.3　水平荷载作用方向

地震作用和风荷载的作用方向是随机的、不确定的。在结构分析中，假设水平力作用于结构主轴方向，对矩形平面结构，当抗侧力结构沿两个边长方向正交布置时，主轴方向是 x、y 轴；当结构平面形状复杂，抗侧力结构沿斜向布置时，需要先经过计算确定主轴方向。

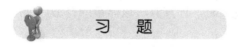

习　题

3-1　高层建筑结构设计时应该主要考虑哪些荷载或作用？

3-2　高层建筑结构的竖向荷载如何取值？进行竖向荷载作用下的内力计算时是否要考虑活荷载的不利布置？为什么？

3-3　结构承受的风荷载与哪些因素有关？

3-4　高层建筑结构计算时基本风压、风荷载体形系数和风压高度变化系数分别如何取值？

3-5　什么是风振系数？在什么情况下需要考虑风振系数？如何取值？

3-6　高层建筑地震作用计算的原则有哪些？

3-7　高层建筑结构自振周期的计算方法有哪些？

3-8　计算地震作用的方法有哪些？如何选用？地震作用与哪些因素有关？

3-9　底部剪力法和振型分解反应谱法在计算地震作用时有什么异同？

3-10　在计算地震作用时，什么情况下应该采用动力时程分析法？

3-11　在什么情况下需要考虑竖向地震作用效应？

3-12　突出屋面小塔楼的地震作用影响如何考虑？

第 4 章　框架结构内力与位移计算

4.1　框架结构体系与布置

钢筋混凝土框架结构具有建筑平面布置灵活、使用空间比较大、立面设计灵活多变、构件类型少、易于标准化和定型化、施工简便、造价经济的优点，已经在多层厂房、办公楼、宿舍、医院、饭店、旅馆、学校等民用建筑中得到了广泛应用。钢筋混凝土框架结构多用于多层建筑，比较少用于高层建筑，其主要原因是框架结构的侧向刚度比较小。在水平荷载作用下，当房屋超过一定高度范围时，其侧向位移比较大。

4.1.1　框架结构体系

1. 框架结构的组成

框架结构是由横梁、立柱、板、基础组成的结构形式。梁柱节点一般为刚接节点，有时可以部分做成铰接节点。柱子底端一般为固定支座，有时也可以做成铰支座。为了使结构受力合理，框架梁宜拉通、对直，框架柱宜纵横对齐、上下对中，梁柱轴线宜在同一竖向平面内。

框架结构为多次超静定结构，能够承受竖向和水平荷载的作用。框架结构的填充墙大多采用轻质材料，填充墙与柱之间若有缝隙只是用钢筋做柔性连接，计算时一般不考虑填充墙对框架抗侧向位移的作用。若填充墙为砌体墙，填充墙与梁柱之间充分塞紧形成刚性连接，在水平地震作用下，框架结构会产生侧向变形，填充墙将起斜压杆的作用。当刚性填充墙对框架结构侧向刚度贡献比较大时，计算时对该体系的自振周期应进行相应的折减。

2. 框架结构的种类

钢筋混凝土框架结构按照施工方法的不同可以分为现浇、全装配式和装配整体式等结构。

（1）现浇框架结构的梁、板、柱均为现场浇筑而成。板中的钢筋伸入梁内锚固，梁的钢筋伸入柱内锚固。因此，现浇框架结构的整体性强，抗震性能好；缺点是现场施工工作量大、噪声大、工期长、需要大量模板。

（2）全装配式框架结构是指梁、板、柱均为预制，经过焊接拼装而成整体的框架结构。这种框架的优点是机械化程度高，施工速度快；但整体性、抗震性能稍差。

（3）装配整体式框架结构又称半装配式框架结构，其主要特点是柱子现浇，梁、板等预制。其具有建造速度快、质量易于控制、节省材料、降低工程造价、构件外观质量好、耐久性好，以及减少现场湿作业、低碳环保等诸多优点，只是现场浇筑工艺复杂。

国内大多采用现浇钢筋混凝土框架结构，欧美国家主要采用全装配式框架结构。

3. 框架结构平面布置形式

（1）柱网布置。框架结构的柱网布置既能够满足建筑平面布置和生产工艺的要求，又能使结构受力合理，施工方便。

1）柱网布置应该满足建筑平面布置的要求。在旅馆、宿舍、办公楼等民用建筑中，柱网布置应与建筑分隔墙布置相协调，三跨框架（15m左右）、两跨框架（10m左右），开间为 3.3~4.5m。

2）柱网布置应该满足使用要求。在多层工业厂房设计中，厂房平面设计依据的是生产工艺要求，柱网布置方式可分为内廊式、等跨式、对称不等跨式等。

内廊式柱网常是呈对称的三跨，边跨跨度（房间进深）常为 6、6.6、6.9m，中间跨为走廊，跨度常为 2.4、2.7、3.0m，如图 4-1（a）所示。

等跨式柱网适用于厂房、仓库、商店，其进深常为 6、7.5、9、12m 等，柱距常为 6m，如图 4-1（b）所示。

对称不等跨式柱网常用于建筑平面宽度较大的厂房，常用的柱网有 (5.8+6.2+6.2+5.8)m×6.0m、(7.5+7.5+12.0+7.5+7.5)m×6.0m、(8.0+12.0+8.0)m×6.0m，如图 4-1（c）所示。

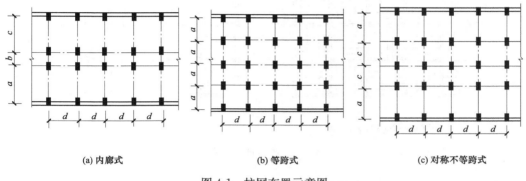

(a) 内廊式　　　　　　　　(b) 等跨式　　　　　　　(c) 对称不等跨式

图 4-1　柱网布置示意图

3）柱网布置要使结构受力合理。柱网布置时，结构在竖向荷载下的内力分布应均匀合理，各构件材料强度能够充分利用。而跨度均匀或边跨略小时受力较为合理；三跨框架比两跨框架内力小，比较合理。

4）柱网布置应该方便施工。构件的最大长度和最大重量要满足吊装、运输条件；构件尺寸要模数化、标准化，以满足工业化生产的要求。

（2）承重框架的布置。实际的框架结构是一个空间受力体系。计算时，把实际框架结构看成纵横两个方向的平面框架；沿建筑物长向的称为纵向框架，沿建筑物短向的称为横向框架；纵向框架和横向框架分别承受各自方向上的水平力；楼面竖向荷载依据楼盖结构布置方式的差异按照不同的方式传递。

1）横向框架承重方案。横向框架承重方案是在横向上布置框架主梁，而在纵向上布置连系梁，有利于提高建筑物的横向抗侧刚度。楼面竖向荷载则由横向主梁传到柱，纵向布置较小的连系梁，以利于房屋室内的采光与通风，其布置如图 4-2（a）所示。

2）纵向框架承重方案。纵向框架承重方案是在纵向上布置框架主梁，在横向上布置连系梁。楼面荷载由纵向主梁传到柱，因此横向连系梁高度较小，有利于设备管线的穿行，可获得较高的室内净高，可利用纵向框架的刚度来调整房屋的不均匀沉降。房屋的横向刚度较差，进深尺寸受预制板长度的限制，其布置如图 4-2（b）所示。

3）纵横向框架混合承重方案。纵横向框架混合承重方案是在两个方向上均需布置框架主梁以承受楼面荷载，框架柱均为双向偏心受压构件，为空间受力体系，因此也称为空间框

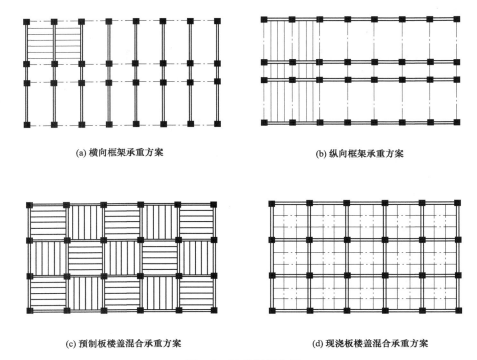

(a) 横向框架承重方案　　　　　　　　(b) 纵向框架承重方案

(c) 预制板楼盖混合承重方案　　　　　(d) 现浇板楼盖混合承重方案

图 4-2　承重框架布置

架。当采取预制板楼盖时，其布置如图 4-2（c）所示。当采取现浇板楼盖时，其布置如图 4-2（d）所示。当楼面上有比较大的开洞或者柱网布置为正方形及接近正方形时，可以采取这种承重方案。纵横向框架混合承重方案具有比较好的整体工作性能，有利于结构抗震。

（3）框架结构布置要求。

1）框架结构应该设计成双向框架。

2）抗震设计的框架结构不宜采用单跨框架。

3）框架梁、柱中心线宜重合。

4）结构应该受力明确，构造简单。

5）框架结构考虑抗震设计时，不应该采用部分由砌体墙承重的混合形式；框架结构中的楼梯间、电梯间及局部出屋顶的电梯机房、楼梯间、水箱间等，应该采用框架承重，不应采用砌体墙承重。

6）电梯井必须贴梁柱布置，不得独立。

7）填充墙应该位于框架平面内，并受框架柱约束。

8）现浇框架梁、柱、节点的混凝土强度等级，按照一级抗震等级设计时，不应该低于 C30；按照二～四级和非抗震设计时，不应该低于 C20。

9）现浇框架梁的混凝土强度等级不宜大于 C40；框架柱的混凝土强度等级，抗震设防烈度为 9 度时不宜大于 C60，抗震设防烈度为 8 度时不宜大于 C70。

10）在抗震设计的框架结构中，当布置少量钢筋混凝土剪力墙时，结构分析计算应考虑该剪力墙与框架的协同工作。

4.1.2　截面尺寸的确定

1. 框架梁的截面尺寸

框架梁的截面高度可以根据梁的跨度、荷载大小、约束条件进行选择，一般采用梁高 $h_b=（1/18\sim1/10）l_b$（其中 l_b 为梁的计算跨度），为了满足刚度要求 $h_b\geqslant400mm$，当框架梁为单跨或者荷载比较大时取大值，框架梁为多跨或者荷载比较小时取小值；为了避免短梁，要求梁高 h_b 不宜大于 1/4 净跨。框架梁的截面宽度可以采取 $b_b=（1/3\sim1/2）h_b$，为了使端部节点传力可靠，梁宽不宜小于柱宽的 1/2，以满足构造要求 $b_b\geqslant200mm$。为了降低楼层高度，或者便于通风管道等通行，可以设计成宽度比较大的扁梁。依据荷载及跨度情况来满足梁的挠度限值，扁梁截面高度可以取 $h_b\geqslant（1/18\sim1/15）l_b$。

在框架内力与位移计算中，需计算框架梁的抗弯刚度，在初步确定梁截面尺寸后，可以按照材料力学方法计算梁截面惯性矩。由于楼板作为框架梁的翼缘参与工作，增强了梁的刚度，通常采用简化方法进行处理。根据翼缘参与工作的程度，先计算矩形截面梁的截面惯性矩，再乘以相应的增大系数。框架梁截面惯性矩取值见表 4-1，其中 I_0 为梁矩形截面部分的截面惯性矩。其中边框架是指仅有一侧有楼板的框架，中框架梁是指两侧有楼板的框架。

表 4-1　　　　　　　　　　　　　　框架梁截面惯性矩取值

楼盖形式	中框架	边框架
现浇楼盖	$2.0I_0$	$1.5I_0$
装配整体式楼盖	$1.5I_0$	$1.0I_0$

2. 框架柱的截面尺寸

矩形截面柱的边长，非抗震设计时不宜小于 250mm，四级抗震设计时不宜小于 300mm，一～三级抗震设计时不宜小于 400mm；圆柱直径非抗震设计或者四级抗震设计时不宜小于 350mm，一～三级抗震设计时不宜小于 450mm。柱剪跨比不宜大于 2，截面高宽比不宜大于 3，并按照如下方法初步估算：

（1）框架柱承受竖向荷载为主时，可以先按照负荷面积估算出轴力，再按照轴心受压柱验算。考虑弯矩影响，可以将柱轴力乘以 1.2～1.4 的放大系数。

（2）对于有抗震设防要求的框架结构，为了保证柱有足够的延性，需要限制柱的轴压比。轴压比是指柱的平均轴向压应力与混凝土的轴心抗压强度 f_c 的比值（或指柱考虑地震作用组合的轴压力设计值与柱全截面面积和混凝土轴心抗压强度设计值乘积的比值），即

$$\mu_N=N/(A_c\times f_c)\leqslant[\mu_N] \tag{4-1}$$

式中　A_c——柱全截面面积；

　　　N——柱轴压力；

　　　$[\mu_N]$——柱轴压比限值，见表 4-2；

　　　f_c——混凝土轴心抗压强度设计值。

表 4-2　　　　　　　　　　　　　　　**柱轴压比限值**

结构类型	抗 震 等 级			
	一	二	三	四
框架结构	0.65	0.75	0.85	—
板柱-剪力墙、框架-剪力墙、框架-核心筒、筒中筒结构	0.75	0.85	0.90	0.95
部分框支剪力墙结构	0.6	0.7	—	

注　1. 表中数值适用于混凝土强度等级不高于 C60 的柱。当混凝土强度等级为 C65～C70 时，轴压比限值应比表中数值降低 0.05；当混凝土强度等级为 C75～C80 时，轴压比限值应比表中数值降低 0.10。

　　2. 表中数值适用于剪跨比大于 2 的柱；剪跨比不大于 2 但不小于 1.5 的柱，其轴压比限值应比表中数值减小 0.05；剪跨比小于 1.5 的柱，其轴压比限值应专门研究并采取特殊构造措施。

　　3. 当沿柱全高采用井字复合箍，箍筋间距不大于 100mm、肢距不大于 200mm、直径不小于 12mm，或当沿柱全高采用复合螺旋箍，箍筋螺距不大于 100mm、肢距不大于 200mm、直径不小于 12mm，或当沿柱全高采用连续复合螺旋箍，且螺距不大于 80mm、箍筋肢距不大于 200mm、直径不小于 10mm 时，轴压比限值均可增加 0.10。

　　4. 当柱截面中部设置由附加纵向钢筋形成的芯柱，且附加纵向钢筋的截面面积不小于柱截面面积的 0.8% 时，柱轴压比限值可增加 0.05。当该项措施与注 3 的措施共同采用时，柱轴压比限值可比表中数值增加 0.15，但箍筋的配箍特征值仍可按照轴压比增加 0.10 的要求确定。

　　5. 调整后的柱轴压比限值不应大于 1.05。

框架柱的截面尺寸要满足式（4-2）～式（4-3）的要求

$$A_c \geqslant F / [\mu_N] f_c \tag{4-2}$$

$$F = \gamma_G \alpha S w n \tag{4-3}$$

$$A_c = b_c h_c$$

式中　A——柱的截面面积；

b_c、h_c——柱的截面宽度和高度，$b_c \geqslant 250$mm，$h_c \geqslant 400$mm；

　　F——竖向静、活（考虑活荷载折减）荷载与地震作用组合下的轴力；

　　γ_G——荷载分项系数，可取 $\gamma_G = 1.25$；

　　α——计入地震时轴力放大系数，6 度设防取 $\alpha = 1.0$，7 度设防取 $\alpha = 1.05 \sim 1.1$，8 度设防取 $\alpha = 1.1 \sim 1.15$；

　　S——柱的负荷面积；

　　w——单位面积上的竖向荷载初估值，$w = 10 \sim 14$kN/m²；

　　n——柱计算截面以上的楼层数；

　$[\mu_N]$——柱轴压比限值。

（3）避免出现短柱。当柱的净高与柱截面长边高度之比小于 4 时（$H_{c0}/h_c < 4$），容易发生剪切破坏，因此应该满足式（4-4）的要求

$$H_{c0}/h_c \geqslant 4 \tag{4-4}$$

式中　H_{c0}——柱的净高；

　　h_c——柱截面长边高度。

（4）满足抗震承载力的要求。框架梁、柱的受剪截面应该符合下列要求：

持久、短暂设计状况

$$V \leqslant 0.25\beta_c f_c b h_0 \tag{4-5}$$

地震设计状况：

跨高比大于 2.5 的梁及剪跨比大于 2 的柱

$$V \leqslant 0.20\beta_c f_c b h_0 / \gamma_{RE} \tag{4-6}$$

跨高比不大于 2.5 的梁及剪跨比不大于 2 的柱

$$V \leqslant 0.15\beta_c f_c b h_0 / \gamma_{RE} \tag{4-7}$$

式中　V——梁、柱计算截面的剪力设计值；

　　　β_c——混凝土强度影响系数，当混凝土强度等级不大于 C50 时取 1.0，当混凝土强度等级为 C80 时取 0.8，当混凝土强度等级为 C50～C80 时可以按照线性内插值取用；

　　　b——矩形截面的宽度，T 形截面、工字形截面的腹板宽度；

　　　h_0——梁、柱截面计算方向有效高度；

　　　γ_{RE}——截面承载力抗震调整系数，取 $\gamma_{RE} = 0.85$。

4.2　多层多跨框架在竖向荷载作用下内力的近似计算方法

4.2.1　框架结构的计算简图

1. 计算单元的确定

框架结构体系是一个空间受力体系，如图 4-3（a）所示，一般应该按照三维空间结构进行分析。但是对于平面布置比较规则的框架结构房屋，为了进行简化计算，可以将实际的空间结构简化为若干个横向或纵向平面框架，每榀平面框架为一个计算单元，如图 4-3（b）、（c）、（d）所示。而一般工程中由于横向框架的间距相同，作用于各横向框架上的荷载、抗侧刚度相同，因此各榀横向框架的内力与变形也相同，结构设计时，可以选取中间有代表性的一榀框架进行分析。而作用在纵向框架上的荷载各不相同，设计时应该分别计算。

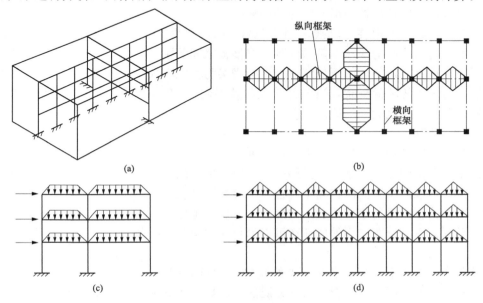

图 4-3　框架结构计算简图

选取的平面框架所承受的竖向荷载与楼盖结构的布置方案有关，当采用现浇楼盖时，楼面分布荷载一般可以按照角平分线传到相应两侧的梁上，水平荷载可以简化为节点集中力，如图 4-3（c）所示。在水平力作用下，某方向的水平力全部由该方向的框架承担，与该方向垂直的框架不参与工作，即横向水平力由横向框架承担，纵向水平力由纵向框架承担。当水平力为风荷载时，每榀框架只承担计算单元范围内的风荷载值。当水平力为地震作用时，每榀框架承担的水平力按照各榀框架的抗侧刚度比例进行分配。

2. 节点的简化

框架节点一般是三向受力的，但在按照平面框架进行结构分析时，节点可以简化。框架节点的简化应该依据实际施工方案和构造措施确定。在现浇钢筋混凝土结构中，梁和柱内的纵向受力钢筋都穿过节点或者锚入节点区，应该简化为刚性节点。

全装配式框架结构是在梁底和柱的适当部位预埋钢板，安装就位后再焊接。由于钢板在自身平面外的刚度很小，而焊接质量有一定的随机性，难以确保结构受力后梁、柱之间没有相对转动，因而这类节点可以简化为铰节点或半铰节点。

在装配整体式框架结构中，梁、柱中的钢筋在节点处或为焊接或为搭接，并且现场浇筑节点部分混凝土。节点左右梁端均可以有效地传递弯矩，因而可以确认是刚性节点。当然这种节点的刚性比不上现浇框架结构，节点处梁端的实际负弯矩要小于按照刚性节点假设所得的计算值。

框架支座可以分为固定支座和铰支座，当为现浇钢筋混凝土柱时，一般设计为固定支座；当为预制柱杯形基础时，应该依据构造措施不同分别简化为固定支座和铰支座。如果柱插入基础杯口有一定的深度，并用细石混凝土与基础浇捣为整体，则柱与基础的连接为刚接；如果用沥青麻丝填实，则预制柱与基础的连接为铰接。

3. 跨度与层高的确定

在结构计算简图中框架杆件用其轴线表示，杆线之间的连接用节点表示，杆件长度用节点之间的距离表示。框架柱的轴线采取截面形心线，当框架各层柱截面尺寸不同且形心不重合时，可以近似采取顶层柱的形心线为柱的轴线。

框架的计算跨度即取柱子轴线之间的距离，层高（框架柱的长度）即为相应的建筑层高，而底层柱的长度则应该从基础顶面到二层楼板之间的距离。

为了简化计算，还可做如下规定：当框架横梁为坡度不大于 1/8 的斜梁时，可以简化为水平直杆。对于不等跨的框架，当各跨跨度相差不超过 10％时，可简化为等跨框架，计算跨度取原框架各跨跨度的平均值。

4. 荷载的计算

竖向荷载按照结构布置情况导算到承重框架梁上；建筑物上的总水平荷载（风荷载和水平地震作用）则由变形协调条件，按照柱的抗侧刚度分配。计算荷载可以做如下简化：

（1）集中荷载的位置允许移动不超过 1/20 梁的跨度。

（2）次梁传至主梁的集中荷载，按照简支梁反力考虑。

（3）沿框架高度分布作用的风荷载可以简化为框架节点荷载，而略去它对节间的局部弯曲作用。

在竖向荷载作用下，多层多跨框架结构的内力可以用力法、位移法等结构力学方法计算，在工程设计中，可以采用迭代法、分层法、弯矩二次分配法等简化方法计算。下面主要介绍分层法和弯矩二次分配法的基本概念与计算方法。

4.2.2　分层法

根据采用力法或者位移法等求解多层多跨框架在竖向荷载作用下的侧向位移计算结果，其侧向位移很小，侧向位移对其内力的影响也很小，并且每层梁上的荷载对本层横梁及与之相连的上、下柱的弯矩影响比较大，而对其他层横梁及柱的弯矩影响很小。

因此，为了简化计算，进行以下假定：

（1）不考虑结构的侧向位移对其内力的影响。

（2）每层梁上的荷载仅对本层梁及上、下柱的弯矩和剪力产生影响，对其他各层梁的影响很小，可以忽略不计。

（3）柱远端为固定端。

（4）活荷载一般按满布考虑，不进行各种不利布置的计算。

（5）除底层为固定端，传递系数为 0.5 外，其他各层柱的线刚度乘以折减系数 0.9，传递系数为 1/3。

按照上述假定，计算时的要点及步骤如下：

（1）可以将多层框架沿高度分成若干单层无侧向位移的敞口框架，每个敞口框架包括各层梁和与之相连的上、下柱。梁上作用的荷载、各层柱高及梁跨度均与原结构相同，如图 4-4（a）所示。

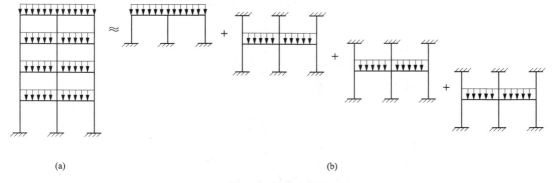

(a)　　　　　　　　　　　　　　　　　　(b)

图 4-4　分层法简图

（2）无侧向位移框架的计算方法，在竖向荷载作用下，可以分别按照图 4-4（b）所示的计算简图计算。如采用弯矩分配法计算每个敞口框架的杆端弯矩，由此所得的杆端弯矩即为其最后的弯矩值；而每一个柱属于上、下两层，所以每一个柱端的最终弯矩值需要将上、下两层计算所得的弯矩值相加。在上、下层柱端弯矩相加后，将引起新的节点不平衡弯矩，如果想进一步修正，可以对这些不平衡弯矩再做一次弯矩分配。当采用弯矩分配法计算各敞口框架杆端弯矩，在计算每个节点周围杆件的弯矩分配系数时，应该采取修正后的柱线刚度计算。

（3）在杆端弯矩求出之后，可以用静力平衡条件计算梁端剪力及跨中弯矩，通过逐层叠加柱上的竖向压力（包括节点集中力、柱自重等）和与之相连的梁端剪力，可以得到柱的轴力。

4.2.3　弯矩二次分配法

采用无侧向位移框架的弯矩分配法计算竖向荷载作用下的框架结构的杆端弯矩，因为要考虑任一节点不平衡弯矩对框架所有构件的影响，所以计算量比较大。由分层法可以推知，多层框架的节点不平衡弯矩对邻近节点影响比较大，对较远节点影响比较小。为了简化计算，可以假定某节点的不平衡弯矩只对与该节点相交的各个杆件的远端有影响，而对其他构件的影响可以忽略不计，计算时先对各个节点的不平衡弯矩进行第一次分配，并向远端传递，传递系数可取 0.5，再将因为传递弯矩产生的新的不平衡弯矩进行第二次分配。至此，整个弯矩分配和传递过程完成。下面说明该方法计算的具体步骤。

（1）根据各杆件的线刚度计算各节点的杆端弯矩分配系数，并计算竖向荷载作用下各跨梁的固端弯矩。

（2）计算框架各节点的不平衡弯矩，并对所有节点反号后的不平衡弯矩均进行第一次分配，期间不进行弯矩传递。

（3）将所有杆端的分配弯矩同时向其远端传递，对于刚接框架，传递系数均取 0.5。

（4）将各节点因传递弯矩而产生的新的不平衡弯矩反号后进行第二次分配，使各节点处于平衡状态。至此，整个弯矩分配和传递过程完成。

（5）将各杆端的固端弯矩、分配弯矩和传递弯矩叠加，即得各杆端弯矩。

【例 4-1】 某三跨五层钢筋混凝土框架结构，各层框架梁所受竖向荷载设计值如图 4-5 所示，边梁的相对刚度 $i=1$，中梁的相对刚度 $i=1.25$，试用二次弯矩分配法计算各杆件的弯矩。

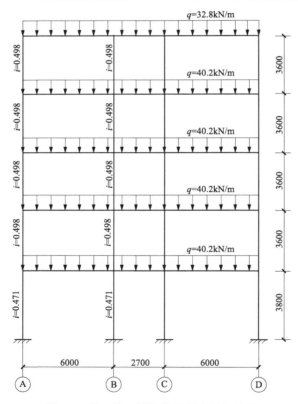

图 4-5 某三跨四层钢筋混凝土框架结构

解 计算步骤如下：

（1）由于框架结构和作用荷载均对称，可以取半跨进行分析，中跨梁的线刚度应该乘以修正系数 2.0，梁跨度减半，根据各杆件的线刚度计算各节点杆端弯矩分配系数。

（2）计算各跨梁在竖向荷载作用下的固端弯矩及各节点的不平衡弯矩。

（3）将各节点的不平衡弯矩同时进行分配，并向远端传递，传递系数为 0.5。

（4）将各节点因传递弯矩产生的不平衡弯矩进行第二次分配，使各节点处于平衡状态。

（5）将各杆端的固端弯矩、分配弯矩和传递弯矩相加，得到各杆端弯矩。

二次弯矩分配法计算过程见图 4-6，最终弯矩图见图 4-7。

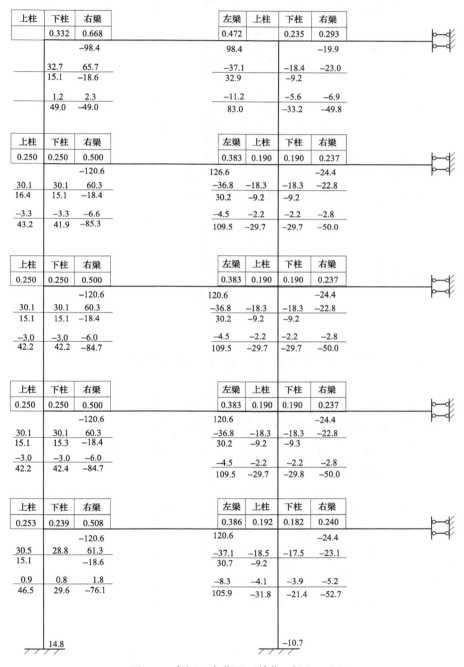

图 4-6　弯矩二次分配（单位：kN·m）

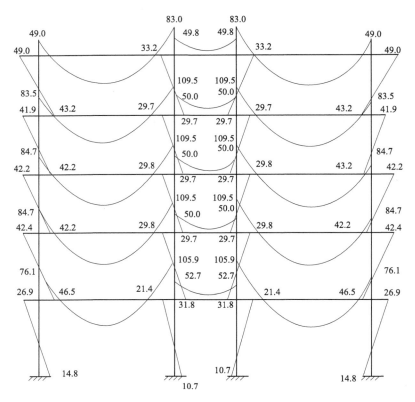

图 4-7　框架弯矩图（单位：kN·m）

4.3　多层多跨框架在水平荷载作用下的内力近似计算

多层多跨框架在 P（风荷载和水平地震）作用下，一般都可以归结为受节点水平集中力的作用，其弯矩图如图 4-8 所示。此时框架的侧向位移是主要的变形因素。对于层数不多的框架，柱轴力比较小，截面也比较小，当梁的线刚度 i_b 比柱的线刚度 i_c 大很多时，采用反弯点法计算其内力，误差比较小。

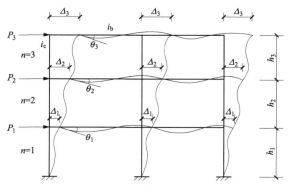

图 4-8　水平荷载作用下框架的变形

多层多跨框架在水平荷载作用下的弯矩图如图 4-9 所示。其特点是，各杆的弯矩图都是直线形，每根杆件一般都有一个反弯点，该点弯矩为零，剪力不为零。如果能够求出各柱的剪力及其反弯点的位置，则柱和梁的弯矩都可以求得。所以对在水平荷载作用下的框架进行近似计算的关键是确定各柱间的剪力分配比，确定各柱的反弯点位置。

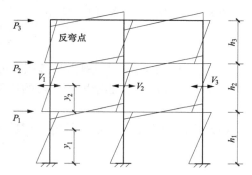

图 4-9　水平荷载作用下框架的弯矩图

反弯点法的主要内容：

（1）确定柱的抗侧刚度，进行层间剪力分配。

（2）确定各层柱的反弯点高度，计算柱端弯矩。

反弯点法用于结构比较均匀、层数不多的框架。当梁的线刚度 i_b 比柱的线刚度 i_c 大得多时（$i_b/i_c > 3$），采用反弯点法计算内力，可以简化计算，误差不超过 5%。

1. 基本假定

（1）在确定各柱间的剪力分配比时，认为各柱上下两端都不发生角位移，即认为梁的线刚度与柱的线刚度之比为无限大。

（2）在确定各柱的反弯点位置时，假定除底层以外，各个柱的上下两端的转角均相同，即除底层柱外，各层框架柱的反弯点位于层高的中点；对于底层柱，则假定其反弯点位于 2/3 层高处。

（3）不考虑框架横梁的轴向变形，即同层各节点水平位移相等。

（4）底层柱与基础固接，线位移与角位移均为 0。

2. 同层各柱剪力分配

根据结构力学知识，两端无转角的柱，当其上下两端有相对侧向位移时，柱剪力与侧向位移之间的关系如下

$$V = 12i_c\delta/h^2 \tag{4-8}$$

令

$$d = V/\delta = 12i_c/h^2 \tag{4-9}$$

式中　d——柱的抗侧刚度；

　　　i_c——柱的线刚度，$i_c = EI_c/h$，EI_c 为柱的抗弯刚度；

　　　h——层高。

设第 i 层有 m 根柱，第 i 层第 j 根柱的剪力为 V_{ij}

$$V_{ij} = d_{ij}\delta_{ij} \tag{4-10}$$

则第 i 层各柱的剪力和 V_i 为

$$V_i = \sum_{j=1}^{m} V_{ij} = \sum_{j=1}^{m} (d_{ij}\delta_{ij}) \tag{4-11}$$

由基本假定可知，同层各节点水平位移相同，即 $\delta_{ij} = \delta_i$，故

$$V_i = \delta_i \sum_{j=1}^{m} d_{ij} \tag{4-12}$$

$$\delta_i = V_i / \sum_{j=1}^{m} d_{ij} \tag{4-13}$$

将式（4-13）代入式（4-10）得

$$V_{ij} = d_{ij}V_i / \sum_{j=1}^{m} d_{ij} \tag{4-14}$$

式（4-14）表明，同层剪力是按照柱的抗侧刚度大小进行分配的，即各层剪力按照各柱的抗侧刚度在该层总抗侧刚度中所占的比例分配到各柱。

3. 计算步骤

（1）由层间水平力平衡条件得同层剪力 V_i

$$V_i = \sum_{k=1}^{m} V_{ik} \tag{4-15}$$

（2）由式（4-14）求得各柱的剪力 V_{ij}。

（3）确定各层柱的反弯点高度 yh（y 为反弯点高度比），如图 4-10 所示：

底层柱：

$$yh = 2h/3 \tag{4-16}$$

其他层柱：

$$yh = h/2 \tag{4-17}$$

（4）求柱端弯矩 $M_{ij,s}$ 及 $M_{ij,x}$，如图 4-11 所示

$$M_{ij,s} = V_{ij} \ (h-yh) \tag{4-18}$$

$$M_{ij,x} = V_{ij} yh \tag{4-19}$$

（5）根据节点平衡条件求梁端弯矩 M、M_z、M_y，如图 4-11 所示

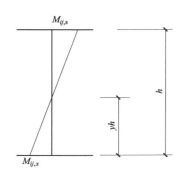

图 4-10　反弯点高度

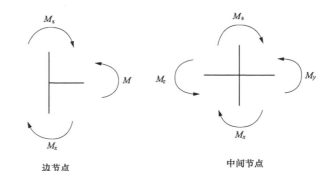

图 4-11　节点弯矩

边节点

$$M = M_s + M_x \tag{4-20}$$

中间节点

$$M_z = (M_s + M_x) i_z / (i_z + i_y) \tag{4-21}$$

$$M_y = (M_s + M_x) i_y / (i_z + i_y) \tag{4-22}$$

式中　M_s、M_x——节点上、下两端柱的弯矩；

　　M、M_z、M_y——边节点梁端弯矩和中间节点左、右两端梁的弯矩；

　　　　i_z、i_y——中间节点左、右两端梁的线刚度。

（6）根据平衡条件，由梁两端的弯矩求出梁的剪力和柱的轴力。

【例 4-2】　试用反弯点法计算如图 4-12 所示的框架弯矩，并绘出弯矩图，图中括号内数字为杆件相对线刚度。

解

（1）求各柱分配的剪力值。

第二层
$$V_{DG}=[1/(1+2.37+2.37)]\times40=6.97(\text{kN})$$
$$V_{EH}=V_{FI}=[2.37/(1+2.37+2.37)]\times40=16.52(\text{kN})$$

第一层
$$V_{AD}=V_{CF}=[2.963/(2.963+2.963+5.787)]\times(40+25)=16.44(\text{kN})$$
$$V_{BE}=[5.787/(2.963+2.963+5.787)]\times(40+25)=32.11(\text{kN})$$

（2）求各柱柱端弯矩。

第二层
$$M_{DG}=M_{GD}=6.97\times(4.5/2)=15.68(\text{kN·m})$$
$$M_{EH}=M_{HE}=M_{FI}=M_{IF}=16.52\times(4.5/2)=37.17(\text{kN·m})$$

第一层
$$M_{DA}=M_{FC}=16.44\times(4.8/3)=26.30(\text{kN·m})$$
$$M_{AD}=M_{CF}=16.44\times(4.8\times2/3)=52.61(\text{kN·m})$$
$$M_{EB}=32.11\times(4.8/3)=51.38(\text{kN·m})$$
$$M_{BE}=32.11\times(4.8\times2/3)=102.75(\text{kN·m})$$

（3）求各横梁梁端弯矩。

第二层
$$M_{GH}=M_{GD}=15.68\text{kN·m},\ M_{IH}=M_{IF}=37.17\text{kN·m}$$
$$M_{HG}=3.472/(3.472+7.94)\times37.17=11.31\ (\text{kN·m})$$
$$M_{HI}=7.94/(3.472+7.94)\times37.17=25.86\ (\text{kN·m})$$

第一层
$$M_{DE}=M_{DG}+M_{DA}=15.68+26.30=41.98\ (\text{kN·m})$$
$$M_{FE}=M_{FI}+M_{FC}=37.17+26.30=63.47\ (\text{kN·m})$$
$$M_{ED}=9.528/(9.528+11.852)\times(37.17+51.38)=39.46\ (\text{kN·m})$$
$$M_{EF}=11.852/(9.528+11.852)\times(37.17+51.38)=49.09\ (\text{kN·m})$$

（4）绘制弯矩图，如图 4-13 所示。

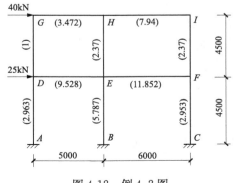

图 4-12　例 4.2 图

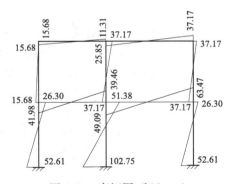

图 4-13　弯矩图（kN·m）

4.4　多层多跨框架在水平荷载作用下的改进反弯点法

反弯点法在考虑柱抗侧刚度 d 时，假设横梁的线刚度无穷大，节点转角为 0°，对于层数较多的框架，由于柱轴力大，柱截面也随之增大，梁、柱相对线刚度比较接近，甚至有时柱的线刚度反而比梁大，这样上述假定将产生比较大的误差。另外，反弯点法计算反弯点高度 y 时，假设柱上下结点转角相等，固定了反弯点的位置，这样误差也比较大，特别在最上、最下数层。

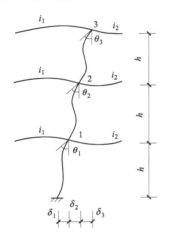

图 4-14　标准框架的侧移与结点转角

1933 年，日本武藤清教授在分析多层框架受力和变形特点的基础上，对框架在水平荷载作用下的计算，提出了修正柱的抗侧刚度和调整反弯点高度的方法。修正后的柱抗侧刚度用 D 表示，故称为 D 值法。D 值法需要解决柱抗侧刚度和反弯点高度两个问题。

4.4.1　修正后柱抗侧刚度 D 值

当梁、柱刚度比较接近时，在水平荷载作用下，框架不仅有侧向位移，并且各节点还有转角，如图 4-14 所示。

标准框架是指各层等高、各跨度相等、各层梁和柱线刚度都不变的多层框架。下面推导标准框架柱的抗侧刚度，从有侧向位移和转角的标准框架中取出一部分，如图 4-14 所示。柱 i_c 有杆端相对位移 δ_2，且两端有转角 θ_1 和 θ_2，则转角位移方程杆端弯矩为

$$\begin{cases} M_{12} = 4i_c\theta_1 + 2i_c\theta_2 - \dfrac{6i_c}{h}\delta_2 \\[2mm] M_{21} = 2i_c\theta_1 + 4i_c\theta_2 - \dfrac{6i_c}{h}\delta_2 \end{cases} \tag{4-23}$$

假定是标准框架，各层层间位移相等，即 $\delta_1 = \delta_2 = \delta_3 = \delta$，$\theta_1 = \theta_2 = \theta_3 = \theta$，则求得杆的剪力为

$$V = \frac{12i_c}{h^2}\delta - \frac{6i_c}{h}(\theta_1 + \theta_2) \tag{4-24}$$

令

$$D = V/\delta \tag{4-25}$$

D 值也称为柱的抗侧刚度，定义与 d 值相同，但 D 值与位移 δ 和转角 θ 均有关。

取中间节点 2 为隔离体，利用转角位移方程，由平衡条件 $\Sigma M = 0$，经过整理可以得

$$(4+4+2+2)i_c\theta + (4+2)i_1\theta + (4+2)i_2\theta - (6+6)i_c\delta/h = 0 \tag{4-26}$$

$$\theta = \frac{2}{2 + (i_1 + i_2)/i_c} \times \frac{\delta}{h} = \frac{2}{2+K} \times \frac{\delta}{h}$$

上式反映了转角与层间位移的关系，将此式代入式（4-24）～式（4-25），得到

$$D = \frac{V}{\delta} = \frac{12i_c}{h^2} - \frac{6i_c}{h^2} \times 2 \times \frac{2}{2+K} = \frac{12i_c}{h^2} \times \frac{K}{2+K} \tag{4-27}$$

令

$$\alpha = \frac{K}{2+K} \tag{4-28}$$

则
$$D = \alpha \frac{12i_c}{h^2} \tag{4-29}$$

在以上的推导中，$K = (i_1 + i_2)/i_c$，为标准框架梁、柱的刚度比，α 值表示梁、柱刚度比对柱抗侧刚度的影响。当 K 值无限大时，$\alpha = 1$，这时 D 值与 d 值相等；当 K 值比较小时，$\alpha < 1$，D 值小于 d 值。因此，α 称为柱抗侧刚度修正系数。

在更为普遍非标准框架的情况中，中间柱上下左右四根梁的线刚度都不相等，这时取线刚度平均值计算 K 值，即

$$K = \frac{i_1 + i_2 + i_3 + i_4}{2i_c} \tag{4-30}$$

对于边柱，令 $i_1 = i_2 = 0$（$i_3 = i_4 = 0$），可以得到

$$K = \frac{i_1 + i_2}{2i_c} \tag{4-31}$$

对于框架的底层柱，由于底端为固定支座，无转角，也可以采用类似方法推导得到底层柱的 K 值及 α 值。

K 值和柱抗侧刚度修正系数 α 值计算见表 4-3。

表 4-3　　　　　　　　　　　　　柱抗侧刚度修正系数 α

楼层	简图	$\overline{K}$	α
一般柱		$\overline{K} = \dfrac{i_1 + i_2 + i_3 + i_4}{2i_c}$	$\alpha = \dfrac{\overline{K}}{2 + \overline{K}}$
底层柱		$\overline{K} = \dfrac{i_1 + i_2}{i_c}$	$\alpha = \dfrac{0.5 + \overline{K}}{2 + \overline{K}}$

注　$i_1 \sim i_2$ 为梁线刚度；i_c 为柱线刚度；$\overline{K}$ 为楼层梁、柱平均线刚度比。

有了 D 值以后，与反弯点类似，假定同一楼层各柱的抗侧刚度相等，可以得各柱的剪力为

$$V_{ik} = \frac{D_{ik}}{\sum\limits_{k=1}^{m} D_{ik}} V_i \tag{4-32}$$

式中　V_{ik}——第 i 层第 k 根柱的剪力；

　　　D_{ik}——第 i 层第 k 根柱的抗侧刚度值；

　　　$\sum\limits_{k=1}^{m} D_{ik}$——第 i 层所有柱抗侧刚度值的总和；

　　　V_i——第 i 层外荷载引起的总剪力。

4.4.2　反弯点高度比

1. 影响反弯点高度比的因素

影响反弯点高度比的主要因素是柱上下端的约束条件。如图 4-15 所示，当两端固定或

者两端转角完全相等时，$\theta_{j-1}=\theta_j$，因而，$M_{j-1}=M_j$，反弯点在中点；两端约束刚度不相等时，两端转角也不相等，$\theta_{j-1}\neq\theta_j$，反弯点移向转角大的一端，也就是移向约束刚度比较小的一端。当一端为铰接时，铰支承转动刚度为 0，弯矩为 0，反弯点与该铰重合。

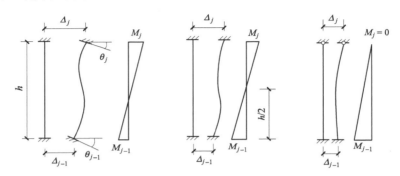

图 4-15　反弯点的位置

影响柱上下两端约束刚度的主要因素如下：

（1）结构总层数及该层所在的位置。

（2）梁柱线刚度比。

（3）荷载形式。

（4）上层与下层梁刚度比。

（5）上、下层层高变化。

在 D 值法中，通过力学分析求得标准情况下的标准反弯点高度比 y_0，即反弯点到柱下端的距离与柱全高的比值，再根据上、下梁线刚度比值及上、下层层高变化，对 y_0 进行调整。

2. 柱标准反弯点高度比

标准反弯点高度比 y_0 是在各层等高、各跨度相等、各层梁和柱线刚度都不改变的情况下，框架结构在水平荷载作用下求得的反弯点高度比。为了使用方便，把标准反弯点高度比的数值制成表格，在均布水平荷载作用下的 y_0、在倒三角形分布荷载作用下的 y_0、在顶部集中荷载作用下的 y_0 均有不同的表格供设计查取，设计时根据框架总层数及该柱所在层，以及梁、柱线刚度比值和侧向荷载的形式，可以从附录 2 附表 2-1、2-2 中查得标准反弯点高度比 y_0。

3. 上、下横梁刚度变化时反弯点高度比修正值

当某柱的上层梁与下层梁的刚度比不等，柱上、下节点转角不同时，反弯点位置有变化，应该将标准反弯点高度比 y_0 加以修正，修正值为 y_1，如图 4-16 所示。

当 $i_1+i_2<i_3+i_4$ 时，令 $\alpha_1=(i_1+i_2)/(i_3+i_4)$，根据 α_1 和 $\overline{K}$ 从附录 2 附表 2-3 中查出 y_1，这时的反弯点应向上移动，y_1 取正值。

当 $i_3+i_4<i_1+i_2$ 时，令 $\alpha_1=(i_3+i_4)/(i_1+i_2)$，根据 α_1 和 $\overline{K}$ 从附录 2 附表 2-3 中查出 y_1，这时的反弯点应向下移动，y_1 取负值。

对于底层，不考虑 y_1 的修正值。

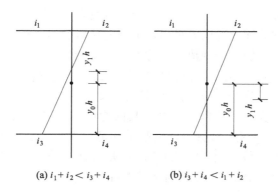

(a) $i_1 + i_2 < i_3 + i_4$　　　　(b) $i_3 + i_4 < i_1 + i_2$

图 4-16　上、下横梁刚度变化时反弯点高度比修正

4. 上、下层高度变化时反弯点高度比修正值

楼层层高有变化时，反弯点会有移动，如图 4-17 所示。令上层层高和本层层高之比 $\alpha_2 = h_s/h$，由附录 2 附表 2-4 中可以查得反弯点高度比的修正值 y_2。当 $\alpha_2 > 1$ 时，y_2 为正值，反弯点向上移。当 $\alpha_2 < 1$ 时，y_2 为负值，反弯点向下移。同理，令下层层高和本层层高之比 $\alpha_3 = h_x/h$，由附录 2 附表 2-4 中可以查得反弯点高度比的修正值 y_3。当 $\alpha_3 > 1$ 时，y_3 为负值，反弯点向下移。当 $\alpha_3 < 1$ 时，y_3 为正值，反弯点向上移。对于顶层柱，不考虑修正值 y_2，即取 $y_2 = 0$；对于底层柱，不考虑修正值 y_3，即取 $y_3 = 0$。

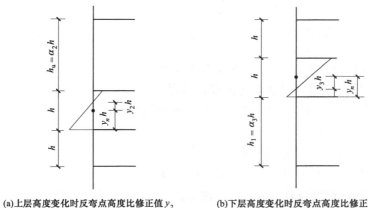

(a) 上层高度变化时反弯点高度比修正值 y_2　　　(b) 下层高度变化时反弯点高度比修正值 y_3

图 4-17　上、下层高度变化时反弯点高度比修正

综上所述，各层柱的反弯点高度比由下式计算

$$y = y_0 + y_1 + y_2 + y_3 \tag{4-33}$$

即反弯点高度为 yh。

4.5　多层多跨框架在水平荷载作用下侧向位移的近似计算

1. 框架结构的变形构成

一根悬臂柱在水平荷载作用下，其总变形由弯曲变形和剪切变形组成，两者沿高度的变

形曲线形状不同，应该分别计算，如图 4-18 所示，由剪切变形形成的曲线底部相对变形比较大，由弯曲变形形成的曲线上部向外甩出，上部的相对变形比较大。由剪力引起的变形曲线称为剪切型变形，由弯曲引起的变形曲线称为弯曲型变形。

　　框架结构在水平荷载 P 作用下的侧向位移变形曲线，由两部分变形组成，即与悬臂柱剪切变形相似的称为"剪切型变形"，与悬臂柱弯曲变形相似的称为"弯曲型变形"。为了理解上述两部分变形，通过反弯点将框架切开，其内力如图 4-19 所示，V 为剪力，它由 V_A、V_B 合成，V_A、V_B 产生柱内弯矩与剪力，引起梁柱弯曲变形，造成的层间变形相当于悬臂柱的剪切变形，因而成为"剪切型侧向位移"；M 是由柱内轴力 F_A、F_B 组成的力矩，F_A、F_B 引起柱轴向变形，产生的侧向位移相当于悬臂柱的弯曲变形，因而称为"弯曲型侧向位移"。

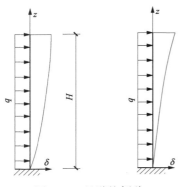

图 4-18　悬臂柱侧移

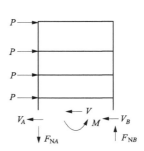

图 4-19　框架内力组成

　　框架总位移由杆件弯曲变形产生的侧向位移和柱轴向变形产生的侧向位移两部分叠加而成。由杆件弯曲变形引起的剪切型侧向位移，可以由 D 值计算，为框架侧向位移的主要部分；由柱轴向变形产生的弯曲型侧向位移，可以由连续化方法近似估算。后者产生的侧向位移变形很小，对多层框架可以忽略不计。

　　2. 梁、柱弯曲变形产生的侧向位移

　　第 i 层的层间相对侧向位移 Δu_i。设第 i 层的柱总数为 m，根据上述抗侧刚度计算可以得到第 i 层的层间相对侧向位移 Δu_i，可以按照式（4-34）计算

$$\Delta u_i = \frac{V_i}{\sum_{j=1}^{m} D_{ij}} \tag{4-34}$$

式中　D_{ij}——第 i 层第 j 根柱的抗侧刚度；

　　　　V_i——第 i 层外荷载引起的总剪力；

　　　　m——框架第 i 层的总柱数。

　　这样就可以逐层求得各层的层间位移。框架顶点的总位移 u 应该为各层间位移之和，即

$$u = \sum_{i=1}^{n} \Delta u_i \tag{4-35}$$

式中　n——框架结构的总层数。

　　由于框架结构层间总剪力由下往上逐渐减小，各层的柱截面及层高接近，因而各层的
D 值接近，层间变形由底层往上逐渐减小，形成剪切型变形。对于一般的多层框架结构，
按照式（4-35）计算的框架侧向位移，其精度已经可以满足工程设计的要求。

4.6　荷载效应组合及最不利内力

4.6.1　控制截面及最不利内力类型

1. 梁的控制截面及最不利内力设计值

　　控制截面是指构件进行截面设计时所考虑的最不利截面。在竖向荷载作用下，框架梁的
跨中和支座处弯矩最大，在水平荷载作用下框架梁的支座弯矩最大。因此，框架梁正截面设
计时的控制截面应该取跨中和支座处；框架梁斜截面设计时的控制截面取支座处。框架梁支
座截面处的最不利内力有最大负弯矩（$-M_{max}$）、最大正弯矩（M_{max}）和最大剪力（V_{max}）。
框架梁跨中截面处的最不利内力一般是最大正弯矩
（M_{max}），有时可能出现最大负弯矩（$-M_{max}$）。

　　在框架内力计算时，取截面形心为框架轴线，
计算所得的弯矩、剪力均为轴线处的值，当柱截面
尺寸比较大时，柱边弯矩、剪力与轴线处弯矩、剪
力值差距比较大，应该取柱边缘的弯矩、剪力进行
梁截面的配筋计算，柱边缘弯矩 M'、剪力 V' 如图
4-20 所示。

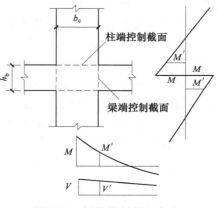

图 4-20　梁柱控制截面内力

　　弯矩 M'、剪力 V' 的计算公式为

$$M' = M - 0.5bV \tag{4-36}$$

$$V' = V - 0.5b(g + p) \tag{4-37}$$

式中　M、V——内力计算得到的柱轴线处的梁端
　　　　　　　　弯矩和剪力；

　　　　g、p——作用在梁上的竖向均布恒荷载和活荷载。

　　当计算水平荷载或者竖向集中荷载产生的内力时，$V' = V$。

2. 柱的控制截面

　　框架柱的弯矩、剪力和轴力沿柱高是线性变化的，因此，可以取各层上、下梁边缘的柱
端截面作为控制截面。

　　框架柱的内力主要有弯矩、轴力和剪力。在弯矩和轴力作用下，柱子为偏压或者偏拉构
件，而且柱子一般都采用对称配筋，所以，柱子的最不利内力组合一般考虑以下四种情况：

　　（1）$|M_{max}|$ 及其相应的 F_N 和 V。

　　（2）F_{Nmax} 及其相应的 M 和 V。

　　（3）F_{Nmin} 及其相应的 M 和 V。

　　（4）V_{min} 及其相应的 F_N。

　　以上（1）～（3）内力组合是用来计算柱正截面偏压或者偏拉承载力，来确定柱纵向受
力钢筋数量；而（4）是计算斜截面受剪承载力，来确定箍筋数量。

4.6.2 楼面竖向活荷载的最不利位置

在框架结构上的竖向恒荷载，其作用位置和数量大小不变，设计时按照全部作用在结构上计算构件内力。

在框架结构上的活荷载，其作用位置和大小是变化的，应该考虑其最不利布置进行内力计算。由于框架结构的跨数和层数比较多，如果逐层地考虑活荷载的不利布置，会大幅度增加计算工作量。在高层民用建筑中，活荷载只有 $1.5 \sim 2.5 \mathrm{kN/m^2}$，与恒荷载及水平荷载产生的内力相比，它产生的内力比较小，因此，可以不考虑活荷载的最不利布置，而采用与恒荷载相同的满布方式进行内力计算。为了安全起见，可以把框架梁跨中截面的弯矩乘以 $1.1 \sim 1.3$ 的增大系数。但是，当楼面活荷载值大于 $4.0 \mathrm{kN/m^2}$ 时，应该考虑楼面活荷载的最不利布置所引起的梁弯矩增大。

4.6.3 内力调整

在钢筋混凝土超静定结构的个别构件中，由于局部出现开裂或者产生塑性铰，会引起结构的塑性内力重分布。在结构设计中，会利用塑性内力重分布的有利因素，改变结构的破坏规律，使结构的破坏形式和规律朝着预期的方向发展，同时利用塑性内力重分布的有利因素，使结构构件的配筋更合理。因而在结构设计时，常把按照弹性静力计算得到的内力，做适当的调整后再进行内力组合。

在竖向荷载作用下，梁端负弯矩比较大，截面上部配筋过密，不利于施工。设计时允许对梁端弯矩进行调幅，降低负弯矩，减少配筋量。

对现浇框架梁，支座弯矩调幅系数可以采用 $0.8 \sim 0.9$；对于装配整体式框架，由于钢筋焊接或者接缝不密实等原因，节点可能产生变形。根据实测结果，节点变形会使梁端弯矩比较弹性计算值减少约 10%，再考虑梁端允许出现塑性铰，因此，支座弯矩调幅系数可以采用 $0.7 \sim 0.8$。

支座弯矩降低以后，经过塑性内力重分配，框架梁跨中弯矩会增加，如图 4-21 所示，支座弯矩调幅降低后，跨中弯矩乘以 $1.1 \sim 1.2$ 的增大系数。梁的弯矩进行调幅后，还应该满足平衡条件，即

$$\frac{|M_A + M_B|}{2} + M_{c0} \geqslant M_0 \tag{4-38}$$

式中　M_A、M_B——调幅后梁端弯矩；

　　　M_{c0}——调幅后梁的跨中最大正弯矩；

　　　M_0——按照简支梁计算的跨中弯矩值。

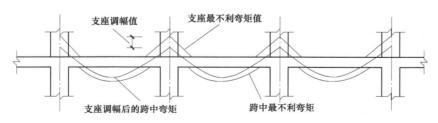

图 4-21　支座弯矩调幅

在截面设计时，框架梁跨中截面正弯矩设计值不小于竖向荷载作用下按照简支梁计算的

跨中截面弯矩设计值的 1/2。需要先对竖向荷载作用下的框架梁弯矩进行调整，再与风荷载、地震作用产生的框架梁弯矩进行组合。

4.6.4　荷载效应组合

在持久设计状态和短暂设计状态下，当荷载与荷载效应按照线性关系考虑时，荷载组合的效应设计值应该按照（4-39）式确定，即

$$S_d = \gamma_G S_{Gk} + \gamma_L \psi_Q \gamma_Q S_{Qk} + \psi_w \gamma_w S_{wk} \tag{4-39}$$

式中　γ_L——考虑结构设计使用年限的荷载调整系数，设计使用年限为 50 年时取 1.0，设计使用年限为 100 年时取 1.1；

　　　γ_Q——楼面活荷载分项系数，一般取 1.4；

　　　γ_w——风荷载的分项系数，一般取 1.4；

　　　S_{Gk}——永久荷载效应标准值；

　　　S_{Qk}——楼面活荷载效应标准值；

　　　S_{wk}——风荷载效应标准值；

ψ_Q、ψ_w——楼面活荷载组合值系数和风荷载组合值系数，当永久荷载效应起控制作用时应该分别取 0.7 和 0.0，当可变荷载起控制作用时应该分别取 1.0 和 0.6 或 0.7 和 1.0。

由式（4-39）可以做出以下几种组合：

（1）当永久荷载效应起控制作用（$\gamma_G = 1.35$）时，只考虑楼面活荷载效应参与组合，风荷载效应不参与组合，即

$$S_d = 1.35 S_{Gk} + \gamma_L \times 0.7 \times 1.4 S_{Qk} \tag{4-40}$$

（2）当活荷载效应起控制作用（$\gamma_G = 1.2$ 或 $\gamma_G = 1.0$），而楼面活荷载作为主要可变荷载、风荷载作为次要荷载时（ψ_w 取 1.0，ψ_w 取 0.6），即

$$S = 1.2 S_{Gk} + \gamma_L \times 1.0 \times 1.4 S_{Qk} \pm 0.6 \times 1.4 S_{wk} \tag{4-41}$$

$$S = 1.0 S_{Gk} + \gamma_L \times 1.0 \times 1.4 S_{Qk} \pm 0.6 \times 1.4 S_{wk} \tag{4-42}$$

（3）当活荷载效应起控制作用（$\gamma_G = 1.2$ 或 $\gamma_G = 1.0$），而风荷载作为主要可变荷载、楼面活荷载作为次要荷载时（ψ_Q 取 0.7，ψ_w 取 1.0），即

$$S = 1.2 S_{Gk} + \gamma_L \times 0.7 \times 1.4 S_{Qk} \pm 1.0 \times 1.4 S_{wk} \tag{4-43}$$

$$S = 1.0 S_{Gk} + \gamma_L \times 1.0 \times 1.4 S_{Qk} \pm 1.0 \times 1.4 S_{wk} \tag{4-44}$$

在地震设计状况下，当作用与作用效应按照线性关系考虑时，荷载和地震作用基本组合的效应设计值应该按照式（4-45）确定，即

$$S_d = \gamma_G S_{GE} + \gamma_{Eh} S_{Ehk} + \gamma_{Ev} S_{Evk} + \psi_w \gamma_w S_{wk} \tag{4-45}$$

式中　S_d——荷载和地震作用组合的效应设计值；

　　　S_{GE}——重力荷载代表值的效应；

　　　S_{Ehk}——水平地震作用标准值效应，还应该乘以相应的增大系数、调整系数；

　　　S_{Evk}——竖向地震作用标准值效应，还应该乘以相应的增大系数、调整系数；

　　　γ_G——重力荷载分项系数，一般取 1.2；

　　　γ_{Eh}——水平地震作用分项系数；

　　　γ_{Ev}——竖向地震作用分项系数；

　　　γ_w——风荷载分项系数，一般取 1.4；

ψ_w——风荷载的组合值系数,应该取 0.2。

4.7 截 面 设 计

抗震设计时,除顶层、柱轴压比小于 0.15 及框支梁柱节点外,框架的梁柱节点处考虑地震作用组合的柱端弯矩设计值应该符合下列要求:

(1)一级框架结构及 9 度时的框架

$$\sum M_c = 1.2 \sum M_{bua} \tag{4-46}$$

(2)其他情况

$$\sum M_c = \eta_c \sum M_b \tag{4-47}$$

式中 $\sum M_c$——节点上、下柱端截面顺时针方向组合弯矩设计值之和,上、下柱端的弯矩设计值,可以按照弹性分析的弯矩比例进行分配;

$\sum M_b$——节点左、右梁端截面逆时钟或顺时针方向组合弯矩设计值之和,当抗震等级为一级且节点左、右梁端均为负弯矩时,绝对值较小的弯矩应该取零;

$\sum M_{bua}$——节点左、右梁端逆时钟或顺时针方向实配的正截面抗震受弯承载力所对应的弯矩值之和,可以根据实际配筋面积(计入受压钢筋和梁有效翼缘宽度范围内的楼板钢筋)和材料强度标准值并考虑承载力抗震调整系数计算;

η_c——柱端弯矩增大系数,框架结构一~四级分别取 1.7、1.5、1.3 和 1.2,其他结构中的框架一~四级分别取 1.4、1.2、1.1 和 1.1。

抗震设计时,一~三级框架结构底层柱底截面的弯矩设计值,应该分别采用考虑地震作用组合的弯矩值与增大系数 1.7、1.5、1.3 的乘积。底层框架柱纵向钢筋应该按照上、下端的不利情况配置。

抗震设计的框架柱、框支柱端部截面的剪力设计值,一~四级时应该按照下列公式计算:

(1)一级框架结构和 9 度时的框架

$$V = \frac{1.2(M_{cua}^t + M_{cua}^b)}{H_n} \tag{4-48}$$

(2)其他情况

$$V = \frac{\eta_{vc}(M_c^t + M_c^b)}{H_n} \tag{4-49}$$

式中 M_c^t、M_c^b——柱上、下端顺时针或逆时针方向截面组合的弯矩设计值;

M_{cua}^t、M_{cua}^b——柱上、下端顺时针或逆时针方向实配的正截面抗震受弯承载力所对应的弯矩值,可以根据实配钢筋面积、材料强度标准值和重力荷载代表值产生的轴向压力设计值并考虑承载力抗震调整系数计算;

H_n——柱的净高;

η_{vc}——柱端剪力增大系数,框架结构一~四级分别取 1.5、1.3、1.2 和 1.1,其他结构中的框架一~四级分别取 1.4、1.2、1.1 和 1.1。

框架角柱应该按照双向偏心受力构件进行正截面承载力设计。抗震设计时,一~四级框架角柱应该按照式(4-48)~式(4-49)调整后的弯矩、剪力设计值乘以不小于 1.1 的增大系数来计算。

框架梁端部截面组合的剪力设计值，抗震设计时，一～三级应该按照式（4-50）计算；四级时可以直接取考虑地震作用组合的剪力计算值。

（1）一级框架结构及9度时的框架

$$V = \frac{1.1(M_{\mathrm{bua}}^{\mathrm{l}} + M_{\mathrm{bua}}^{\mathrm{r}})}{l_{\mathrm{n}}} + V_{\mathrm{Gb}} \tag{4-50}$$

（2）其他情况

$$V = \frac{\eta_{\mathrm{vb}}(M_{\mathrm{b}}^{\mathrm{l}} + M_{\mathrm{b}}^{\mathrm{r}})}{l_{\mathrm{n}}} + V_{\mathrm{Gb}} \tag{4-51}$$

式中　$M_{\mathrm{b}}^{\mathrm{l}}$、$M_{\mathrm{b}}^{\mathrm{r}}$——梁左、右端逆时针或顺时针方向截面组合的弯矩设计值，当抗震等级为一级且梁两端弯矩均为负弯矩时，绝对值较小一端的弯矩应该取零；

　　$M_{\mathrm{bua}}^{\mathrm{l}}$、$M_{\mathrm{bua}}^{\mathrm{r}}$——梁左、右端逆时针或顺时针方向实配的正截面抗震受弯承载力所对应的弯矩值，可以根据实配钢筋面积（计入受压钢筋，包括有效翼缘宽度范围内的楼板钢筋）和材料强度标准值并考虑承载力抗震调整系数计算；

　　　　l_{n}——梁的净跨；

　　　V_{Gb}——梁的重力荷载代表值，9度时还应该包括竖向地震作用标准值作用下，按照简支梁分析的梁端截面剪力设计值；

　　　η_{vb}——梁剪力增大系数，一～三级分别取1.3、1.2和1.1。

框架梁、柱的受剪截面应该符合以下要求：

（1）持久、短暂设计状况

$$V \leqslant 0.25\beta_{\mathrm{c}} f_{\mathrm{c}} b h_0 \tag{4-52}$$

（2）地震设计状况：

跨高比大于2.5的梁及剪跨比大于2的柱

$$V \leqslant \frac{1}{\gamma_{\mathrm{RE}}}(0.2\beta_{\mathrm{c}} f_{\mathrm{c}} b h_0) \tag{4-53}$$

跨高比不大于2.5的梁及剪跨比不大于2的柱

$$V \leqslant \frac{1}{\gamma_{\mathrm{RE}}}(0.15\beta_{\mathrm{c}} f_{\mathrm{c}} b h_0) \tag{4-54}$$

框架柱的剪跨比可以按照式（4-55）计算，即

$$\lambda = \frac{M^{\mathrm{c}}}{(V^{\mathrm{c}} h_0)} \tag{4-55}$$

式中　V——梁、柱计算截面的剪力设计值；

　　λ——框架柱的剪跨比，反弯点位于柱高中部的框架柱，可以取柱净高与计算方向2倍柱截面有效高度之比值；

　　M^{c}——柱端截面未经调整的组合弯矩设计值，可以取上、下端的较大值；

　　V^{c}——柱端截面与组合弯矩计算值对应的组合剪力设计值；

　　β_{c}——混凝土强度影响系数，当混凝土强度等级不大于C50时取1.0，当混凝土强度等级为C80时取0.8，当混凝土强度等级为C50～C80时可以按照线性内插值取用；

　　　　b——矩形截面的宽度，T 形截面、工字形截面的腹板宽度；

　　　　h_0——梁、柱截面计算方向有效高度。

　　矩形截面偏心受压框架柱，其斜截面受剪承载力应该按照式（4-56）～式（4-57）计算：

　　（1）持久、短暂设计状况

$$V \leqslant \frac{1.75}{\lambda+1} f_t b h_0 + f_{yv} \frac{A_{sv}}{s} h_0 + 0.07 F_N \qquad (4\text{-}56)$$

　　（2）地震设计状况

$$V \leqslant \frac{1}{\gamma_{RE}} \left(\frac{1.05}{\lambda+1} f_t b h_0 + f_{yv} \frac{A_{sv}}{s} h_0 + 0.056 F_N \right) \qquad (4\text{-}57)$$

式中　λ——框架柱的剪跨比，当 $\lambda<1$ 时取 $\lambda=1$，当 $\lambda>3$ 时取 $\lambda=3$；

　　　　F_N——考虑风荷载或地震作用组合的框架柱轴向压力设计值，当 $F_N>0.3 f_c A_c$ 时，取 $F_N=0.3 f_c A_c$。

　　当矩形截面框架柱出现拉力时，其斜截面受剪承载力应该按照式（4-58）～式（4-59）计算：

　　（1）持久、短暂设计状况

$$V \leqslant \frac{1.75}{\lambda+1} f_t b h_0 + f_{yv} \frac{A_{sv}}{s} h_0 - 0.2 F_N \qquad (4\text{-}58)$$

　　（2）地震设计状况

$$V \leqslant \frac{1}{\gamma_{RE}} \left(\frac{1.05}{\lambda+1} f_t b h_0 + f_{yv} \frac{A_{sv}}{s} h_0 - 0.2 F_N \right) \qquad (4\text{-}59)$$

式中　λ——框架柱的剪跨比；

　　　　F_N——与剪力设计值 V 对应的轴向拉力设计值，取绝对值。

　　当式（4-58）右端的计算值或者式（4-59）右端括号内的计算值小于 $f_{yv} \frac{A_{sv}}{s} h_0$ 时，应该取等于 $f_{yv} \frac{A_{sv}}{s} h_0$，并且 $f_{yv} \frac{A_{sv}}{s} h_0$ 值不应该小于 $0.36 f_t b h_0$。

4.8　框架节点的设计

　　在抗震设计时，一～三级框架的节点核心区需要进行抗震验算；四级框架节点可以不进行抗震验算。各抗震等级的框架节点均应该符合构造措施的要求。

　　在竖向荷载和地震作用下，框架梁柱节点区主要承受柱子传来的轴力、弯矩、剪力和梁传来的弯矩、剪力的作用，其受力比较复杂，如图 4-22 所示。在轴向压力和剪力的共同作用下，节点区容易发生由于剪切及主拉应力所造成的脆性破坏。震害统计表明，梁柱节点的破坏很多是由于梁柱节点区未设置箍筋或者配置的箍筋过少、抗剪能力不足，导致节点区出现多条交叉斜裂缝，斜裂缝之间混凝土被压坏，柱内纵向钢筋压屈。此外，由于梁内纵筋和柱内纵筋在节点区交汇，且梁顶面钢筋一般数量比较多，造成节点区钢筋过密，振捣器插入困难，从而影响混凝土浇捣质量，节点强度难以得到保证；也有可能是梁、柱内纵筋伸入节点锚固长度不足，纵筋被拔出，以致梁柱端部塑性铰难以充分发挥作用。

1. 影响框架节点承载力及延性的主要因素

（1）直交梁对节点核心区的约束作用。直交梁是指垂直于框架平面与节点相交的梁。直交梁对节点核心区具有约束作用，可以提高节点核心区混凝土抗剪强度；对于四边有梁且带有现浇楼板的中柱节点，其混凝土抗剪强度比不带楼板的节点有明显的提高。一般认为，四边有梁且带有现浇楼板的中柱节点，当直交梁的截面宽度不小于柱宽的 1/2，且截面高度不小于框架梁截面高度的 3/4 时，在考虑了直交梁开裂等不利影响后，节点核心区的混凝土抗剪强度比不带直交梁及楼板时要提高 50% 左右。对于三边有梁的边柱节点和两边有梁的角柱节点，直交梁的约束作用不明显。

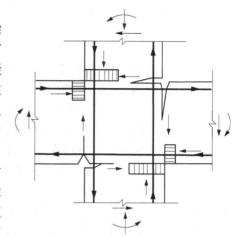

图 4-22　框架节点核心区受力示意图

（2）轴向压力对节点核心区混凝土抗剪强度及节点延性的影响。当轴力比较小，节点核心区混凝土抗剪强度随着轴向压力的增大而增加，直到节点区被多条交叉的斜裂缝分割成若干菱形块体时，轴向压力的存在仍会提高其抗剪强度。但是当轴向压力增加到一定程度时，如轴压比大于 0.6～0.8，则节点混凝土抗剪强度将随着轴向压力的增大而下降。同时，轴向压力虽能提高节点核心区混凝土的抗剪强度，但却使节点核心区的延性降低。

（3）剪压比和配箍率对节点受剪承载力的影响。当配箍率比较小时，节点的抗剪承载力随着配箍率的增大而提高，这时节点破坏时的特征是节点混凝土被压碎，箍筋屈服。如果节点水平截面太小、配箍率比较高时，节点区混凝土的破坏将早于箍筋屈服，两者不能同时发挥作用，这样就使节点的受剪承载力达不到理想的最大值，需要对节点的最小截面尺寸加以限制，以保证箍筋的材料强度得到充分的发挥。在设计中可以采用限制节点水平截面上的剪压比来实现这一要求。试验表明，当节点区截面的剪压比大于 0.35 时，增加箍筋的作用已经不明显，此时需要增大节点水平截面尺寸。

（4）梁纵筋滑移对节点延性的影响。框架梁纵筋在中柱节点核心区通常以连续贯通的形式穿过。在水平地震作用下，梁中纵筋在节点一边受拉屈服，而在另一边受压屈服，见图 4-22。如此循环往复，将使纵筋黏结破坏，导致梁纵筋在节点核心区滑移。梁纵筋滑移破坏了节点核心区剪力的正常传递，使核心区受剪承载力降低，也使梁截面后期受剪承载力降低及延性降低，使节点的刚度和耗能能力下降。试验证明，边柱节点梁的纵筋锚固比中柱节点的好，滑移比较小。

为了防止梁纵筋滑移，最好采用直径不大于 1/20 柱截面边长的钢筋，也就是使梁纵筋在节点核心区有大于 20 倍直径的直段锚固长度，可以将梁纵筋穿过柱中心轴后再弯入柱内，来改善其锚固性能。

2. 框架节点设计

（1）节点的受剪承载力计算。进行节点受剪承载力计算时，可以考虑直交梁和轴向压力对节点受剪承载力的有利影响，按照式（4-60）～式（4-61）计算，即

$$V_j = \frac{1}{\gamma_{RE}}\Big(1.1\eta_j f_t b_j h_j + 0.05\eta_j F_N \frac{b_j}{b_c} + f_{yv} A_{svj} \frac{h_{b0} - a'_s}{s}\Big) \tag{4-60}$$

设防烈度为 9 度的一级抗震等级框架，取用

$$V_j = \frac{1}{\gamma_{RE}}\left(0.9\eta_j f_t b_j h_j + f_{yv}A_{svj}\frac{h_{b0}-a'_s}{s}\right) \tag{4-61}$$

式中　F_N——对应于考虑地震组合剪力设计值的节点上柱底部的轴向压力设计值，当 F_N 为压力时，取轴向压力设计值的较小值，并且当 $F_N > 0.5f_c b_c h_c$ 时，取 $F_N = 0.5f_c b_c h_c$，当 F_N 为拉力时，取 $F_N = 0$；

　　　　η_j——直交梁对节点的约束影响系数，对两个正交方向均有梁约束的中间节点、楼板为现浇、梁柱中线重合、四侧各梁的截面宽度均大于相应侧柱截面宽度的 1/2，且直交梁的截面高度不小于框架梁截面高度的 3/4 时，取 $\eta_j = 1.5$，9 度时宜采用 $\eta_j = 1.25$，其他情况的点宜采用 $\eta_j = 1.0$；

　b_c、h_c——框架柱剪力计算方向的截面宽度和高度；

　　　　h_j——框架节点核心区水平截面高度，可以取剪力计算方向的柱截面高度 h_c；

　　　　b_j——框架节点核心区水平截面有效计算宽度，当 $b_b \geqslant b_c/2$ 时可以取 $b_j = b_c$，当 $b_b < b_c/2$ 时可以取 $b_j = b_b + 0.5h_c$ 和 $b_j = b_c$ 两者中的较小值，这里 b_b 为梁的宽度，当梁柱轴线由偏心距 e_0 时，不宜大于柱截面宽度的 1/4，此时，节点截面有效宽度应该取 $b_j = 0.5b_c + 0.5b_b + 0.25h_c - e_0$、$b_j = b_b + 0.5h_c$、$b_j = b_c$ 三者中的最小值；

　　　h_{b0}——框架梁截面有效高度，节点两侧梁截面高度不等时取平均值；

　　　A_{svj}——核心区有效验算宽度范围内同一截面验算方向箍筋各肢的全部截面面积；

　　　γ_{RE}——承载力抗震调整系数。

（2）节点截面的限值条件。为了使节点区的平均剪应力不致太高，不过早出现斜裂缝，不过多配置箍筋，节点的受剪水平截面应该符合式（4-62）的要求

$$V_j = \frac{1}{\gamma_{RE}}0.3\eta_j\beta_c f_c b_j h_j \tag{4-62}$$

式中　β_c——混凝土强度折减系数，当混凝土强度等级小于 C60 时取用 1.0，当强度等级大于 C60 时取用 0.9。

如果不满足以上要求，需要加大柱截尺寸或者提高混凝土强度等级。

4.9　框架梁、柱的受力性能

4.9.1　框架梁的受力性能

框架结构容易在梁端节点附近发生破坏。在竖向、水平荷载的共同作用下，梁端弯矩和剪力均比较大，从靠近柱边的梁顶面和底面开始出现竖向裂缝和交叉的斜裂缝，形成梁端塑性铰，如图 4-23 所示。如果抗剪箍筋配置比较多，纵向钢筋比较少，竖向裂缝贯通，呈弯曲破坏；如果纵筋布置较多，箍筋比较少，以斜裂缝为主，呈剪切破坏。此外，还有其他形式的破坏，例如，梁的设计未考虑地震作用下的梁端正弯矩，也会导致梁底面处发生破坏；或者因梁纵向受力钢筋伸入支座的锚固长度不足而被拔出。而采用合适的构造措施可以避免这些破坏。

在抗震设计时，要求框架结构呈"强柱弱梁""强剪弱弯"的受力性能。这时，抗剪延

性对结构抗震耗能能力有比较大的影响。抗剪延性是指在保持结构承载力不变的情况下，结构抵抗变形的能力。影响框架梁延性及其耗能能力的因素很多，主要有以下几个方面：

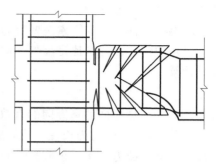

图 4-23　梁端破坏形态

（1）纵筋配筋率。从"混凝土结构设计原理"学习获得的知识，在适筋梁范围内，构件的受拉钢筋配筋率越高，则构件的截面转动能力越小，在受压区设置受压钢筋时，截面的转动能力会提高，即构件的延性随着受拉配筋率的提高而降低，随受压配筋率的增加而提高，随混凝土强度等级的加大而提高，随钢筋屈服强度的提高而降低。加大截面受压区宽度，例如，采用 T 形截面，也可以提高构件的延性。试验表明，当 x/h_0 在 $0.20\sim0.35$ 范围内时，梁的延性系数，即梁的极限承载力与钢筋开始屈服时的跨中挠度的比值可以达到 $3\sim4$。

（2）剪压比。剪压比是梁截面上的"名义剪应力" V/bh_0 与混凝土轴心抗压强度设计值 f_c 的比值 V/f_cbh_0。梁截面塑性铰区的截面剪压比对梁的延性、耗能能力及保持梁的强度、刚度有显著的影响。当剪压比大于 0.15 时，梁的强度和刚度有明显的退化现象，剪压比越高则退化越快，混凝土破坏越早，这时增大箍筋用量已经不能发挥作用。因而必须限制截面剪压比，实质上也是限制截面尺寸不能太小。

（3）跨高比。梁的跨高比是梁的净跨与梁截面高度之比，跨高比对梁的抗震性能有明显的影响。随着跨高比的减小，剪力的影响增大，剪切变形占全部位移的比重会加大。当梁的跨高比小于 2 时，极易发生以斜裂缝为特征的破坏形态。一旦主斜裂缝形成，梁的承载能力就急剧下降，从而呈现出极差的延性性能。一般认为，梁净跨不宜小于截面高度的 4 倍（即 $l_0 \geqslant 4h$）。当梁的跨度较小，而梁的设计内力比较大时，宜首先考虑加大梁的宽度，这虽然会增加梁的纵筋用量，但对于提高梁的延性很有利。

（4）塑性铰区的箍筋用量。在塑性铰区配置足够用量的封闭式箍筋，对提高塑性铰的转动能力是非常有效的。配置足够的箍筋，可以防止梁受压纵筋过早压曲，提高塑性铰区内混凝土的极限压应变，还可以阻止斜裂缝的开展，这些都是有利于充分发挥梁塑性铰的变形和耗能能力。因而在工程设计中，位于框架梁端塑性铰区范围内的箍筋必须加密。

4.9.2　框架柱的受力性能

框架柱多在柱的上下端发生破坏。在侧向力作用下柱端弯矩最大，因而常在柱端出现水平或斜向裂缝，严重的柱端箍筋屈服或被拉断，核心区混凝土被压碎，纵向钢筋压曲呈灯笼状，如图 4-24 所示。

图 4-24　柱端破坏形态

角柱的破坏比中柱和边柱严重，这是因为在侧向力作用下，结构难免会发生整体扭转，这时角柱所受的剪力最大，同时，角柱为双向偏心受压构件，设计时往往考虑不到。

短柱的剪切破坏在地震中比较普遍，由于它的线刚度大，在地震作用下，短柱会产生比较大的剪力，出现斜向或者交叉的剪切裂缝，有时甚至被剪断，其破坏是脆性的。

影响框架柱延性的因素主要有剪跨比、轴压比、箍筋配筋率、纵筋配筋率等。

（1）剪跨比。剪跨比是反映柱截面承受的弯矩和剪力之比的一个参数，可以按照式（4-63）计算

$$\lambda = M/Vh_0$$
（4-63）

式中 h_0——柱截面计算方向的有效高度。

当剪跨比 $\lambda > 2$ 时为长柱，柱的破坏形态为压弯型，只要构造合理，一般都能满足柱的斜截面受剪承载力大于其正截面偏心受压承载力的要求，并且有一定的变形能力。当剪跨比 $1.5 \leqslant \lambda < 2$ 时为短柱，柱将产生以剪切为主的破坏，当提高混凝土强度或配有足够的箍筋时，也可能出现具有一定延性的剪压破坏。当剪跨比 $\lambda < 1.5$ 时为极短柱，柱的破坏形态为脆性的剪切破坏，抗震性能很差，在设计中应当尽量避免。如果无法避免，则要采取特殊措施以保证其斜截面承载力。

对于一般的框架结构，柱端弯矩以地震作用产生的弯矩为主，可以近似认为反弯点在柱高的中点，即假定 $M = VH_0/2$，则框架柱剪跨比可以按照式（4-64）计算

$$\lambda = H_n/2h_0$$
（4-64）

式中 H_n——柱子净高。

（2）轴压比。轴压比 μ_N 是指柱截面考虑地震作用组合的轴向压力设计值 F_N 与柱的全截面面积 A_c 和混凝土轴心抗拉强度设计值 f_c 的乘积比，即柱的名义轴向压应力设计值与 f_c 的比值

$$\mu_N = F_N/A_c f_c$$
（4-65）

柱的延性随轴压比的增大而急剧下降，构件受压破坏特征与构件轴压比直接相关。当轴压比较小时，构件将发生受拉钢筋首先屈服的大偏心破坏，破坏时构件有比较大的变形；当轴压比较大时，柱截面受压区高度较大，属于小偏心受压破坏，破坏时，受拉钢筋（或者压应力较小侧的钢筋）并未屈服，构件变形较小。

（3）箍筋配筋率。框架柱的破坏除因压弯强度不足引起的柱端水平裂缝外，比较常见的震害是，由于箍筋配置不足或者构造不合理，柱身出现斜裂缝，柱端混凝土被压碎，从而使节点出现斜裂缝或者纵筋弹出。柱中箍筋对核心混凝土起着有效的约束作用，可以显著地提高受压混凝土的极限应变值，阻止柱身斜裂缝的开展，从而极大地提高了柱的延性。因而对柱的各个部位合理地配置箍筋十分必要。

当配置复合箍筋或者螺旋箍筋时，柱的延性将比普通箍筋有所提高。在箍筋间距和箍筋直径相同时，箍筋对核心区混凝土的约束效应还取决于箍筋的无支撑长度，如图 4-25 所示。箍筋的无支撑长度越小，箍筋受核心混凝土的挤压而向外弯曲的程度越小，阻止混凝土横向变形的作用就越强，所以，当箍筋的用量相同时，若减小箍筋直径，并增加附加箍筋，从而减小箍筋的无支撑长度，对提高柱的延性更为有利。

（4）纵筋配筋率。柱截面在纵筋屈服后的转角变形能力，主要受纵向受拉钢筋配筋率的影响，并且大致随纵筋配筋率的提高而线性增加。为了避免在地震作用下柱子过早地进入屈服阶段，以及增加柱屈服时的变形能力、提高柱的延性和耗能能力，全部纵向钢筋的配筋率不能太小。

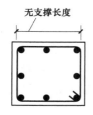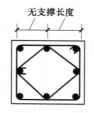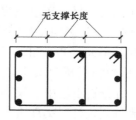

图 4-25　箍筋的无支撑长度

4.10　构　造　要　求

4.10.1　框架梁的构造要求

框架梁设计应该符合下列要求：

（1）抗震设计时，计入受压钢筋作用的梁端截面混凝土受压区高度与有效高度的比值，一级不应大于 0.25，二、三级不应大于 0.35。

（2）纵向受拉钢筋的最小配筋百分率 ρ_{min}（%），不应小于 0.2 和 $0.45 f_t / f_y$ 两者的较大值；抗震设计时，不应小于表 4-4 规定的数值。

表 4-4　　　　　　　　　　　梁纵向受拉钢筋最小配筋百分率 ρ_{min}　　　　　　　　　　　%

抗震等级	位　置	
	支座（取较大值）	跨中（取较大值）
一级	0.40 和 $80 f_t / f_y$	0.30 和 $65 f_t / f_y$
二级	0.30 和 $65 f_t / f_y$	0.25 和 $55 f_t / f_y$
三级、四级	0.25 和 $55 f_t / f_y$	0.20 和 $45 f_t / f_y$

（3）抗震设计时，梁端截面的底面和顶面纵向钢筋截面面积的比值，除按照计算确定外，一级不应小于 0.5，二、三级不应小于 0.3。

（4）抗震设计时，梁端箍筋的加密区长度、箍筋最大间距和最小直径应该符合表 4-5 的要求；当梁端纵向钢筋配筋率大于 2% 时，表 4-5 中箍筋最小直径应该增大 2mm。

表 4-5　　　　　　　　梁端箍筋加密区的长度、箍筋最大间距和最小直径

抗震等级	加密区长度（取较大值）（mm）	箍筋最大间距（取最小值）（mm）	箍筋最小直径（mm）
一	$2.0 h_b$，500	$h_b/4$，$6d$，100	10
二	$1.5 h_b$，500	$h_b/4$，$8d$，100	8
三	$1.5 h_b$，500	$h_b/4$，$8d$，150	8
四	$1.5 h_b$，500	$h_b/4$，$8d$，150	6

注　1. d 为纵向钢筋直径，h_b 为梁截面高度。

　　2. 一、二级抗震等级框架梁，当箍筋直径大于 12mm、肢数不少于 4 肢且肢距不大于 150mm 时，箍筋加密区最大间距应该允许适当地放宽，但不应该大于 150mm。

（5）梁的纵向钢筋配置，还应该符合下列规定：

1）抗震设计时，梁端纵向受拉钢筋的配筋率不宜大于 2.5%，且不应大于 2.75%；当梁端受拉钢筋的配筋率大于 2.5% 时，受压钢筋的配筋率不应小于受拉钢筋的一半。

2）沿梁全长顶面和底面应该至少各配置两根纵向钢筋，一、二级抗震设计时钢筋直径不应小于 14mm，且分别不应小于梁两端顶面和底面纵向钢筋中较大截面面积的 1/4；三、四级抗震设计和非抗震设计时钢筋直径不应该小于 12mm。

3）一、二、三级抗震等级的框架梁内贯通中柱的每根纵向钢筋的直径，对矩形截面柱，不宜大于柱在该方向截面尺寸的 1/20；对圆形截面柱，不宜大于纵向钢筋所在位置柱截面弦长的 1/20。

（6）抗震设计时，框架梁的箍筋还应该符合下列要求：

1）沿梁全长箍筋的面积配筋率应该符合下列规定：

$$一级 \qquad \rho_{sv} \geqslant 0.30 f_t / f_{yv} \tag{4-66}$$

$$二级 \qquad \rho_{sv} \geqslant 0.28 f_t / f_{yv} \tag{4-67}$$

$$三、四级 \qquad \rho_{sv} \geqslant 0.26 f_t / f_{yv} \tag{4-68}$$

式中 ρ_{sv}——框架梁沿梁全长箍筋的面积配筋率。

2）在箍筋加密区范围内的箍筋肢距：一级不宜大于 200mm 和 20 倍箍筋直径的较大值，二、三级不宜大于 250mm 和 20 倍箍筋直径的较大值，四级不宜大于 300mm。

3）箍筋应有 135° 的弯钩，弯钩端头直段长度不应小于 10 倍的箍筋直径和 75mm 的较大值。

4）在纵向钢筋搭接长度范围内的箍筋间距，钢筋受拉时不应大于搭接钢筋较小直径的 5 倍，且不应大于 100mm；钢筋受压时不应大于搭接钢筋较小直径的 10 倍，且不应大于 200mm。

5）框架梁非加密区箍筋最大间距不宜大于加密区箍筋间距的 2 倍。

（7）框架梁的纵向钢筋不应与箍筋、拉筋及预埋件等焊接。

4.10.2 框架柱的构造要求

1. 柱截面尺寸

柱截面尺寸宜符合下列规定：

（1）矩形截面柱的边长，非抗震设计时不宜小于 250mm，四级抗震设计时不宜小于 300mm，一、二、三级抗震设计时不宜小于 400mm；圆柱直径，非抗震设计和四级抗震设计时不宜小于 350mm，一、二、三级抗震设计时不宜小于 450mm。

（2）柱剪跨比不宜大于 2。

（3）柱截面高宽比不宜大于 3。

2. 柱轴压比

抗震设计时，钢筋混凝土柱轴压比不宜超过表 4-6 的规定；对于 Ⅳ 类场地上较高的高层建筑，其轴压比限值应该适当减小。

3. 柱纵向钢筋和箍筋

柱全部纵向钢筋和箍筋配置应该符合下列要求：

（1）柱全部纵向钢筋的配筋率，不应小于表 4-7 的规定值，且柱截面每一侧纵向钢筋配筋率不应小于 0.2%，抗震设计时，对 Ⅳ 类场地上较高的高层建筑，表 4-7 中数值应该增加 0.1。

表 4-6　　　　　　　　　　　　　　柱轴压比限值

结构类型	抗震等级			
	一	二	三	四
框架结构	0.65	0.75	0.85	—
板柱—剪力墙、框架—剪力墙 框架—核心筒、筒中筒结构	0.75	0.85	0.90	0.95
部分框支剪力墙结构	0.60	0.70	—	

注　1. 轴压比是指考虑地震作用组合的轴压力设计值与柱全截面面积和混凝土轴心抗压强度设计值乘积的比值。

2. 表内数值适用于混凝土强度等级不高于 C60 的柱。当混凝土强度等级为 C65~C70 时，轴压限值应比表中数值降低 0.05；当混凝土强度等级为 C75~C80 时，轴压比限值应该比表中数值降低 0.10。

3. 表内数值适用于剪跨比大于 2 的柱。剪跨比不大于 2 但不小于 1.5 的柱，其轴压比限值应该比表中数值减小 0.05；剪跨比小于 1.5 的柱，其轴压比限值应该进行专门研究并采取特殊构造措施。

4. 当沿柱全高采用井字复合箍，箍筋间距不大于 100mm、肢距不大于 200mm、直径不小于 12mm，或当沿柱全高采用复合螺旋箍，且箍筋螺距不大于 100mm、肢距不大于 200mm、直径不小于 12mm 时，或当沿柱全高采用连续复合螺旋箍，且箍筋螺距不大于 80mm、肢距不大于 200mm、直径不小于 10mm 时，轴压比限值可以增加 0.10。

5. 当柱截面中部设置由附加纵向钢筋形成的芯柱，并且附加纵向钢筋的截面面积不小于柱截面面积的 0.8% 时，柱轴压比限值可以增加 0.05。当该项措施与上述措施共同采用时，柱轴压比限值可以比表中数值增加 0.05，但箍筋的配箍特征值仍可以按照轴压比增加 0.10 的要求确定。

6. 调整后的柱轴压比限值不应大于 1.05。

表 4-7　　　　　　　　柱纵向受力钢筋最小配筋百分率　　　　　　　　%

柱类型	抗震等级				非抗震
	一级	二级	三级	四级	
中柱、边柱	0.9 (1.0)	0.7 (0.8)	0.6 (0.7)	0.5 (0.6)	0.5
角柱	1.1	0.9	0.8	0.7	0.5
框支柱	1.1	0.9	—	—	0.7

注　1. 表中括号内数值适用于框架结构。

2. 采用 335、400MPa 级纵向受力钢筋时，应该分别按照表中数值增加 0.1 和 0.05 采用。

3. 当混凝土强度等级高于 C60 时，上述数值应该增加 0.1 采用。

　　（2）抗震设计时，柱箍筋在规定的范围内应该加密，加密区的箍筋间距和直径，应该符合下列要求：

　　1）箍筋的最大间距和最小直径，应该按照表 4-8 采用。

表 4-8　　　　　　　　　柱端箍筋加密区的构造要求

抗震等级	箍筋最大间距（mm）	箍筋最小直径（mm）
一级	6d 和 100 的较小值	10
二级	8d 和 100 的较小值	8
三级	8d 和 150mm（柱根 100）的较小值	8
四级	8d 和 150mm（柱根 100）的较小值	6（柱根 8）

注　d 为柱纵向钢筋直径（mm）；柱根是指框架柱底部嵌固部位。

2）一级框架柱的箍筋直径大于 12mm 且箍筋肢距不大于 150mm，以及二级框架柱箍筋直径不小于 10mm 且肢距不大于 200mm 时，除柱根外最大间距应该允许采用 150mm；三级框架柱的截面尺寸不大于 400mm 时，箍筋最小直径应该允许采用 6mm；四级框架柱的剪跨比不大于 2 或者柱中全部纵向钢筋的配筋率大于 3% 时，箍筋直径不应小于 8mm。

3）剪跨比不大于 2 的柱，箍筋间距不应大于 100mm。

4. 柱的纵向钢筋配置

（1）抗震设计时，宜采用对称配筋。

（2）截面尺寸大于 400mm 的柱，一、二、三级抗震设计时的纵向钢筋间距不宜大于 200mm；抗震等级为四级和非抗震设计时，柱纵向钢筋间距不宜大于 300mm；柱纵向钢筋净距均不应小于 50mm。

（3）全部纵向钢筋的配筋率，非抗震设计时不宜大于 5%，且不应大于 6%，抗震设计时不应大于 5%。

（4）一级抗震设计且剪跨比不大于 2 的柱，其单侧纵向受拉钢筋的配筋率不宜大于 1.2%。

（5）边柱、角柱及剪力墙端柱考虑地震作用组合产生小偏心受拉时，柱内纵筋总截面面积应该比计算值增加 25%。

5. 抗震设计时，柱箍筋加密区的范围

（1）底层柱的上端和其他各层柱的两端，应该取矩形截面柱的长边尺寸（或者圆形截面柱的直径）、柱净高的 1/6 和 500mm 三者之中最大值范围。

（2）底层柱刚性地面上、下各 500mm 的范围。

（3）底层柱柱根以上 1/3 柱净高的范围。

（4）剪跨比不大于 2 的柱和因填充墙等形成的柱净高与截面高度之比不大于 4 的柱全高范围。

（5）一、二级框架角柱的全高范围。

（6）需要提高变形能力的柱的全高范围。

6. 柱加密区范围内箍筋的体积配箍率

（1）柱箍筋加密区箍筋的体积配箍率，应该符合下式要求

$$\rho_v \geqslant \lambda_c f_c / f_{yv} \tag{4-69}$$

式中　ρ_v——柱箍筋的体积配箍率；

　　　λ_c——柱最小配箍特征值，宜按照表 4-9 采用；

　　　f_c——混凝土轴心抗设计值，当柱混凝土强度等级低于 C35 时，应该按照 C35 计算；

　　　f_{yv}——柱箍筋或者拉筋的抗拉强度设计值。

表 4-9　　　柱端箍筋加密区最小配箍特征值 λ_v

抗震等级	箍筋形式	柱 轴 压 比								
		≤0.30	0.40	0.50	0.60	0.70	0.80	0.90	1.00	1.05
一	普通箍、复合箍	0.10	0.11	0.13	0.15	0.17	0.20	0.23	—	—
	螺旋箍、复合或连续复合螺旋箍	0.08	0.09	0.11	0.13	0.15	0.18	0.21	—	—

续表

抗震等级	箍筋形式	柱 轴 压 比								
		≤0.30	0.40	0.50	0.60	0.70	0.80	0.90	1.00	1.05
二	普通箍、复合箍	0.08	0.09	0.11	0.13	0.15	0.17	0.19	0.22	0.24
	螺旋箍、复合或连续复合螺旋箍	0.06	0.07	0.09	0.11	0.13	0.15	0.17	0.20	0.22
三	普通箍、复合箍	0.06	0.07	0.09	0.11	0.13	0.15	0.17	0.20	0.22
	螺旋箍、复合或连续复合螺旋箍	0.05	0.06	0.07	0.09	0.11	0.13	0.15	0.18	0.20

注　普通箍是指单个矩形箍或者单个圆形箍；螺旋箍是指单个连续螺旋箍筋；复合箍是指由矩形、多边形、圆形箍或者拉筋组成的箍筋；复合螺旋箍是指由螺旋箍与矩形、多边形、圆形或者拉筋组成的箍筋；连续复合螺旋箍是指全部螺旋箍由同一根钢筋加工而成的箍筋。

（2）对抗震等级一、二、三、四级框架柱，其箍筋加密区范围内箍筋的体积配箍率分别不应该小于 0.8%、0.6%、0.4% 和 0.4%。

（3）剪跨比不大于 2 的柱宜采用复合螺旋箍或者井字复合箍，其体积配箍率不应该小于 1.2%；设防烈度为 9 度时，不应该小于 1.5%。

（4）计算复合螺旋箍筋的体积配箍率时，其非螺旋箍筋的体积应该乘以换算系数 0.8。

7. 抗震设计时，柱箍筋设置

（1）箍筋应该为封闭式，其末端应该做成 135° 弯钩，弯钩末端平直段长度不应该小于 10 倍的箍筋直径，且不应该小于 75mm。

（2）箍筋加密区室外箍筋肢距，抗震等级一级不宜大于 200mm，抗震等级二、三级不宜大于 250mm 和 20 倍箍筋直径的较大值，抗震等级四级不宜大于 300mm。每隔一根纵向钢筋宜在两个方向有箍筋约束；采用拉筋组合箍时，拉筋宜紧靠纵向钢筋并勾住封闭箍筋。

（3）柱非加密区的箍筋，其体积配箍率不宜小于加密区的一半；其箍筋间距，不应该大于加密区箍筋间距的 2 倍，且抗震等级一、二级不应该大于 10 倍纵向钢筋直径，抗震等级三、四级不应该大于 15 倍纵向钢筋直径。

8. 非抗震设计时，柱中箍筋应该符合的规定

（1）周边箍筋应该为封闭式。

（2）箍筋间距不应该大于 400mm，且不应该大于构件截面的短边尺寸和最小纵向受力钢筋直径的 15 倍。

（3）箍筋直径不应该小于最大纵向钢筋直径的 1/4，且不应该小于 6mm。

（4）当柱中全部纵向受力钢筋的配筋率超过 3% 时，箍筋直径不应该小于 8mm，箍筋间距不应该大于最小纵向钢筋直径的 10 倍，且不应该大于 200mm。箍筋末端应该做成 135° 弯钩且弯钩末端平直段长度不应该小于 10 倍箍筋直径。

（5）当柱每边纵筋多于 3 根时，应该设置复合箍筋。

（6）柱内纵向钢筋采用搭接做法时，搭接长度范围内箍筋直径不应该小于搭接钢筋较大直径的 1/4；在纵向受拉钢筋的搭接长度范围内的箍筋间距不应该大于搭接钢筋较小直径的 5 倍，且不应该大于 100mm；在纵向受压钢筋的搭接长度范围内的箍筋间距不应该大于搭接钢筋较小直径的 10 倍，且不应该大于 200mm。当受压钢筋直径大于 25mm 时，还应该在

搭接接头端面外 100mm 的范围内各设置两道箍筋。

4.10.3 框架节点的构造要求

1. 材料强度

节点区的混凝土强度等级应该与柱的混凝土强度等级一样。在施工时，节点区混凝土常与梁板混凝土一起浇注，因而节点区混凝土强度等级不能降低太多，与柱混凝土强度等级相差不应该超过 $5N/mm^2$。

2. 箍筋

框架节点核心区应该设置水平箍筋，并且应该符合以下规定：

（1）非抗震设计时，箍筋间距不宜大于 250mm；对四边有梁与之相连的节点，可以仅沿节点周边设置矩形箍筋，而不设复合箍筋。当顶层端节点内设有梁上部纵筋和柱外侧纵筋的搭接接头时，节点内水平箍筋的布置应该依照纵筋搭接范围内箍筋的布置要求确定。

（2）抗震设计时，箍筋的最大间距和最小直径宜符合规范有关柱箍筋的规定。一、二、三级框架节点核心区配箍特征值分别不宜小于 0.12、0.10 和 0.08，且箍筋体积配箍率分别不宜小于 0.6%、0.5% 和 0.4%。柱剪跨比不大于 2 的框架节点核心区的体积配箍率不宜小于核心区上、下柱端体积配箍率中的较大值。

3. 梁柱纵筋在节点内的锚固和搭接

非抗震设计时，框架梁柱的纵向钢筋在框架节点区的锚固和搭接，如图 4-26 所示，应该符合下述要求：

（1）顶层中节点柱纵向钢筋和边节点柱内侧纵向钢筋应该伸至柱顶，当从梁底边计算的直线锚固长度不小于 l_a 时，可以不必水平弯折，否则应该向柱内或梁、板内水平弯折。当充分利用柱纵向钢筋的抗拉强度时，其锚固段弯折前的竖向投影长度不应小于 $0.5l_{ab}$，弯折后的水平投影长度不应小于 12 倍的柱纵向钢筋直径。此处，l_{ab} 为钢筋的基本锚固长度，应该符合规范要求。

（2）顶层端节点处，在梁宽范围以内的柱外侧纵向钢筋可以与梁上部纵向钢筋搭接，搭接长度不应小于 $1.5l_a$；在梁宽范围以外的柱外侧纵向钢筋可以伸入现浇板内，其伸入长度与伸入梁内的相同。当柱外侧纵向钢筋的配筋率大于 1.2% 时，伸入梁内的柱纵向钢筋宜分两批截断，其截断点之间的距离不宜小于 20 倍的柱纵向钢筋直径。

（3）梁上部纵向钢筋伸入端节点的锚固长度，直线锚固时不应小于 l_a，且伸过柱中心线的长度不宜小于 5 倍的梁纵向钢筋直径；当柱截面尺寸不足时，梁上部纵向钢筋应该伸至节点对边并向下弯折，锚固段弯折前的水平投影长度不应小于 $0.4\,l_{ab}$，弯折后的竖向投影长度应该取 15 倍的梁纵向钢筋直径。

（4）当计算中不利用梁下部纵向钢筋的强度时，其伸入节点内的锚固长度应该取不小于 12 倍的梁纵向钢筋直径。当计算中充分利用梁下部纵向钢筋的抗拉强度时，梁下部纵向钢筋可以采用直线方式或向上 90° 弯折方式锚固于节点内，直线锚固时的锚固长度不应小于 l_a；弯折锚固时，弯折后水平段的投影长度不应小于 $0.4l_{ab}$，弯折后竖向投影长度不应该小于 15 倍的梁纵向钢筋直径。

（5）梁支座截面上部纵向受拉钢筋应该向跨中延伸至 $1/4l_n \sim 1/3l_n$（l_n 为梁的净跨）处，并与跨中的架立筋（不少于 $2\phi12$）搭接，搭接长度可以取 150mm，如图 4-26 所示。

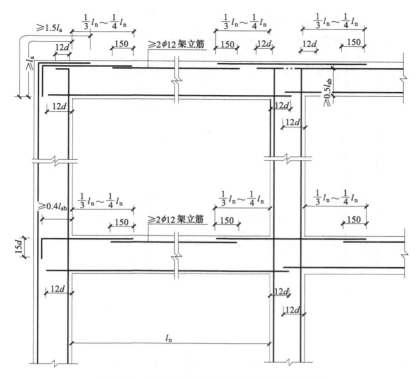

图 4-26 非抗震设计时框架梁柱纵筋的锚固

抗震设计时,框架梁、柱的纵向钢筋在框架节点处的锚固和搭接,如图 4-27 所示应该符合下列要求:

(1) 顶层中节点柱纵向钢筋和边节点柱内侧纵向钢筋应该伸至柱顶,当从梁底边计算的直线锚固长度不小于 l_{aE} 时,可以不必水平弯折,否则应该向柱内或梁、板内水平弯折,锚固段弯折前的竖向投影长度不应小于 $0.5l_{abE}$,弯折后的水平投影长度不应小于 12 倍的柱纵向钢筋直径。其中,l_{abE} 为抗震时钢筋的基本锚固长度,抗震等级一、二级取 $1.15l_{ab}$,抗震等级三、四级分别取 $1.05l_{ab}$ 和 $1.00l_{ab}$。

(2) 顶层端节点处,柱外侧纵向钢筋可以与梁上部纵向钢筋搭接,搭接长度不应小于 $1.5l_{aE}$,且伸入梁内的柱外侧纵向钢筋截面面积不宜小于柱外侧全部纵向钢筋截面面积的 65%;在梁宽范围以外的柱外侧纵向钢筋可以伸入现浇板内,其伸入长度与伸入梁内的相同。当柱外侧纵向钢筋的配筋率大于 1.2% 时,伸入梁内的柱纵向钢筋宜分两批截断,其截断点之间的距离不宜小于 20 倍的柱纵向钢筋直径。

(3) 梁上部纵向钢筋伸入端节点的锚固长度,直线锚固时不应小于 l_{aE},且伸过柱中心线的长度不宜小于 5 倍的梁纵向钢筋直径;当柱截面尺寸不足时,梁上部纵向钢筋应该伸至节点对边并向下弯折,锚固段弯折前的水平投影长度不应小于 $0.4l_{abE}$,弯折后的竖向投影长度应该取 15 倍的梁纵向钢筋直径。

(4) 梁下部纵向钢筋的锚固与梁上部纵向钢筋相同,但采用 90° 弯折方式锚固时,竖直段应该向上弯入节点内。

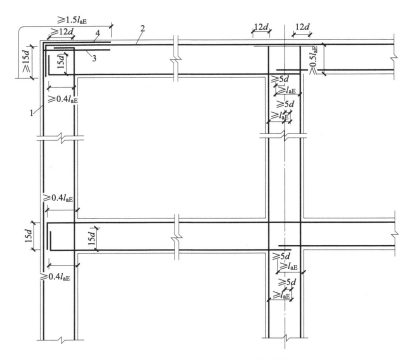

图 4-27 抗震设计时框架梁柱纵筋的锚固

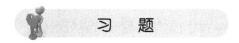 习 题

4-1 框架结构的承重方案有几种？各有什么特点和应用范围？

4-2 框架结构的计算简图如何确定？

4-3 框架结构的梁、柱截面尺寸如何确定？

4-4 反弯点法和 D 值法的共同点是什么？应用条件是什么？D 值的物理意义是什么？

4-5 影响水平荷载作用下柱反弯点位置的主要因素是什么？框架顶层、底层和标准层反弯点位置有什么变化？

4-6 框架梁、柱的控制截面及其最不利内力是什么？

4-7 框架为什么具有剪切型侧向位移曲线？

4-8 梁端弯矩调幅应该在内力组合前还是组合后进行？为什么？

4-9 框架柱的箍筋有哪些作用？为什么轴压比大的柱配箍特征值也大？如何计算体积配箍率？

4-10 什么是"强剪弱弯"？框架梁柱如何实现"强剪弱弯"？

4-11 什么是"强柱弱梁"？如何实现"强柱弱梁"？

4-12 影响框架柱延性的主要因素有哪些？

4-13 框架梁、柱纵向箍筋在节点内的锚固有何要求？

4-14 试分别用反弯点法和 D 值法计算如图 4-28 所示框架结构的弯矩图。图 4-28 中括号内的数字为杆件的相对线刚度。

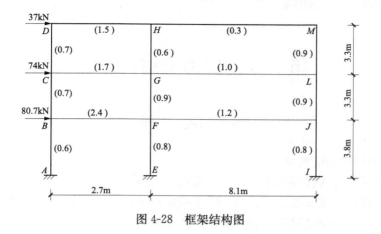

图 4-28　框架结构图

第5章 剪力墙结构设计

5.1 概 述

5.1.1 剪力墙结构的特点

剪力墙是承受竖向荷载和水平荷载（风荷载、水平地震作用）的主要受力构件。剪力墙结构具有整体性好、刚度大的特点，在水平荷载作用下，侧向变形小，承载力的要求容易满足，适合建造比较高的高层建筑。剪力墙一般为现浇的钢筋混凝土剪力墙，受到楼板跨度的限制，剪力墙结构的开间为3～8m，适用于住宅、公寓、酒店等建筑平面中墙体布置比较多的建筑。合理设计的延性剪力墙结构具有良好的抗震性能。小震时，剪力墙变形小，破坏程度低；大震时，剪力墙通过连梁和墙肢底部塑性铰范围的塑性变形，耗散地震能量；跟其他结构同时使用时，剪力墙可以吸收大部分地震作用，降低其他结构构件的抗震要求。

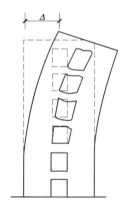

图 5-1 剪力墙结构变形

在水平力作用下，剪力墙结构的侧向位移曲线呈现弯曲型，即层间位移由下往上逐渐增大，如图5-1所示。

5.1.2 剪力墙结构的布置

剪力墙结构应该根据房屋的使用要求，并且必须满足适宜的抗侧刚度和承载力要求进行合理布置。其布置应该满足以下规定：

（1）剪力墙结构是承受竖向荷载和水平力作用的主要受力构件，平面布置宜简单、规则，应该沿结构的主要轴线布置。抗震设计时，剪力墙结构应该避免只有单向有剪力墙的结构布置。一般当平面为矩形、T形、L形时，剪力墙沿纵横两个方向布置，两个方向的抗侧刚度差异不宜过大；当平面为三角形、Y形时，剪力墙可以沿三个方向布置；当平面为多边形、圆形和弧形时，可以沿环向和径向布置。剪力墙应该尽量布置得规则、拉通、对直。

（2）剪力墙宜自下到上连续布置，不宜突然取消或者中断，避免出现刚度突变。为了减少刚度突变，可以沿高度改变墙厚和混凝土强度等级，或者减少部分墙肢，使抗侧刚度沿结构高度逐渐减小。顶层可以取消部分剪力墙构成大房间，对延伸到顶的剪力墙则需要加强。

（3）剪力墙的承载力与抗侧刚度都比较大，为了充分利用剪力墙的抗震性能、减轻结构重量、增加剪力墙结构可以利用的空间，剪力墙不宜布置太密，应该使结构具有适宜的抗侧刚度，刚度不宜过大。按照剪力墙的间距可以分为小开间剪力墙结构和大开间剪力墙结构两种类型。小开间剪力墙结构横墙间距为2.7～4.0m，一般在3.0～3.6m，剪力墙间距密，墙体多，底层墙体截面与底层楼面面积之比可达8%～10%，结构自重比较大，但楼板容易处理。大开间剪力墙结构的间距比较大，可以达到6.0～8.0m，剪力墙的数量比较少，使用比较灵活，底层墙截面面积与底层楼面面积之比可以在7%以内。相应的墙体耗用材料比较少，能够充分发挥剪力墙的承载力，结构自重也比较小，但楼板设计处理比较困难。

（4）剪力墙结构应该设计成具有较好延性的结构，细高的剪力墙应该设计成弯曲破坏的延性剪力墙，避免脆性剪切破坏。因此，剪力墙每个墙段的截面高度不宜大于 8m，各墙段的高度与墙段长度之比不宜小于 3，当墙肢很长时，可以通过开设洞口将长墙分成长度比较小、较为均匀的若干墙段。每个墙段可以是整体墙，也可以是用连梁连接的联肢墙。

（5）剪力墙在平面外的刚度和承载力相对很小。当剪力墙与平面外方向的梁连接时，会产生墙肢平面外弯矩，在一般情况下，设计中并不验算墙体平面外的刚度和承载力。事实上，梁端弯矩会造成墙体平面外受力的不利影响，尤其是当梁截面高度相对比较大时，即梁高大于墙厚 2 倍。为了控制剪力墙平面外弯矩，可以采用以下措施之一，如图 5-2 所示。

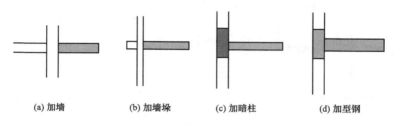

(a) 加墙　　　　(b) 加墙垛　　　　(c) 加暗柱　　　　(d) 加型钢

图 5-2　梁与墙平面外相交时的措施

1）沿梁轴线方向设置与梁相连的剪力墙，抵抗该墙肢平面外弯矩。

2）当不能设置于梁轴线方向相连的剪力墙时，宜在墙与梁相交处设置扶壁柱，扶壁柱宜按计算确定截面及配筋。

3）当不能设置扶壁柱时，应该在墙与梁相交处设置暗柱，并计算确定配筋。

4）剪力墙内可以设置型钢。

（6）为了使底层和底部若干层有比较大的空间，可以将结构做成底层或者底部若干层为框架、上部为剪力墙的框支剪力墙。在地震作用下，框支层的层间变形大，易造成框支柱破坏，甚至引起整栋建筑倒塌。因此，地震区不允许采用底层或者底部若干层全部为框架的框支剪力墙结构。需要抗震设计的部分框支剪力墙结构底部大空间的层数不宜过多。应该采取措施，加大底部大空间的刚度，如将落地的纵横向墙围成井筒，加大落地剪力墙和井筒的墙体厚度等。

（7）近年来在建筑中逐渐采用短肢剪力墙。短肢剪力墙是指墙肢截面高度与宽度之比为 5～8 的剪力墙。短肢剪力墙有利于住宅建筑平面布置和减轻自重。但是，由于短肢剪力墙的抗震性能不如截面高度与宽度之比大于 8 的一般剪力墙，在高层建筑中，不允许采用全部为短肢墙的剪力墙结构，应该设置一定数量的一般剪力墙或者井筒，形成短肢墙与井筒或者一般剪力墙共同抵抗水平作用的剪力墙结构。

5.1.3　剪力墙的分类

为了满足使用要求，剪力墙常开有门窗洞口，而门窗洞口宜上下对齐、成列布置，形成明确的墙肢和连梁，应该避免设置使墙肢刚度相差悬殊的洞口。理论分析与试验研究表明，剪力墙的受力特性与变形状态取决于剪力墙的受力性能。剪力墙按照受力性能的不同可划分为整体墙、整体小开口墙、联肢墙、壁式框架等几种类型。不同类型的剪力墙，其截面应力分布不相同，计算其内力和位移时采用的方法也不同。

1. 整体墙

在墙体上没有门窗洞口或者洞口很小，且孔洞之间净距及洞口至墙边净距大于孔洞长边，可以忽略洞口的影响。该类型的墙实际上是一个整体悬臂墙，墙体受弯变形后，截面符合平截面假定，截面上的正应力为直线分布，这种剪力墙称为整体墙，如图5-3（a）所示。

2. 整体小开口墙

当墙面上开有一些面积稍大的洞口，并且洞口成列分布，洞口的开孔面积超过墙面面积的16%时，在水平荷载作用下，这类剪力墙墙体截面上的正应力稍偏离直线分布，相当于整体弯曲应力和墙肢局部弯曲应力的叠加。当局部弯矩的值不超过整体弯矩的15%时，其截面变形接近于整体墙，这种剪力墙称为整体小开口墙，如图5-3（b）所示。

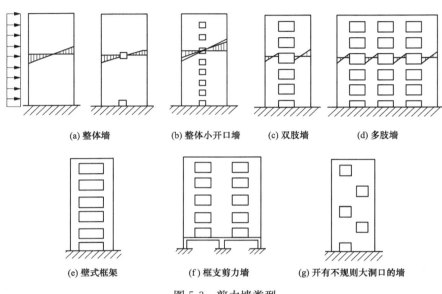

(a) 整体墙　　　(b) 整体小开口墙　　　(c) 双肢墙　　　(d) 多肢墙

(e) 壁式框架　　　(f) 框支剪力墙　　　(g) 开有不规则大洞口的墙

图 5-3　剪力墙类型

3. 联肢墙

墙体上开有比较大的洞口，开洞率达到25%～50%，使联肢墙的连梁刚度比墙肢刚度小得多，连梁中部有了反弯点，各墙肢的作用比较显著，可以看成若干个单独墙肢由连梁连接起来的剪力墙。当开有一列洞口时成为双肢墙，如图5-3（c）所示。开有多排较大洞口时成为多肢剪力墙，如图5-3（d）所示。双肢墙、多肢墙一般称为联肢墙。

4. 壁式框架

当剪力墙的洞口尺寸比较大，开洞率大于50%，墙肢宽度比较小，连梁的线刚度与墙肢的线刚度相近时，剪力墙的受力性能接近于框架，这种剪力墙称为壁式框架，如图5-3（e）所示。

5. 框支剪力墙

当底层需要大空间，采用框架结构支承上部剪力墙时，就是框支剪力墙，如图5-3（f）所示。框支剪力墙的计算，需要解决底层框架的内力问题。

6. 开有不规则大洞口的墙

有时基于建筑使用上的要求会出现开有不规则大洞口的墙，如图5-3（g）所示。该结构可以采用有限元法进行内力分析。

5.1.4　荷载分配及分析方法

1. 剪力墙在竖向荷载下的内力

竖向荷载通过楼板传递到剪力墙，各片墙的竖向荷载可以按照它的受荷面积计算。竖向荷载除了在连梁内产生弯矩之外，在墙肢内主要产生的是轴力。

如果楼板中有大梁，传到墙上的集中荷载可以按照 45°向下扩散到整个剪力墙截面。所以，除了考虑大梁下的局部承压之外，还可以按照分布荷载计算集中荷载对墙面的影响，如图 5-4 所示。当纵墙和横墙是整体连接时，一个方向墙上的荷载可以向另一个方向扩散。因此，在楼板以下一定距离之外，可以认为竖向荷载在两个方向墙内均布。

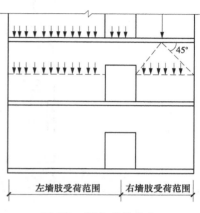

图 5-4　竖向荷载分布

2. 在水平荷载作用下剪力墙计算单元的选取及剪力分配

剪力墙结构是由一系列的竖向纵、横墙和平面楼板组合在一起的空间盒子式结构体系。由于剪力墙平面内刚度比平面外的刚度大得多，一般都把剪力墙简化成平面结构，假定剪力墙只在其自身平面内受力。在水平荷载作用下，剪力墙处于二维应力状态，在进行结构计算时，可以按照纵、横两个方向的平面抗侧力结构进行分析。

以下采用如图 5-5（a）所示的剪力墙结构来说明问题。在横向水平荷载作用下，只考虑横墙起作用，而"忽略"纵墙的作用，如图 5-5（b）所示；在纵向水平荷载作用时，只考虑纵墙起作用，而"忽略"横墙的作用，如图 5-5（c）所示。需要指出的是，这里所谓"忽略"另一方向剪力墙的影响，并非完全忽略，而是将其影响体现在与它相交的另一方向剪力墙结构端部存在的翼缘，将翼缘部分作为剪力墙的一部分来计算。

根据 JGJ 3-2010 的规定，计算剪力墙结构的内力和位移时，应该考虑纵、横墙的共同工作，即纵墙的一部分可以作为横墙的有效翼缘；横墙的一部分也可以作为纵墙的有效翼缘。现浇剪力墙有效翼缘的宽度 b_i 可以按照表 5-1 所列各项中的最小值采用，如图 5-6 所示。装配整体式剪力墙有效翼缘的宽度宜将表 5-1 中的数值适当折减后取用。

表 5-1　　　　　　　　　　　　　　剪力墙的有效翼缘宽度

考虑方式	截面形式	
	T 形或 I 形截面	L 形或 [形截面
按剪力墙净距 S_0 考虑	$b+0.5S_{01}+0.5S_{02}$	$b+0.5S_{03}$
按翼缘厚度 h_f 考虑	$b+12h_f$	$b+6h_f$
按照剪力墙总高度	$H/20$	$H/20$
按门窗洞口净跨 b_0 考虑	b_{01}	b_{02}

如图 5-5（a）所示结构，在横向水平力作用下，计算简图如图 5-5（b）所示。由于结构对 y 轴布置对称，当荷载也以 y 轴为对称轴时，此时，结构的刚度中心与质量中心是重

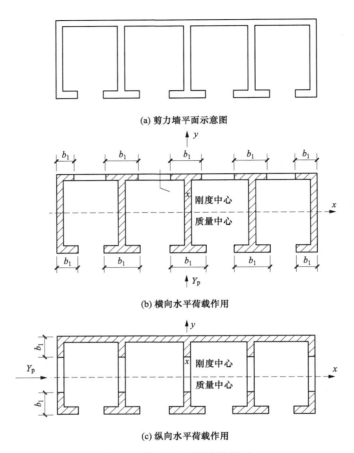

(a) 剪力墙平面示意图

(b) 横向水平荷载作用

(c) 纵向水平荷载作用

图 5-5　剪力墙结构计算单元

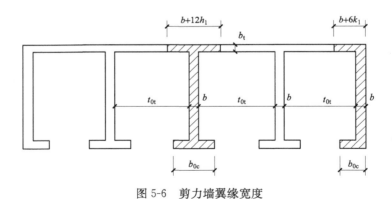

图 5-6　剪力墙翼缘宽度

合的，同一楼层处，各片剪力墙的变形相同。刚性楼盖将各片剪力墙连接在一起，并把水平荷载按照各片剪力墙的刚度分配到各片剪力墙上。

　　如图 5-5 （a）所示结构，在纵向水平力作用下，计算简图如图 5-5 （c）所示。由于结构对 x 轴是不对称的，如果荷载对 x 轴是对称的，则结构质量中心和刚度中心不重合，因而在水平地震作用下，楼层平面不仅有沿 x 方向的位移，还有绕刚度中心的扭转。考虑扭转作用时，各片剪力墙分配到的水平力与不考虑扭转时会相差很大。在工程设计中，只要房屋体形规整，剪力墙的布置尽可能对称，为了计算简单可不考虑扭转影响。

剪力墙的布置应该是规则、拉通、对直的。在双十字形和井字形平面的建筑中，当各墙段轴线错开距离 a 不大于实体连接墙厚度的 8 倍，且不大于 2.5m 时，整片墙可以作为整体平面剪力墙考虑，计算所得内力应该乘以增大系数 1.2，等效刚度应该乘以折减系数 0.8，如图 5-7（a）所示。当折线形剪力墙的各墙段总转角不大于 15° 时，也可以按照平面剪力墙考虑，如图 5-7（b）所示。

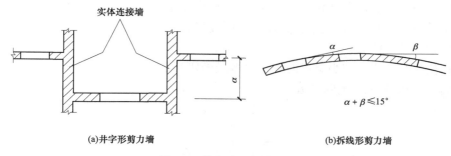

(a)井字形剪力墙   (b)拆线形剪力墙

图 5-7 井字墙和折线形墙

当作用在结构上的水平力合力中心与结构刚度中心重合时，结构不会产生扭转，各片剪力墙在同一层楼板标高处的侧向位移相等。因此，总水平荷载将按照各片剪力墙的刚度大小向各片墙分配。所有抗侧力单元都是剪力墙，它们有相似的沿结构高度的弯曲变形曲线，各片剪力墙水平荷载沿高度的分布也将类似，与总荷载沿高度分布相同。因此，分配总荷载或分配层间剪力的效果是相同的。

当有 m 片墙时，第 i 片墙在第 j 层分配到的剪力为

$$V_{ij} = \frac{E_i I_{eqi}}{\sum_{i=1}^{m} E_i I_{eqi}} V_{pj} \tag{5-1}$$

式中 V_{pj}——由水平荷载计算的第 j 层总剪力；

$E_i I_{eqi}$——第 i 片墙的等效抗弯刚度。

由于墙的类型不同，等效抗弯刚度的计算方法也不一样。

3. 分析方法

（1）材料力学分析方法。在水平荷载作用下，当整体墙截面仍保持平面，法向应力呈现线性分布时，可以采用材料力学中的有关公式计算内力及变形。对于小开口剪力墙，其截面变形后基本保持平面，正应力大致呈现线性分布，为了计算方便，仍采用材料力学中有关公式进行计算并进行局部弯曲修正。

（2）连续化方法。将结构进行某些简化，从而得到比较简单的解析法。计算双肢墙和多肢墙的连续连杆法属于该法。

（3）壁式框架分析法。将开有比较大的洞口的剪力墙视为带刚域的框架，用 D 值法进行求解，也可以用杆件有限元及矩阵位移法借助计算机进行分析。

（4）有限元法和有限条法。有限元法是剪力墙应力分析中一种比较精确的方法，而且对各种复杂几何形状的墙体都适用。有线条法把形状和开洞都比较规则的墙划分为竖向条带，

条带的应力分布用函数形式表示，连接线上的位移为未知函数，这种方法比平面有限元法的未知量大大减少，是一种精度比较高的计算方法。

下面介绍采用手算可完成的近似计算方法。

5.2　整体墙和小开口墙的计算

5.2.1　整体墙的计算

当墙面上门窗、洞口等开孔面积不超过墙面面积的 15%，且孔洞间净距及孔洞至墙边的净距大于长边尺寸时，可以忽略洞口的影响，按照整体悬臂墙方法计算墙在水平荷载作用下的截面内力（M，V）。

在计算位移时，要考虑小洞口的存在对墙肢的刚度和强度的削弱。等效截面面积 A_q 取无洞口截面毛面积 A 乘以削弱系数 γ_0。

$$A_q = \gamma_0 A \qquad (5\text{-}2)$$

$$\gamma_0 = 1 - 1.25 \sqrt{\frac{A_{op}}{A_0}} \qquad (5\text{-}3)$$

式中　A——剪力墙截面毛面积；

A_q——无洞口剪力墙的截面面积，小洞口整截面墙取折算截面面积；

A_{op}——剪力墙洞口总立面面积；

A_0——剪力墙立面总面积。

等效惯性矩取有洞截面与无洞截面惯性矩沿竖向的加权平均值，如图 5-8 所示

$$I_q = \frac{\sum I_j h_j}{\sum h_j} \qquad (5\text{-}4)$$

式中　I_j——剪力墙沿竖向各段的截面惯性矩，有洞口时扣除洞口的影响；

h_j——剪力墙各段的相应高度，$\Sigma h_j = H$，其中 H 为剪力墙总高度，如图 5-8 所示。

计算位移时，由于截面比较宽，除弯曲变形之外，宜考虑剪切变形的影响。在 3 种常用水平荷载（倒三角形荷载、均布荷载、顶部集中荷载）的作用下，如图 5-9 所示，顶点位移计算公式（括号中后一项为剪切变形影响）为

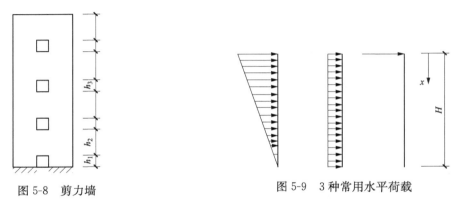

图 5-8　剪力墙　　　　　　　　　图 5-9　3 种常用水平荷载

$$u = \begin{cases} \dfrac{11}{60} \dfrac{V_0 H^3}{EI_q}\left(1 + \dfrac{3.64\mu EI_q}{H^2 GA_q}\right) & \text{(倒三角形荷载)} \\[3mm] \dfrac{1}{8} \dfrac{V_0 H^3}{EI_q}\left(1 + \dfrac{4\mu EI_q}{H^2 GA_q}\right) & \text{(均布荷载)} \\[3mm] \dfrac{1}{3} \dfrac{V_0 H^3}{EI_q}\left(1 + \dfrac{3\mu EI_q}{H^2 GA_q}\right) & \text{(顶部集中荷载)} \end{cases} \tag{5-5}$$

式中　V——结构底部截面剪力；

　　　μ——剪切不均匀系数，矩形截面 $\mu = 1.2$，I 形截面 $\mu =$ 全截面面积/腹板面积，T
形截面依据表 5-2 查得。

为了计算方便，引入等效刚度 EI_{eq} 的概念，其把剪切变形与弯曲变形综合成用弯曲变形的形式表达

$$u = \begin{cases} \dfrac{11}{60} \dfrac{V_0 H^3}{EI_{eq}} & \text{(倒三角形荷载)} \\[3mm] \dfrac{1}{8} \dfrac{V_0 H^3}{EI_{eq}} & \text{(均布荷载)} \\[3mm] \dfrac{1}{3} \dfrac{V_0 H^3}{EI_{eq}} & \text{(顶部集中荷载)} \end{cases} \tag{5-6}$$

式（5-6）中 EI_{eq} 是考虑剪切变形后的等效刚度。在上述 3 种荷载作用下，EI_{eq} 分别为

$$EI_{eq} = \begin{cases} EI_q / \left(1 + \dfrac{3.64\mu EI_q}{H^2 GA_q}\right) & \text{(倒三角形荷载)} \\[3mm] EI_q / \left(1 + \dfrac{4\mu EI_q}{H^2 GA_q}\right) & \text{(均布荷载)} \\[3mm] EI_q / \left(1 + \dfrac{3\mu EI_q}{H^2 GA_q}\right) & \text{(顶部集中荷载)} \end{cases} \tag{5-7}$$

式中　I_{eq}——等效惯性矩；

　　　G——剪切模量。

表 5-2　　　　　　　　　　　**T 形截面剪应力不均匀系数 μ**

h_w/t	b_f/t					
	2	4	6	8	10	12
2	1.383	1.496	1.521	1.511	1.483	1.445
4	1.441	1.876	2.287	2.682	3.061	3.424
6	1.362	1.697	2.033	2.367	2.698	3.026
8	1.313	1.572	1.838	2.106	2.374	2.641
10	1.283	1.489	1.707	1.927	2.148	2.370
12	1.264	1.432	1.614	1.800	1.988	2.178
15	1.245	1.374	1.519	1.669	1.820	1.973
20	1.228	1.317	1.422	1.534	1.648	1.763
30	1.214	1.264	1.328	1.399	1.473	1.549
40	1.208	1.240	1.284	1.334	1.387	1.442

注　b_f 为翼缘宽度；t 为剪力墙厚度；h_w 为剪力墙截面高度。

为了计算简便，可以把式（5-7）中 3 种荷载作用下的公式统一，公式内系数取平均值，混凝土剪切模量 $G = 0.4E$，则上面 3 式可以写成

$$EI_{eq} = \frac{EI_q}{1 + \dfrac{9\mu I_q}{H^2 A_q}} \tag{5-8}$$

式（5-8）即为整体悬臂墙的等效抗弯刚度计算式，代入式（5-6）中，可以求墙体顶点位移。

当有多片剪力墙共同承受水平荷载时，总水平荷载可以按照各片剪力墙的等效抗弯刚度的比例分配给各片墙，即

$$V_{ij} = \frac{(EI_{eq})_i}{\sum (EI_{eq})_i} V_{pj} \tag{5-9}$$

式中　V_{ij}——第 i 片墙第 j 层分配到的剪力；

$(EI_{eq})_i$——第 i 片墙的等效抗弯刚度；

V_{pj}——由水平荷载引起的第 j 层总剪力。

5.2.2　整体小开口墙的计算

整体小开口墙是指门窗、洞口沿竖向成列布置，洞口的总面积虽然超过了总面积的 16%，但洞口相对很小。试验研究表明，在水平荷载作用下，整体小开口墙既要绕组合截面的形心轴产生整体弯曲变形，各墙肢还要绕各自截面的形心轴产生局部弯曲变形，并在各墙肢产生相应的整体弯曲应力和局部弯曲应力。其中整体弯曲变形是主要的，而局部弯曲变形是次要的，它不超过整体弯曲变形的 15%。因而在计算中仍可以按照材料力学公式计算内力和侧向位移，但必须考虑局部弯曲应力的作用进行修正。

如图 5-10 所示，在水平荷载作用下，把整体小开口墙作为一悬臂构件，在标高 z 处第 i 墙肢横截面上产生的轴力为 F_{Nzi}，剪力为 V_{zi}。在水平荷载作用下，整个墙绕组合截面形心做整体弯曲时在各墙肢高度处截面上产生的整体弯矩为 M'_{zi}，各墙肢绕其自身形心轴做局部弯曲时所产生的局部弯矩为 M''_{zi}，则第 i 墙肢在 z 高度处的总弯矩为

$$M_{zi} = M'_{zi} + M''_{zi} \tag{5-10}$$

外荷载在标高 z 处产生的总弯矩可以分为两部分：一部分是产生整体弯曲的弯矩；另一部分是产生局部弯曲的弯矩，三者之间的关系为

$$M_{pz} = M'_{pz} + M''_{pz} \tag{5-11}$$

$$M'_{pz} = kM_{pz}, M''_{pz} = (1-k)M_{pz}$$

式中　M_{pz}——外荷载产生的总弯矩；

M'_{pz}、M''_p——产生整体弯曲和局部弯曲时的外弯矩；

k——整体弯矩系数，试验表明，整体小开口墙中的局部弯矩不超过整体弯矩的 15%，可以近似取 $k = 0.85$。

第 i 墙肢受到的整体弯曲的弯矩为

$$M'_{zi} = M'_{pz} I_i / I = k M_{pz} I_i / I \tag{5-12}$$

式中　I_i——墙肢的惯性矩（对自身形心轴）；

I——剪力墙对组合截面形心轴的惯性矩。

第 i 墙肢受到的局部弯曲的弯矩为

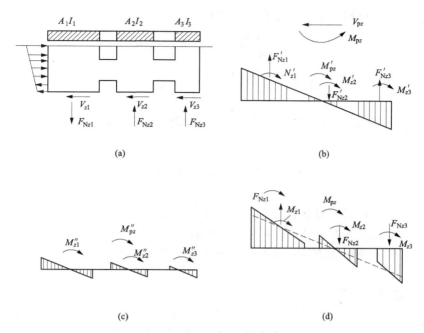

图 5-10　整体小开口墙内力

$$M''_{zi} = M''_{pz} I_i / \sum I_i = (1-k) M_{pz} I_i / \sum I_i \tag{5-13}$$

由式（5-10）可知，第 i 墙肢受到的弯矩为

$$M_{zi} = M''_{pz} + M''_{pz} = k M_{pz} I_i / I + (1-k) M_{pz} I_i / \sum I_i \tag{5-14}$$

试验研究已经证实，各墙肢剪力的分配与墙肢的截面面积及惯性矩有关。当各墙肢较窄时，基本上按照惯性矩的大小分配；当各墙肢较宽时，基本上按照截面面积的大小分配。实际的整体小开口墙中，各墙肢宽度相差较大，故墙肢剪力分别按照面积和惯性矩分配后的平均值进行计算，即

$$V_{zi} = \frac{1}{2} \left(\frac{A_i}{\sum A_i} + \frac{I_i}{\sum I_i} \right) V_{pz} \tag{5-15}$$

式中　A_i——第 i 个墙肢截面面积。

各墙肢横截面上的轴向力由整体弯曲正应力来合成，局部弯曲在墙肢中不产生轴向力。

$$F_{Nzi} = F'_{Nzi} = \sigma_i A_i = \frac{k M_{pz} y_i A_i}{I} \tag{5-16}$$

式中　y_i——第 i 个墙肢截面形心到组合截面形心之间的距离。

在按照式（5-14）、式（5-15）分配墙肢弯矩和剪力时，考虑各墙肢有共同的变形曲线的曲率，但个别细小的墙肢会产生局部弯曲，使局部弯矩增大，此时，可以将按照式（5-14）分配到的弯矩进行修正为

$$M_{zi0} = M_{zi} + \Delta M_{zi} = M_{zi} + \frac{1}{2} h_0 V_{zi} \tag{5-17}$$

式中　h_0——洞口的高度。

整体小开口墙的侧向位移可以按照材料力学公式计算，但由于洞口的存在使墙的整体抗

弯刚度减弱，可以把材料力学公式计算出来的侧向位移增大 20%，即

$$u = \begin{cases} 1.2 \times \dfrac{11}{60} \dfrac{V_0 H^3}{EI_{eq}} & \text{（倒三角形荷载）} \\[3mm] 1.2 \times \dfrac{1}{8} \dfrac{V_0 H^3}{EI_{eq}} & \text{（均布荷载）} \\[3mm] 1.2 \times \dfrac{1}{3} \dfrac{V_0 H^3}{EI_{eq}} & \text{（顶部集中荷载）} \end{cases} \tag{5-18}$$

5.3　联 肢 墙 的 计 算

在大多数建筑中，剪力墙中的门窗、洞口排列都很整齐，剪力墙可以划分为许多墙肢和连梁，将连梁看成墙肢间的连杆，并将它们沿墙高离散为均匀分布的连续连杆，用微分方程求解，这种方法称为连续化方法，又称连续连杆法，是联肢墙内力及位移分析的一种典型方法。

5.3.1　双肢墙的计算

如图 5-11（a）所示为双肢剪力墙结构的几何参数。墙肢可以是矩形截面，也可以是 T 形截面（翼缘参加工作），但都以截面的形心线作为墙肢的轴线，连梁一般取矩形截面，$2a$ 为连梁的计算跨度。其中 $a = a_0 + h_b/4$（a_0 为 1/2 净跨；h_b 为连梁高度）。

由图 5-11（a）可知，双肢剪力墙是柱梁刚度比很大的一种框架。由于柱梁刚度比太大，用一般的渐进法比较麻烦，还要考虑轴向变形的影响。因此，采用进一步的假定，然后用力法求解，此种求解方法通常称为连续连杆法。

1. 连续连杆法的假定

（1）将每一楼层处的连梁简化为均布在楼层高度上的连续连杆，这样就把双肢墙仅在楼层标高处通过连梁连接在一起的结构，变成在整个高度上双肢墙都由连续连杆连接在一起的连续结构，如图 5-11（a）、（b）所示。将有限的连接变成无限的连接这一假定，是为了建立微分方程的需要而设定的。

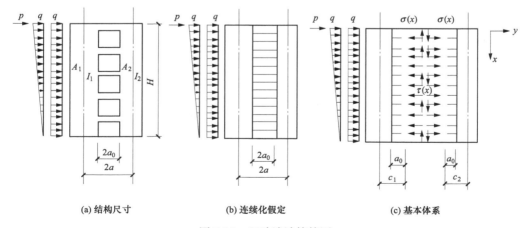

(a) 结构尺寸　　　　　　(b) 连续化假定　　　　　　(c) 基本体系

图 5-11　双肢墙计算简图

（2）连梁的轴向变形忽略不计，即在同一标高处两墙肢的水平位移相同。不仅如此，还假设同一标高处两墙肢的转角和曲率相同，并假设连梁的反弯点在梁的跨中。该假定已经得到国内外光弹试验的验证。

（3）层高 h 和惯性矩 I_1、I_2、I_b 及面积 A_1、A_2、A_b 等参数，沿高度均为常数。这一假设是为了使微分方程是常系数微分方程，便于求解而设定的。当遇到截面尺寸或者层高有少量变化时，可以取几何平均值进行计算。其计算精度能够满足工程需要。

如果是不规则的剪力墙，则该方法不适用。对于层数越多的结构，该方法的计算结果越好，对低层和多层剪力墙，计算结果误差比较大。

在以上假设下，如图 5-11（a）所示的双肢墙结构的计算简图如图 5-11（b）所示。用力法求解时，基本体系选取如图 5-11（c）所示。将两片墙沿连梁的反弯点处切开，形成静定的悬臂墙。取连梁切口处的剪力 $\tau(x)$ 为多余未知力；连梁切口处沿未知力 $\tau(x)$ 方向的相对位移为 0 是变形连续条件。

在沿连梁切口处，两片墙还互有轴力 $\sigma(x)$。因此，求变形连续条件时，应是基本体系在外荷载、切口处轴力和剪力共同作用下，沿未知力 $\tau(x)$ 方向的相对位移为 0。由于有假设（2）的存在，切口处的轴力影响并没有以未知力的形式出现在基本方程中，所以，也就无需再列出切口处轴向相对位移为 0 的变形连续条件。

2. 力法方程的建立

基本体系在外荷载、切口处轴力 $\sigma(x)$ 及剪力 $\tau(x)$ 作用下将产生变形，但原结构在切断点是连续的。因此，基本体系在外荷载、切口处轴力 $\sigma(x)$ 和剪力 $\tau(x)$ 作用下，沿 $\tau(x)$ 方向的位移应该是 0。

剪力 $\tau(x)$ 是一个连续函数，通过在切口处变形协调（相对位移为零），建立 $\tau(x)$ 的微分方程，求解微分方程后得出 $\tau(x)$，经积分得到连梁剪力 V_l，再通过平衡条件求出连梁梁端弯矩、墙肢轴力及弯矩，这就是连续化方法的思路。

基本体系在外荷载、切口处轴力 $\sigma(x)$ 和剪力 $\tau(x)$ 作用下，沿 $\tau(x)$ 方向的位移，可以用下式表达

$$\delta_1(x) + \delta_2(x) + \delta_3(x) = 0 \tag{5-19}$$

式中　$\delta_1(x)$、$\delta_2(x)$、$\delta_3(x)$——由墙肢弯曲变形和剪切变形产生的位移、由墙肢轴向变形产生的相对位移、由连梁弯曲变形和剪切变形产生的相对位移。

下面求解上述三项位移：

（1）由墙肢弯曲变形和剪切变形产生的位移 $\delta_1(x)$。基本体系在外荷载、切口处轴力和剪力 $\tau(x)$ 作用下发生弯曲变形和剪切变形，如图 5-12（a）所示。由弯曲变形使切口处产生的相对位移为

$$\delta_1(x) = -2c\theta_m \tag{5-20}$$

式中　θ_m——墙肢弯曲变形产生的转角，顺时针方向为正。

上式利用了两墙肢转角相等的假设，即 $\theta_{1m} = \theta_{2m} = \theta_m$。

式（5-20）中 $2c$ 是因为弯曲变形时，连梁与墙肢在轴线处保持垂直的假设。负号表示相对位移与假设的剪力 $\tau(x)$ 方向相反。外荷载、切口处轴力和剪力 $\tau(x)$ 的具体影响，都体现在转角 θ_1、θ_2 中。

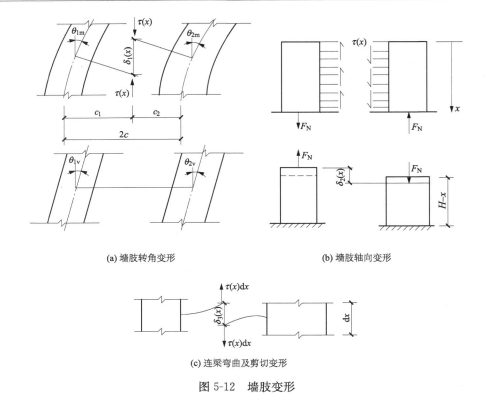

(a) 墙肢转角变形　　　　　　　　　(b) 墙肢轴向变形

(c) 连梁弯曲及剪切变形

图 5-12　墙肢变形

（2）由墙肢轴向变形产生的相对位移 $\delta_2(x)$。基本体系在外荷载、切口处轴力和剪力 $\tau(x)$ 作用下发生轴向变形，如图 5-12（b）所示。由两墙肢底到 x 截面处的轴向变形差就是切口处的相对位移。

由图 5-12（b）可知，沿水平方向作用的外荷载及切口处轴力只使墙肢产生弯曲变形和剪切变形，并不产生轴向变形，只有竖向作用的剪力 $\tau(x)$，才使墙肢产生轴力和轴向变形。

在水平荷载作用下，一个墙肢受拉，一个墙肢受压，两墙肢轴力大小相等、方向相反。

墙轴力 $F_N(x)$ 与剪力 $\tau(x)$ 间的关系，由图 5-12（b）可知，$F_N(x) = \int_0^x \tau(x)\mathrm{d}x$，或者 $\mathrm{d}F_N/\mathrm{d}x = \tau(x)$，由墙肢轴向变形产生的切口处相对位移为

$$\delta_2 = \int_x^H \frac{F_N(x)\mathrm{d}x}{EA_1} + \int_x^H \frac{F_N(x)\mathrm{d}x}{EA_2} = \frac{1}{E}\left(\frac{1}{A_1} + \frac{1}{A_2}\right)\int_x^H F_N(x)\mathrm{d}x$$

$$\delta_2 = \frac{1}{E}\left(\frac{1}{A_1} + \frac{1}{A_2}\right)\int_x^H \int_0^x \tau(x)\mathrm{d}x\mathrm{d}x \tag{5-21}$$

（3）由连梁弯曲变形和剪切变形产生的相对位移 $\delta_3(x)$，如图 5-12（c）所示。

把连梁看成端部集中力作用下的悬臂杆件，顶点侧向位移为 $\Delta = PH^3/3EI$

连梁切口处由于 $\tau(x) h$ 的作用产生弯曲变形和剪切变形。弯曲变形产生的相对位移为

$$\delta_{3M} = 2\frac{\tau(x)ha^3}{3EI_b} \tag{5-22}$$

剪切变形产生的相对位移为

$$\delta_{3V} = 2\frac{\mu\tau(x)ha}{A_bG} \tag{5-23}$$

式中　μ——截面上剪应力分布不均匀系数，矩形截面 $\mu = 1.2$；

　　　G——剪切弹性模量。

弯曲变形和剪切变形的总相对位移为

$$\delta_3(x) = \delta_{3M} + \delta_{3V} = 2\frac{\tau(x)ha^3}{3EI_b} + 2\frac{\mu\tau(x)ha}{A_bG} = \frac{2\tau(x)ha^3}{3EI_b}\left(1 + \frac{3\mu EI_b}{A_bGa^2}\right)$$

可以写为

$$\delta_3(x) = \frac{2\tau(x)ha^3}{3EI_b^0} \tag{5-24}$$

$$I_b^0 = \frac{I_b}{1 + \dfrac{3\mu EI_b}{A_bGa^2}} = \frac{I_b}{1 + 0.7\left(\dfrac{h_b}{a}\right)^2}$$

式中　I_b^0——连梁考虑剪切变形后的折算惯性矩，是考虑了矩形截面 $\dfrac{I_b}{A_b} = \dfrac{A_bh_b^2/12}{A_b} = \dfrac{h_b^2}{12}$，

　　　　同时混凝土 $G = 0.425E$ 得出的；

　　　I_b——连梁的惯性矩。

（4）基本微分方程。将式（5-20）、式（5-21）、式（5-24）代入式（5-19），得基本体系在外荷载、切口处轴向力 $\sigma(x)$ 和剪力 $\tau(x)$ 作用下，沿 $\tau(x)$ 方向的总位移为 0，即

$$-2c\theta_m + \frac{1}{E}\left(\frac{1}{A_1} + \frac{1}{A_2}\right)\int_x^H\int_0^x\tau(x)\,\mathrm{d}x\,\mathrm{d}x + \frac{2\tau(x)ha^3}{3EI_b^0} = 0 \tag{5-25}$$

对上式 x 求导两次，得

$$-2c\theta_m'' + \frac{\tau(x)}{E}\left(\frac{1}{A_1} + \frac{1}{A_2}\right) + \frac{2ha^3}{3EI_b^0}\tau''(x) = 0 \tag{5-26}$$

式（5-26）为双肢墙连续化方法的基本微分方程，求解该微分方程，就可以得到以函数形式表达的未知力 $\tau(x)$。

为了求解微分方程，下面引入外荷载与位移的关系，即寻求转角 θ、θ_m'、θ_m'' 与 $\tau(x)$ 的关系。

在 x 处截断双肢墙，如图 5-13 所示。根据平衡条件有

$$M_1 + M_2 = M_p - 2cF_N(x) \tag{5-27}$$

式中　M_1——墙肢 1 在 x 截面的弯矩；

　　　M_2——墙肢 2 在 x 截面的弯矩；

　　　M_p——墙肢外荷载对 x 截面的外力矩。

由梁的弯曲理论有

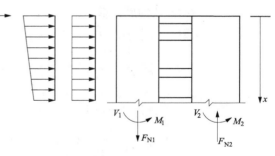

图 5-13　墙肢内力

$$\begin{cases} EI_1\dfrac{\mathrm{d}^2y_{1m}}{\mathrm{d}x^2} = M_1 \\[2mm] EI_2\dfrac{\mathrm{d}^2y_{2m}}{\mathrm{d}x^2} = M_2 \end{cases}$$

由假设（2）的条件可知　$y_{1m} = y_{2m} = y_m$

$$\frac{\mathrm{d}^2 y_{1m}}{\mathrm{d}x^2} = \frac{\mathrm{d}^2 y_{2m}}{\mathrm{d}x^2} = \frac{\mathrm{d}^2 y_m}{\mathrm{d}x^2}$$

得到

$$E(I_1 + I_2)\frac{\mathrm{d}^2 y_m}{\mathrm{d}x^2} = M_1 + M_2 = M_p - 2cF_N(x) \tag{5-28}$$

利用轴力 $F_N(x)$ 与剪应力 $\tau(x)$ 的关系，有

$$E(I_1 + I_2)\frac{\mathrm{d}^2 y_m}{\mathrm{d}x^2} = M_p - \int_0^x 2c\tau(x)\mathrm{d}x \tag{5-29}$$

令

$$m(x) = 2c\tau(x)$$

这里，表示连梁剪力对两墙肢弯矩的和，称为连梁对墙肢的约束弯矩。

于是式（5-29）变为

$$\theta_m' = -\frac{\mathrm{d}^2 y_m}{\mathrm{d}x^2} = \frac{-1}{E(I_1 + I_2)}\left[M_p - \int_0^x m\,\mathrm{d}x\right] \tag{5-30}$$

对 x 求导一次，得

$$\theta_m'' = \frac{-1}{E(I_1 + I_2)}\left(\frac{\mathrm{d}M_p}{\mathrm{d}x} - m\right) = \frac{-1}{E(I_1 + I_2)}(V_p - m) \tag{5-31}$$

式中　V_p——外荷载对 x 截面的总剪力。

对于采用的 3 种外荷载，有

$$V_p = V_0\left[1 - \left(1 - \frac{x}{H}\right)^2\right] \quad （倒三角形荷载）$$

$$V_p = V_0\frac{x}{H} \quad\quad\quad （均布荷载）$$

$$V_p = V_0 \quad\quad\quad\quad （顶部集中荷载）$$

式中　V——$x = H$ 处的底部剪力。

因而式（5-31）可以表示为

$$\theta_m'' = \begin{cases} \dfrac{-1}{E(I_1 + I_2)}\left\{V_0\left[\left(1 - \dfrac{x}{H}\right)^2 - 1\right] + m\right\} & （倒三角形荷载） \\[3mm] \dfrac{-1}{E(I_1 + I_2)}\left[-V_0\dfrac{x}{H} + m\right] & （均布荷载） \\[3mm] \dfrac{-1}{E(I_1 + I_2)}(-V_0 + m) & （顶部集中荷载） \end{cases} \tag{5-32}$$

将式（5-32）中的 θ_m'' 代入式（5-26），并令

$$D = \frac{I_b^0 c^2}{a^3} \quad （连梁的刚度修正系数）$$

$$\alpha_1^2 = \frac{6H^2}{h\sum I_i}D \quad （连梁、墙肢刚度比，没有考虑墙肢轴向变形的整体参数）$$

$$S = \frac{2cA_1 A_2}{A_1 + A_2} \quad （双肢组合截面形心轴的面积矩）$$

整理后，可得

$$m''(x) - \frac{a^2}{H^2}m(x) = \begin{cases} -\dfrac{\alpha_1^2}{H^2}V_0\left[1-\left(1-\dfrac{x}{H}\right)^2\right] & \text{(倒三角形荷载)} \\[3mm] -\dfrac{\alpha_1^2}{H^2}V_0\dfrac{x}{H} & \text{(均布荷载)} \\[3mm] -\dfrac{\alpha_1^2}{H^2}V_0 & \text{(顶部集中荷载)} \end{cases} \tag{5-33}$$

其中　　　　　　$\alpha^2 = \alpha_1^2 + \dfrac{3H^2D}{hcS}$（考虑墙肢轴向变形的整体参数）　　　　　$(5-34)$

式（5-33）为双肢墙的基本方程式，是 $m(x)$ 的二阶线性非齐次常微分方程。它是根据力法的原理，由切口处的变形连续条件推导的。为了与多肢墙计算的符号统一，这里以连梁对墙肢的约束弯矩 $m(x)$ 为基本未知量，并且引进了一些相应符号。

3. 基本方程的解

为了进一步简化基本方程式，便于制成表格，把参数换成无量纲。令

$$\frac{x}{H} = \xi$$

$$m(x) = \varphi(x)V_0\frac{\alpha_1^2}{\alpha^2}$$

则式（5-33）可以化为

$$\varphi''(\xi) - \alpha^2\varphi(\xi) = \begin{cases} -\alpha^2\left[1-(1-\xi)^2\right] & \text{(倒三角形荷载)} \\ -\alpha^2\xi & \text{(均布荷载)} \\ -\alpha^2 & \text{(顶部集中荷载)} \end{cases} \tag{5-35}$$

方程的一般解由通解和特解组成

$$\varphi(\xi) = C_1 ch(\alpha\xi) + C_2 sh(\alpha\xi) + \begin{cases} 1-(1-\xi)^2 - \dfrac{2}{\alpha^2} & \text{(倒三角形荷载)} \\[3mm] \xi & \text{(均布荷载)} \\[3mm] 1 & \text{(顶部集中荷载)} \end{cases} \tag{5-36}$$

式中　C_1、C_2——任意常数，由边界条件确定。

边界条件为：

（1）当 $x=0$，即 $\xi=0$ 时，墙顶弯矩为 0，因而

$$\theta'_m = -\frac{\mathrm{d}^2 y_m}{\mathrm{d}x^2} = 0$$

（2）当 $x=H$，即 $\xi=1$ 时，墙底弯曲转角 $\theta_m = 0$。

先考虑边界条件（1）。

式（5-25）利用边界条件（1）后，得

$$\frac{2\tau'(0)ha^2}{3EI_b^0} = 0$$

将式（5-36）求出的一般解代入上式后

$$\varphi(\xi)_{\xi=0} = 0 = C_1\alpha\,\mathrm{sh}(\alpha\xi) + C_2\alpha\,\mathrm{ch}(\alpha\xi) + \begin{cases} 2(1-\xi) \\ 1 \\ 0 \end{cases}$$

求得

$$C_2 = \begin{cases} -\dfrac{2}{\alpha} & \text{（倒三角形荷载）} \\[2mm] -\dfrac{1}{\alpha} & \text{（均布荷载）} \\[2mm] 0 & \text{（顶部集中荷载）} \end{cases}$$

再考虑边界条件（2）。

式（5-25）利用边界条件（2）后，并注意到在底截面处轴向变形引起的相对位移 $\delta_2(x)=0$，可得

$$\frac{2\tau(1)\,ha^2}{3EI_b^0} = 0$$

将式（5-36）求出的一般解代入上式后，可以求 C_1 的方程

$$C_1\mathrm{ch}(\alpha) + C_2\mathrm{sh}(\alpha) = \begin{cases} -\left(1 - \dfrac{2}{\alpha^2}\right) & \text{（倒三角形荷载）} \\[2mm] -1 & \text{（均布荷载）} \\[2mm] -1 & \text{（顶部集中荷载）} \end{cases}$$

求得

$$C_1 = \begin{cases} -\left[\left(1 - \dfrac{2}{\alpha^2}\right) - \dfrac{2\mathrm{sh}\alpha}{\alpha}\right]\dfrac{1}{\mathrm{ch}\alpha} & \text{（倒三角形荷载）} \\[3mm] -\left[1 - \dfrac{\mathrm{sh}\alpha}{\alpha}\right]\dfrac{1}{\mathrm{ch}\alpha} & \text{（均布荷载）} \\[3mm] -\dfrac{1}{\mathrm{ch}\alpha} & \text{（顶部集中荷载）} \end{cases}$$

有了任意常数 C_1 和 C_2 后，由式（5-36）可以求出一般解。

一般解经过整理后，可以写为 $\varphi(\xi) = \varphi_1(\alpha, \xi)$

$$\varphi_1(\xi) = \begin{cases} 1 - (1-\xi)^2 + \left[\dfrac{2\mathrm{sh}\alpha}{\alpha} - 1 + \dfrac{2}{\alpha^2}\right]\dfrac{\mathrm{ch}(\alpha\xi)}{\mathrm{ch}\alpha} - \dfrac{2}{\alpha}\mathrm{sh}(\alpha\xi) - \dfrac{2}{\alpha^2} & \text{（倒三角形荷载）} \\[3mm] \left(\dfrac{\mathrm{sh}\alpha}{\alpha} - 1\right)\dfrac{\mathrm{ch}(\alpha\xi)}{\mathrm{ch}\alpha} - \dfrac{1}{\alpha}\mathrm{sh}(\alpha\xi) + \xi & \text{（均布荷载）} \\[3mm] 1 - \dfrac{\mathrm{ch}(\alpha\xi)}{\mathrm{ch}\alpha} & \text{（顶部集中荷载）} \end{cases}$$

$$(5\text{-}37)$$

$\varphi_1(\xi)$ 的数值可以由附录 3 中附表 3-1～附表 3-3 查出。

4. 双肢墙的内力计算

通过上面的计算，可以求得任意高度 ξ 处的 $\varphi_1(\xi)$ 值。

由 $\varphi_1(\xi)$ 可以求得连梁的约束弯矩为

$$m(\xi) = V_0 \frac{\alpha_1^2}{\alpha^2} \varphi(\xi) \tag{5-38}$$

第 i 层连梁的剪力为

$$V_{bi} = m_i(\xi) \frac{h}{2c} \tag{5-39}$$

第 i 层连梁的端部弯矩为

$$M_{bi} = V_{bi}\alpha_0 \tag{5-40}$$

第 i 层墙肢的轴力为

$$F_{Ni} = \sum_{j=i}^n V_{bj} \tag{5-41}$$

由基本假定可以知道，两个墙肢弯矩按照刚度分配，由平衡条件可以得到。

第 i 层墙肢的弯矩为

$$\begin{cases} M_{i1} = \dfrac{I_1}{I_1 + I_2}\left(M_{pi} - \sum_{j=i}^n m_j\right) \\[3mm] M_{i2} = \dfrac{I_2}{I_1 + I_2}\left(M_{pi} - \sum_{j=i}^n m_j\right) \end{cases} \tag{5-42}$$

式中 M_{pi}——水平荷载在第 i 层截面处的倾覆力矩；

      M_{i1}——第 i 层截面处墙肢 1 的弯矩；

      M_{i2}——第 i 层截面处墙肢 2 的弯矩。

墙肢剪力可以按照下式计算，这里另外做了剪力按照墙肢刚度分配的假定，与连续连杆法求出的未知函数 $m(\xi)$ 无关。

第 i 层墙肢的剪力为

$$\begin{cases} V_{1i} = \dfrac{I_1^0}{I_1^0 + I_2^0} V_{pi} \\[3mm] V_{2i} = \dfrac{I_2^0}{I_1^0 + I_2^0} V_{pi} \end{cases} \tag{5-43}$$

$$I_i^0 = \frac{I_i}{1 + \dfrac{12\mu E I_i}{GA_i h^2}} \quad (i = 1, 2) \tag{5-44}$$

式中 I_i^0——考虑剪切变形后的墙肢折算惯性矩；

      V_{pi}——水平荷载在第 i 层截面处的总剪力。

5.3.2 双肢墙的位移与等效抗弯刚度

双肢墙的侧向位移应该由墙肢的弯曲变形与剪切变形产生的侧向位移相叠加，即

$$y = y_M + y_V = \int_1^\xi \int_1^\xi \frac{d^2 y_M}{d\xi^2} d\xi d\xi + \int_1^\xi \frac{d y_V}{d\xi} d\xi$$

$$\frac{d^2 y_M}{d\xi^2} = \frac{1}{E(I_1 + I_2)}\left[M_P(\xi) - \int_0^\xi m(\xi)\, d\xi\right]$$

$$\frac{d y_V}{d\xi} = \frac{\mu V_P(\xi)}{G(A_1 + A_2)}$$

对于 3 种常用荷载，积分后可以求得：

（1）倒三角形荷载作用下

$$y = \frac{V_0 H^3}{60E\sum\limits_{i=1}^{2} I_i}(1-\tau)(11-15\xi+5\xi^4-\xi^5)+\frac{\mu V_0 H}{G\sum\limits_{i=1}^{2} A_i}\left[(1-\xi)^2-\frac{1}{3}(1-\xi^3)\right]-$$

$$\frac{V_0 H^3 \tau}{E\sum\limits_{i=1}^{2} I_i}\left\{C_1\frac{1}{\alpha^3}\left[\text{sh}(\alpha\xi)+(1-\xi)\alpha\text{ch}\alpha-\text{sh}\alpha\right]+C_2\frac{1}{\alpha^3}\left[\text{ch}(\alpha\xi)+(1-\xi)\alpha\text{sh}\alpha\right.\right.$$

$$\left.\left.-\text{ch}\alpha-\frac{1}{2}\alpha^2\xi^2+\alpha^2\xi-\frac{1}{2}\alpha^2\right]-\frac{1}{3\alpha^2}(2-3\xi+\xi^2)\right\}$$

$$(5\text{-}45)$$

（2）均布荷载作用下

$$y = \frac{V_0 H^3}{24E\sum\limits_{i=1}^{2} I_i}(1-\tau)(3-4\xi+\xi^4)-\frac{\mu V_0 H}{2G\sum\limits_{i=1}^{2} A_i}(1-\xi^2)-$$

$$\frac{V_0 H^3 \tau}{E\sum\limits_{i=1}^{2} I_i}\left\{C_1\frac{1}{\alpha^3}\left[\text{sh}(\alpha\xi)+(1-\xi)\alpha\text{ch}\alpha-\text{sh}\alpha\right]+C_2\frac{1}{\alpha^3}\left[\text{ch}(\alpha\xi)+\right.\right. \tag{5-46}$$

$$\left.\left.(1-\xi)\alpha\text{sh}\alpha-\text{ch}\alpha-\frac{1}{2}\alpha^2\xi^2+\alpha^2\xi-\frac{1}{2}\alpha^2\right]\right\}$$

（3）顶部集中荷载作用下

$$y = \frac{V_0 H^3}{6E\sum\limits_{i=1}^{2} I_i}(1-\tau)(2-3\xi+\xi^3)+\frac{\mu V_0 H}{2G\sum\limits_{i=1}^{2} A_i}(1-\xi)-$$

$$\frac{V_0 H^3 \tau}{E\sum\limits_{i=1}^{2} I_i}\left\{C_1\frac{1}{\alpha^3}\left[\text{sh}(\alpha\xi)+(1-\xi)\alpha\text{ch}\alpha-\text{sh}\alpha\right]+C_2\frac{1}{\alpha^3}\left[\text{ch}(\alpha\xi)+\right.\right. \tag{5-47}$$

$$\left.\left.(1-\xi)\alpha\text{sh}\alpha-\text{ch}\alpha-\frac{1}{2}\alpha^2\xi^2+\alpha^2\xi-\frac{1}{2}\alpha^2\right]\right\}$$

当 $\xi = 0$，并将 C_1、C_2 代入后，经过整理可以得到顶点侧向位移为

$$u = \begin{cases} \dfrac{11}{60}\dfrac{V_0 H^3}{E\sum\limits_{i=1}^{2} I_i}\left[1+3.64\gamma^2-\tau+\psi_\alpha\tau\right] & \text{（倒三角形荷载）} \\[4ex] \dfrac{1}{8}\dfrac{V_0 H^3}{E\sum\limits_{i=1}^{2} I_i}\left[1+4\gamma^2-\tau+\psi_\alpha\tau\right] & \text{（均布荷载）} \\[4ex] \dfrac{1}{3}\dfrac{V_0 H^3}{E\sum\limits_{i=1}^{2} I_i}\left[1+3\gamma^2-\tau+\psi_\alpha\tau\right] & \text{（顶部集中荷载）} \end{cases} \tag{5-48}$$

$$\tau = \frac{\alpha_1^2}{\alpha^2} = \frac{2cs}{2cs+I_1+I_2} \tag{5-49}$$

式中　τ——墙肢轴向变形影响系数；
　　　γ^2——剪切变形影响系数。

$$\gamma^2 = \frac{E \sum I_i}{H^2 G \sum A_i / \mu_i} \tag{5-50}$$

3 种荷载下的 ψ_α 如下

$$\psi_\alpha = \begin{cases} \dfrac{60}{11} \dfrac{1}{\alpha^2} \left(\dfrac{2}{3} + \dfrac{2\mathrm{sh}\alpha}{\alpha^3 \mathrm{ch}\alpha} - \dfrac{2}{\alpha^2 \mathrm{ch}\alpha} - \dfrac{\mathrm{sh}\alpha}{\alpha \mathrm{ch}\alpha} \right) & \text{（倒三角形荷载）} \\[3mm] \dfrac{8}{\alpha^2} \left(\dfrac{1}{2} + \dfrac{1}{\alpha^2} - \dfrac{2}{\alpha^2 \mathrm{ch}\alpha} - \dfrac{\mathrm{sh}\alpha}{\alpha \mathrm{ch}\alpha} \right) & \text{（均布荷载）} \\[3mm] \dfrac{3}{\alpha^2} \left(1 - \dfrac{\mathrm{sh}\alpha}{\alpha \mathrm{ch}\alpha} \right) & \text{（顶部集中荷载）} \end{cases} \tag{5-51}$$

其中 ψ_α 是 α 的函数，计算时可以查表 5-3。

表 5-3　　　　　　　　　　　　ψ_α 值表

α	倒三角形荷载	均布荷载	顶部集中荷载
1.000	0.720	0.722	0.715
1.500	0.537	0.540	0.523
2.000	0.399	0.403	0.388
2.500	0.302	0.306	0.290
3.000	0.234	0.238	0.222
3.500	0.186	0.190	0.175
4.000	0.151	0.155	0.140
4.500	0.125	0.128	0.115
5.000	0.105	0.108	0.096
5.500	0.089	0.092	0.081
6.000	0.077	0.080	0.069
6.500	0.067	0.070	0.060
7.000	0.058	0.061	0.052
7.500	0.052	0.054	0.046
8.000	0.046	0.048	0.041
8.500	0.041	0.043	0.036
9.000	0.037	0.039	0.032
9.500	0.034	0.035	0.029
10.000	0.031	0.032	0.027

续表

α	倒三角形荷载	均布荷载	顶部集中荷载
10.500	0.028	0.030	0.024
11.000	0.026	0.027	0.022
11.500	0.023	0.025	0.020
12.000	0.022	0.023	0.019
12.500	0.020	0.021	0.017
13.000	0.019	0.020	0.016
13.500	0.017	0.018	0.015
14.000	0.016	0.017	0.014
14.500	0.015	0.016	0.013
15.000	0.014	0.015	0.012
15.500	0.013	0.014	0.011
16.000	0.012	0.013	0.010
16.500	0.012	0.013	0.010
17.000	0.011	0.012	0.009
17.500	0.010	0.011	0.009
18.000	0.010	0.011	0.008
18.500	0.009	0.010	0.008
19.000	0.009	0.009	0.007
19.500	0.008	0.009	0.007
20.000	0.008	0.009	0.007
20.500	0.008	0.008	0.006

剪力墙的等效刚度就是在墙的弯曲、剪切和轴向变形之后的顶点位移，按照顶点位移相等的原则，折算成一个只考虑弯曲变形的等效竖向悬臂杆的刚度。3 种荷载作用下的等效刚度为

$$
EI_{eq} = \begin{cases}
\dfrac{E \sum I_i}{(1-\tau) + \tau\psi_\alpha + 3.64\gamma^2} & \text{（倒三角形荷载）} \\[3mm]
\dfrac{E \sum I_i}{(1-\tau) + \tau\psi_\alpha + 4\gamma^2} & \text{（均布荷载）} \\[3mm]
\dfrac{E \sum I_i}{(1-\tau) + \tau\psi_\alpha + 3\gamma^2} & \text{（顶部集中荷载）}
\end{cases}
\tag{5-52}
$$

有了等效刚度，就可以直接按照受弯悬臂杆的计算公式计算顶点位移

$$u = \begin{cases} \dfrac{11}{60} \dfrac{V_0 H^3}{EI_{\text{eq}}} & \text{（倒三角形荷载）} \\[3mm] \dfrac{1}{8} \dfrac{V_0 H^3}{EI_{\text{eq}}} & \text{（均布荷载）} \\[3mm] \dfrac{1}{3} \dfrac{V_0 H^3}{EI_{\text{eq}}} & \text{（顶部集中荷载）} \end{cases} \qquad (5\text{-}53)$$

5.3.3　多肢墙计算

剪力墙具有多于一排且排列整齐的洞口时，就称为多肢剪力墙，其几何尺寸及几何参数如图 5-14 所示，多肢墙也可以采用连续连杆法求解，基本假定和基本体系的取法与双肢墙类似。它的基本体系和未知力如图 5-15 所示。在每个连梁切口处建立一个变形协调方程，则可以建立 k 个变形协调方程，在建立第 i 个切口处协调方程时，除了第 i 跨连梁内力外，还要考虑第 $i-1$ 跨连梁内力对 i 墙肢和第 $i+1$ 跨连梁内力对 $i+1$ 墙肢的影响。

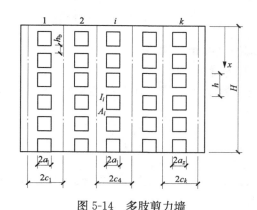

图 5-14　多肢剪力墙

$2a_i$—第 i 跨连梁计算跨度；$2c_i$—第 i 跨墙肢轴线间距

为了方便求解微分方程，将 k 个微分方程叠加，设各排连梁切口处未知力之和 $\sum\limits_{i=1}^{k} m_i(x) = m(x)$ 为未知量，在求出 $m(x)$ 后再按照一定比例拆开，分配到各排连杆，然后分别求各连梁的剪力、弯矩和各墙肢弯矩、轴力等内力。

经过叠加之后，可以建立与双肢墙完全相同的微分方程，取得完全相同的微分方程的解，双肢墙的公式和图表都可以应用，但必须注意以下几点区别：

（1）多肢墙共有 $k+1$ 个墙肢，要把双肢墙中墙肢惯性矩及面积改为多肢墙惯性矩之和及面积之和，即用 $\sum\limits_{i=1}^{k+1} I_i$ 代替 $I_1 + I_2$，用 $\sum\limits_{i=1}^{k+1} A_i$ 代替 $A_1 + A_2$。

（2）多肢墙中有 k 个连梁，每个连梁的刚度 D_i 用式（5-54）计算

$$D = \frac{I_{\text{bi}}^0 c_i^2}{a_i^3} \qquad (5\text{-}54)$$

$$I_{\text{bi}}^0 = \frac{I_{\text{bi}}}{1 + \dfrac{3\mu EI_{\text{bi}}}{GA_{\text{bi}} a_i^2}}$$

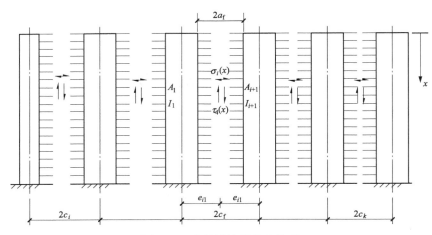

图 5-15　多肢墙计算基本体系

式中　c_i——第 i 和 $i+1$ 墙肢轴线距离的一半；

　　　a_i——第 i 列连梁计算跨度的一半。

计算连梁与墙肢刚度比参数 α_1 时，需要用各排连梁刚度之和与墙肢惯性矩之和，即

$$\alpha_1^2 = \frac{6H^2}{h\sum\limits_{i=1}^{k+1}I_i}\sum\limits_{i=1}^{k}D_i \tag{5-55}$$

（3）多肢墙整体系数表达式与双肢墙有差异。多肢墙中计算墙肢轴向变形的影响比较困难，因此，τ 值用近似值代替，见表 5-4。

表 5-4　　　　　　　　　　　　多肢墙轴向变形影响系数 τ

墙肢数目	3～4 肢	5～7 肢	8 肢以上
τ	0.80	0.85	0.9

整体系数由式（5-56）计算

$$\alpha^2 = \alpha_1^2/\tau \tag{5-56}$$

（4）解出基本未知量 $m(\xi)$ 后，按照分配系数 η_i 计算各跨连梁的约束弯矩 $m_i(\xi)$，即

$$\begin{cases} \eta_i = \dfrac{D_i\varphi_i}{\sum\limits_{i=1}^{k}D_i\varphi_i} \\[3mm] m_i(\xi) = \eta_i m(\xi) \\[2mm] \varphi_i = \dfrac{1}{1+0.25\alpha}\left[1+1.5\alpha\dfrac{r_i}{B}\left(1-\dfrac{r_i}{B}\right)\right] \end{cases} \tag{5-57}$$

式中　r_i——第 i 列连梁中点距边墙的距离；

　　　φ_i——多肢墙连梁约束弯矩分布系数；

　　　B——墙的总宽度。

φ_i 也可以根据 r_i/B 和 α 值由表 5-5 直接查得。

表 5-5　　　　　　　　　　　　　　多肢墙连梁约束弯矩分布系数 φ_i

r_i/B α	0.00 1.00	0.05 0.95	0.10 0.90	0.15 0.85	0.20 0.80	0.25 0.75	0.30 0.70	0.35 0.65	0.40 0.60	0.45 0.55	0.50 0.50
0.0	1.000	1.000	1.000	1.000	1.000	1.000	1.000	1.000	1.000	1.000	1.000
0.4	0.903	0.934	0.958	0.978	0.996	1.011	1.023	1.033	1.040	1.044	1.045
0.8	0.833	0.880	0.923	0.960	0.993	1.020	1.043	1.060	1.073	1.080	1.083
1.2	0.769	0.835	0.893	0.945	0.990	1.028	1.060	1.084	1.101	1.111	1.115
1.6	0.714	0.795	0.868	0.932	0.988	1.035	1.074	1.104	1.125	1.138	1.142
2.0	0.666	0.761	0.846	0.921	0.986	1.041	1.086	1.121	1.146	1.161	1.166
2.4	0.625	0.731	0.827	0.911	0.985	1.046	1.097	1.136	1.165	1.181	1.187
2.8	0.588	0.705	0.810	0.903	0.983	1.051	1.107	1.150	1.181	1.199	1.205
3.2	0.555	0.682	0.795	0.895	0.982	1.055	1.115	1.162	1.195	1.215	1.222
3.6	0.525	0.661	0.782	0.888	0.981	1.059	1.123	1.172	1.208	1.229	1.236
4.0	0.500	0.642	0.770	0.882	0.980	1.062	1.130	1.182	1.220	1.242	1.250
4.4	0.476	0.625	0.759	0.876	0.979	1.065	1.136	1.191	1.230	1.254	1.261
4.8	0.454	0.610	0.749	0.871	0.978	1.068	1.141	1.199	1.240	1.264	1.272
5.2	0.434	0.595	0.739	0.867	0.977	1.070	1.146	1.206	1.240	1.274	1.282
5.6	0.416	0.582	0.731	0.862	0.976	1.072	1.151	1.212	1.256	1.282	1.291
6.0	0.400	0.571	0.724	0.859	0.975	1.075	1.156	1.219	1.264	1.291	1.300
6.4	0.384	0.560	0.716	0.855	0.975	1.076	1.160	1.224	1.270	1.298	1.307
6.8	0.370	0.549	0.710	0.852	0.974	1.078	1.163	1.229	1.277	1.305	1.314
7.2	0.357	0.540	0.701	0.848	0.974	1.080	1.167	1.234	1.282	1.311	1.321
7.6	0.344	0.531	0.698	0.846	0.973	1.081	1.170	1.239	1.288	1.317	1.327
8.0	0.333	0.523	0.693	0.843	0.973	1.083	1.173	1.243	1.293	1.323	1.333
12.0	0.250	0.463	0.655	0.823	0.969	1.093	1.195	1.273	1.330	1.363	1.375
16.0	0.200	0.428	0.632	0.811	0.967	1.100	1.208	1.292	1.352	1.388	1.400
20.0	0.166	0.404	0.616	0.804	0.966	1.104	1.216	1.304	1.366	1.404	1.416

以下按照计算步骤列出联肢墙的计算公式，式中几何尺寸及截面面几何参数符号同上，在下列公式中，凡是没有特殊注明，双肢墙取 $k=1$。

（1）计算几何参数。首先计算出各肢截面 A_i、I_i 及连梁截面 A_{bi}、I_{bi} 的，再计算以下参数：

连梁折算惯性矩为

$$I_{bi}^0 = \frac{I_{bi}}{1 + 3\mu E I_{bi}/a_i^2 G A_{bi}} \tag{5-58}$$

连梁刚度为

$$D_i = I_{bi}^0 c_i^2 / a_i^3 \tag{5-59}$$

式中　a_i——第 i 列连梁计算跨度的一半，设连梁净跨为 $2a_{i0}$，则取 $a_i = a_{i0} + h_{bi}/4$。

梁墙刚度比参数为

$$\alpha_1^2 = \frac{6H^2}{h\sum\limits_{i=1}^{k+1} I_i} \sum\limits_{i=1}^{k} D_i \tag{5-60}$$

墙肢轴向变形影响系数为：

对于双肢墙

$$\tau = \frac{2cs}{2cs + I_1 + I_2} \tag{5-61}$$

对于多肢墙，τ 值由表 5-7 查得。

整体系数为

$$\alpha^2 = \frac{\alpha_1^2}{\tau} \tag{5-62}$$

剪力影响系数为

$$\gamma^2 = \frac{E \sum\limits_{i=1}^{k+1} I_i}{H^2 G \sum\limits_{i=1}^{k+1} \dfrac{A_i}{\mu_i}} \tag{5-63}$$

式中　μ_i——第 i 墙肢截面剪应力不均匀系数，是根据各个墙肢截面形状确定的，当墙的 $H/B \geqslant 4$ 时，可以取 $\gamma = 0$。

（2）连梁内力计算。首先计算连梁约束弯矩分配系数，双肢墙不需要计算。

多肢墙连梁约束弯矩分配系数为

$$\eta_i = \frac{D_i \varphi_i}{\sum\limits_{i=1}^{k} D_i \varphi_i} \tag{5-64}$$

$$\varphi_i = \frac{1}{1 + \alpha/4}\left[1 + 1.5\alpha \frac{r_i}{B}\left(1 - \frac{r_i}{B}\right)\right] \tag{5-65}$$

第 i 层连梁约束弯矩为

$$m_i = \tau h V_0 \varphi(\xi_i) \tag{5-66}$$

第 i 层第 j 个连梁的剪力为：

$$V_{bij} = (\eta_j/2c_j)m_i \tag{5-67}$$

第 i 层第 j 个连梁的弯矩为：

$$M_{bij} = V_{bij}a_{i0} \tag{5-68}$$

（3）计算墙肢轴力：

第 i 层第 1 墙肢

$$F_{Ni1} = \sum_{l=i}^{n} V_{bl1} \tag{5-69}$$

第 i 层第 j 墙肢

$$F_{Nij} = \sum_{l=i}^{n} (V_{blj} - V_{blj-1}) \tag{5-70}$$

第 i 层第 $k+1$ 墙肢

$$F_{Ni,k+1} = \sum_{l=i}^{n} V_{blk} \tag{5-71}$$

（4）计算墙肢弯矩与剪力：

第 i 层第 j 墙肢分担的弯矩为

$$M_{ij} = \frac{I_j}{\sum\limits_{l=i}^{k+1} I_l}\left(M_{pi} - \sum_{l=i}^{n} m_l\right) \tag{5-72}$$

剪力墙分担的剪力按照剪力墙的折算刚度分配。

第 i 层第 j 墙肢分担的剪力为

$$V_{ij} = \frac{I_j^0}{\sum\limits_{l=1}^{k+1} I_l^0} V_{pi} \tag{5-73}$$

（5）顶点位移计算

$$u = \begin{cases} \dfrac{11}{60}\dfrac{V_0 H^3}{EI_{eq}} & \text{（倒三角形荷载）} \\[3mm] \dfrac{1}{8}\dfrac{V_0 H^3}{EI_{eq}} & \text{（均布荷载）} \\[3mm] \dfrac{1}{3}\dfrac{V_0 H^3}{EI_{eq}} & \text{（顶部集中荷载）} \end{cases} \tag{5-74}$$

5.3.4　关于墙肢剪切变形和轴向变形的影响

在以上公式的推导过程中，$G(A_1 + A_2)$ 反应墙肢的剪切刚度，计算结果中 $\gamma^2 = \dfrac{\mu E \sum I_i}{H^2 G \sum A_i}$ 为反映考虑墙肢剪切变形影响的参数，叫剪切参数。当忽略剪切变形的影响时，$\gamma = 0$。

在前面的公式中，α_1^2 是未考虑墙肢轴向变形的整体参数，α^2 是考虑墙肢轴向变形的整体参数，它们的比值 $\tau = \dfrac{\alpha_1^2}{\alpha^2} = \dfrac{2Sc}{\sum I_i + 2Sc} = \dfrac{I_A}{I}$，称为轴向变形影响参数。

当高宽比 $H/B \geqslant 4$ 时，剪切变形的影响对双肢墙影响较小，忽略剪切变形的影响，误差一般不超过 10%；对于多肢墙，由于高宽比较小，剪切变形的影响要较大些，可以达到 20%。JGJ 3—2010 规定，对于剪力墙宜考虑剪切变形的影响。对于超过 50m 以上的建筑或高宽比大于 4 的结构，宜考虑墙肢在水平荷载作用下的轴向变形对内力和位移的影响。

5.4　壁式框架的计算

5.4.1　壁式框架的计算简图与特点

壁式框架的洞口比较大，墙肢的线刚度与连梁的线刚度接近，剪力墙的受力性能接近于框架；另外，墙肢宽度与连梁高度比较大，与一般框架有差别，相交部分不能看作一个节点，而是形成具有较大尺寸的节点区；梁柱进入节点区之后，形成弯曲刚度无限大的刚域。所以，壁式框架的梁、柱是带刚域的杆件，壁式框架就是杆端带刚域的变截面刚架，如图 5-16 所示。刚域长度取法是：梁的刚域与梁高 h_b 有关，进入结合区的长度为 $h_b/4$；柱的刚域与柱宽 h_c 有关，进入结合区的长度为 $h_c/4$，如图 5-17 所示。

壁式框架与普通框架的差别：一个是刚域的存在；另一个是杆件截面较宽，剪切变形的

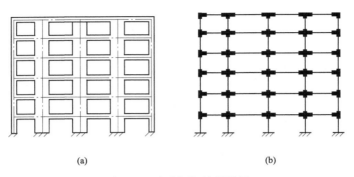

(a)　　　　　　　　　　　　(b)

图 5-16　壁式框架计算简图

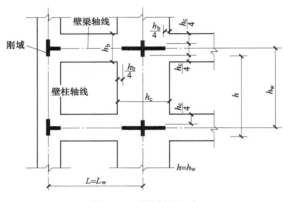

图 5-17　刚域的尺寸

影响不能忽略。因此，可以采用 D 值法进行内力计算，其原理和步骤与普通框架一样，但是相应的需要做一些修正。

5.4.2　壁式框架内力计算

1. 带刚域杆件考虑剪切变形后的刚度系数和 D 值

带刚域的 D 值按照式（5-75）计算

$$D = \alpha K_c \frac{12}{h^2} \tag{5-75}$$

式中　α——壁式框架侧向刚度修正系数，见表 5-6；

K_c——壁式框架柱侧向刚度，见表 5-6，其中 c、c' 为系数，即

$$\begin{cases} c = \dfrac{1+a-b}{(1-a-b)^3(1+\beta_i)} \\[3mm] c' = \dfrac{1+b-a}{(1-a-b)^3(1+\beta_i)} \end{cases} \tag{5-76}$$

$$\beta_i = \frac{12\mu EI}{GAl'^2}$$

式中　β_i——剪切变形影响系数，当不考虑剪切变形时，取 $\beta_i = 0$。

表 5-6　　　　　　　　　　　　　**壁式框架柱侧移刚度修正系数 α**

楼层	壁式框架柱修正刚度		梁柱刚度比 K	α	附注
一般柱	（见图(a)） $K_2 = ci_2$ $K_c = \dfrac{c+c'}{2}i_c$ $K_4 = ci_4$ (a)	（见图(b)） $K_1 = c'i_1$　$K_2 = ci_2$ $K_c = \dfrac{c+c'}{2}i_c$ $K_3 = c'i_3$　$K_4 = ci_4$ (b)	（a）边柱 $$K = \dfrac{K_2 + K_4}{2K_c}$$ （b）中柱 $$K = \dfrac{K_1 + K_2 + K_3 + K_4}{2K_c}$$	$$\alpha = \dfrac{K}{2+K}$$	i_i 为梁未考虑刚域修正前的刚度 $$i_i = \dfrac{EI_i}{l_i}$$
底层	（见图(a)） $K_2 = ci_2$ $K_c = \dfrac{c+c'}{2}i_c$ (a)	（见图(b)） $K_1 = c'i_1$　$K_2 = ci_2$ $K_c = \dfrac{c+c'}{2}i_c$ (b)	（a）边柱 $$K = \dfrac{K_2}{K_c}$$ （b）中柱 $$K = \dfrac{K_1 + K_2}{K_c}$$	$$\alpha = \dfrac{0.5+K}{2+K}$$	i_c 为柱未考虑刚域修正前的刚度 $$i_c = \dfrac{EI_c}{h}$$

2. 反弯点高度比

壁式框架反弯点高度比按照式（5-77）计算，如图 5-18 所示

$$y = a + sy_0 + y_1 + y_2 + y_3 \tag{5-77}$$

$$s = \frac{h'}{h} \tag{5-78}$$

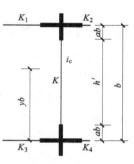

图 5-18　壁式框架反弯点高度比

式中　a——壁柱下端刚域段的相对长度；

y_0——标准反弯点高度比，即上下梁的平均相对刚度与壁柱相对刚度的比值，由 K 和 α 查附录 2 中附表 2-1、附表 2-2 确定；

y_1——壁柱上、下壁梁线刚度变化时对反弯点高度的修正值，由 K 和 α 查附录 2 中附表 2-3 确定；

y_2——上层层高变化时对反弯点高度的修正值，由 $\alpha_2 = h_上/h$ 及 K 查附录 2 中附表 2-4；

y_3——下层层高变化时对反弯点高度的修正值，由 $\alpha_3 = h_下/h$ 及 K 查附录 2 中附表 2-4。

壁式框架与普通框架相比，其层高为 $h' = sh$，其标准反弯点高度比为 $a + sy_0$。

壁式框架的 D 值及反弯点高度确定之后，就可以将层间剪力按照各壁柱 D 值的比例分配给壁柱，再计算柱端及梁端弯矩，具体的计算步骤与普通框架的计算步骤一样。

5.4.3　壁式框架位移计算

壁式框架的水平位移包括两部分，即梁柱弯曲变形产生的位移及柱轴向变形产生的侧向位移。但柱轴向变形产生的侧向位移在框架结构中很小，可以忽略不计。

梁柱弯曲变形产生的侧向位移：

层间位移为

$$u_i = \frac{V_i}{\sum D} \tag{5-79}$$

顶点位移为

$$u_M = \sum u_i = \sum \frac{V_i}{\sum D} \tag{5-80}$$

5.5　剪力墙结构的分类

前面对整体墙、整体小开口墙、联肢墙和壁式框架等类型剪力墙的内力分析方法进行了介绍，具有不同洞口尺寸和排列形式的剪力墙，它们的受力特点和计算方法是不同的。因而在对剪力墙进行内力分析之前，首先应该判断一下它的类别，然后采用相应的计算方法进行分析，按照受力特征的不同可以将剪力墙分为 4 类，以下分别进行介绍。

5.5.1　按整体参数来划分

在推导联肢墙求解方法的公式中曾有 $\alpha^2 = \dfrac{6H^2 \sum\limits_{i=1}^{k} D_i}{\tau h \sum\limits_{i=1}^{k+1} I_i}$ ，式中 D_i 为连梁的刚度系数，是

衡量连梁转动刚度的依据，其值越大，连梁的转动刚度越大，连梁对墙肢的约束作用也越大；$\sum I_i$ 为剪力墙墙肢的惯性矩之和，反映剪力墙本身的刚度。剪力墙的整体性主要取决于连梁与墙肢两者刚度之间的相对关系，取决于 α。当剪力墙的门窗、洞口很大，连梁的刚度很小而墙肢的刚度又相对较大时，α 值就比较小，连梁对墙肢的约束作用很小，连梁如同铰接于墙肢上的一个连杆，每一墙肢相当于一个单肢的剪力墙，这些剪力墙完全承担了水平荷载，墙肢中轴力为 0，各墙肢截面上的正应力呈线性分布。

当剪力墙开洞很小，连梁刚度很大而墙肢的刚度相对较小时，连梁对墙肢的约束作用很强，整个剪力墙的整体性很好。此时的剪力墙如同一片整体墙或整体小开口墙，在整个剪力墙截面中，正应力呈线性分布或接近于线性分布。

当连梁对墙肢的约束作用介于上述两种情况之间时，它的受力状态也介于上述两种情况之间，这时整个剪力墙截面正应力不再呈线性分布，墙肢中局部弯曲正应力的比例增大。

通过以上分析，对剪力墙类别的判断可以给出下列定性标准：

(1) 当 $\alpha < 1$ 时，可以忽略连梁对墙肢的约束作用，剪力墙按照独立墙肢进行计算。

(2) 当 $\alpha \geqslant 10$ 时，连梁对墙肢的约束作用很强，剪力墙可以按照整体小开口墙进行计算。

(3) 当 $1 \leqslant \alpha < 10$ 时，可以按照联肢墙进行计算。

以上分析显示，整体参数 α 反映了剪力墙整体性的强弱，也基本上能反映出剪力墙的受力状态，但不能反映墙肢弯矩沿墙高方向是否出现反弯点，因此，在某些情况下，仅靠 α 值的大小还不足以完全判别剪力墙的类型。通过分析表明，墙肢是否出现反弯点与墙肢惯性矩的比值 I_A/I、剪力墙的整体参数 α 及结构的层数 N 等因素有关。

5.5.2　按剪力墙墙肢惯性矩比值来划分

理论分析与试验研究结果表明，当 α 值相同时，随着 I_A/I 的增大，出现反弯点的层数

就增多；反之，就减少。根据墙肢是否出现反弯点的分析，表 5-7 给出了 I_A/I 的限值 Z，作为划分剪力墙类别的第二个准则。I 为剪力墙对组合截面形心轴的惯性矩，$I_A = I - \sum I_i$，式中 I_i 为第 i 个墙肢对自身形心轴的惯性矩，当墙肢和连梁都比较均匀时，可以根据 α、N 由表 5-7 直接查得 Z 值。当各墙肢截面尺寸相差较大时，可以由表 5-8 先查出 S 值，然后按式（5-81）计算第 i 个墙肢的 Z_i 值

$$Z_i = \frac{1}{S}\left[1 - \frac{3}{2N}\frac{A_i/\sum A_i}{I_i/\sum I_i}\right] \tag{5-81}$$

表 5-7　　　　　　　　　　　　　　　　　　系数 Z

| 荷载 | 均布荷载 | | | | | 倒三角形荷载 | | | | |
层数 N α	8	10	12	16	20	8	10	12	16	20
10	0.832	0.897	0.945	1.000	1.000	0.887	0.938	0.974	1.000	1.000
12	0.810	0.874	0.926	0.978	1.000	0.867	0.915	0.950	0.994	1.000
14	0.797	0.858	0.901	0.957	0.993	0.853	0.901	0.933	0.976	1.000
16	0.788	0.847	0.888	0.943	0.977	0.844	0.889	0.924	0.963	0.989
18	0.781	0.838	0.879	0.932	0.965	0.837	0.881	0.913	0.953	0.978
20	0.775	0.832	0.871	0.923	0.956	0.832	0.875	0.906	0.945	0.970
22	0.771	0.827	0.864	0.917	0.948	0.828	0.871	0.901	0.939	0.964
24	0.768	0.823	0.861	0.911	0.943	0.825	0.867	0.897	0.935	0.959
26	0.766	0.820	0.857	0.907	0.937	0.822	0.864	0.893	0.931	0.956
28	0.763	0.818	0.854	0.903	0.934	0.820	0.861	0.889	0.928	0.953
≥30	0.762	0.815	0.853	0.900	0.930	0.818	0.858	0.885	0.925	0.949

表 5-8　　　　　　　　　　　　　　　　　　系数 S

层数 N α	8	10	12	16	20
10	0.915	0.907	0.890	0.888	0.882
12	0.937	0.929	0.921	0.912	0.906
14	0.952	0.945	0.938	0.929	0.923
16	0.963	0.956	0.950	0.941	0.936
18	0.971	0.965	0.959	0.951	0.945
20	0.977	0.973	0.966	0.958	0.953
22	0.982	0.976	0.971	0.964	0.960
24	0.985	0.980	0.976	0.969	0.965
26	0.988	0.984	0.980	0.973	0.968
28	0.991	0.987	0.984	0.976	0.971
≥30	0.993	0.991	0.998	0.979	0.974

5.5.3 剪力墙类型的判别方法

由上面分析可知,剪力墙的类型判别应该根据其受力特点,从剪力墙的整体性能及墙肢沿高度是否出现反弯点两个特征来进行判断,具体条件如下:

(1) 当 $\alpha < 1$ 时,忽略连梁对墙肢的约束作用,各墙肢按照独立墙肢分别计算。

(2) 当 $1 \leqslant \alpha < 10$,且 $I_A/I \leqslant Z$ 时,可以按照联肢墙计算。

(3) 当 $\alpha \geqslant 10$,且 $I_A/I \leqslant Z$ 时,可以按照整体小开口墙进行计算。

(4) 当 $\alpha \geqslant 10$,且 $I_A/I > Z$ 时,按照壁式框架计算。

(5) 当没有洞口或有洞口,但洞口面积小于墙总立面面积的 16% 时,按照整体墙计算。

5.6 剪力墙的截面设计

5.6.1 墙肢正截面抗弯承载力

墙肢正截面抗弯承载力可以按照钢筋混凝土偏心受压构件进行计算。与柱配筋不同,墙肢截面中有竖向分布钢筋参与受力,计算中必须考虑其作用,以减少端部钢筋的数量。由于竖向分布钢筋比较细,容易产生压屈现象,因而在受压区不考虑分布钢筋的作用,使设计偏于安全。若有可靠措施防止分布钢筋压屈,也可以考虑其作用。

与柱一样,墙肢也可以根据破坏形态不同分为大偏心受压、小偏心受压、大偏心受拉和小偏心受拉 4 种情况。根据平截面假定及极限状态下截面应力分布的假定,并进行简化后得到计算公式。

1. 大偏心受压承载力计算 ($\xi \leqslant \xi_b$)

根据平截面假定,当 $\xi \leqslant \xi_b$ 时,构件为大偏心受压,平衡配筋的名义压区高度与横截面有效高度的比值

$$\xi_b = \frac{\beta_1}{1 + \dfrac{f_y}{E_s \varepsilon_{cu}}} = \frac{\beta_1}{1 + \dfrac{f_y}{0.0033 E_s}} \tag{5-82}$$

式中 β_1——随混凝土强度提高而逐渐降低的系数,当混凝土强度等级不大于 C50 时取 0.8,C80 时取 0.74,其他情况按照线性插值取用;

E_s——钢筋弹性模量。

大偏心受压时,极限状态下截面应变状态如图 5-19 (c) 所示。受拉钢筋应力 $\sigma_s = f_y$,受压钢筋达到屈服应力 f_{yw},受压区混凝土达到极限强度 f_{cm}。如图 5-19 (d) 所示为端部钢筋受压区混凝土及经过简化处理的分布钢筋应力。除了没有考虑受压区的分布钢筋外,在中和轴附近的分布钢筋应力较小可以忽略。因此,只计算 $h_{w0} - 1.5x$ 范围内的分布钢筋,并认为它们都达到了屈服应力。根据平衡条件,可以建立 $\sum F_N = 0$ 和 $\sum M = 0$ 两个方程式。

$$F_N = \alpha_1 f_c b_w x + A'_s f_y - A_s f_y - (h_{w0} - 1.5x) \frac{A_{sw}}{h_{w0}} f_{yw} \tag{5-83}$$

在矩形截面中,对混凝土受压区中心取矩可得

$$F_N \left(e_0 - \frac{h_w}{2} + \frac{x}{2} \right) = A_s f_y \left(h_{w0} - \frac{x}{2} \right) + A'_s f'_y \left(\frac{x}{2} - a' \right) + (h_{w0} - 1.5x) \frac{A_{sw} f_{yw}}{h_{w0}} \left(\frac{h_{w0}}{2} + \frac{x}{4} \right) \tag{5-84}$$

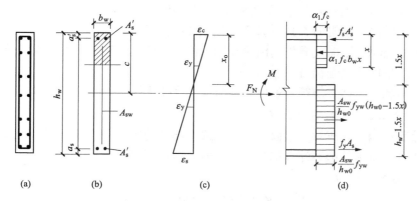

图 5-19　墙肢大偏心受压极限应力状态

式中　a'_s——剪力墙受压区端部钢筋合力点到受压区边缘的距离；

a_s——剪力墙受拉区端部钢筋合力点到受拉区边缘的距离；

x——混凝土受压区高度；

e_0——偏心距；

f_y、f'_y——剪力墙端部受拉、受压钢筋强度设计值；

f_{yw}——剪力墙墙体竖向分布钢筋强度设计值；

h_{w0}——剪力墙截面有效高度；

A_{sw}——剪力墙竖向分布钢筋面积；

f_c——混凝土轴心抗拉强度设计值；

A_y——剪力墙端部受拉钢筋面积；

α_1——受压区混凝土矩形应力图的应力与混凝土轴心抗压强度设计值的比值，当混凝土强度等级不超过 C50 时取 1.0，当混凝土强度等级为 C80 时取 0.94。

在对称配筋下，$A_s = A'_s$，由式（5-83）得到受压区相对高度 ξ 的计算公式

$$\xi = \frac{x}{h_{w0}} = \frac{F_N + A_{sw} f_{yw}}{\alpha_1 f_c b_w h_{w0} + 1.5 A_{sw} f_{yw}} \tag{5-85}$$

由式（5-84）展开、移项、忽略 x^2 项，整理后可以得到

$$M = \frac{A_{sw} f_{yw}}{2} h_{w0} \left(1 - \frac{x}{h_{w0}}\right) \left(1 + \frac{F_N}{A_{sw} f_{yw}}\right) + A_y f_y (h_{w0} - a') \tag{5-86}$$

式中：右式第一项为竖向分布钢筋抵抗弯矩，用 M_{sw} 表示，第二项为端部钢筋抵抗弯矩。

设计时要求：

$$M \leqslant M_{sw} + A'_y f_y (h_{w0} - a') \tag{5-87}$$

即

$$A_s = A'_s \geqslant \frac{M - M_{sw}}{f_y (h_{w0} - a')} \tag{5-88}$$

在设计时，先根据构造要求给定竖向分布钢筋 A_{sw} 及 f_{yw}，利用（5-85）求出，并验算适用条件 $\xi \leqslant \xi_b$，当 ξ 满足 $\xi \leqslant \xi_b$ 时，再利用式（5-86）求出 M_{sw}，最后代入式（5-88）求出端部配筋 A_s、A'_s。

当验算 ξ 不满足 $\xi \leqslant \xi_b$ 的要求时，则应该按照小偏心受压计算。

在非对称配筋时，$A_s \neq A'_s$，则需要先给定 A_{sw} 及任意一端配筋 A_s 或 A'_s，由基本公式求解 ξ 及另一端配筋，求出的 ξ 必须满足 $\xi \leqslant \xi_b$ 的要求。

当截面为 T 形或 I 形时，要先判断中和轴的位置，确定中和轴在翼缘或腹板中，分别建立平衡方程。上述简化处理仍可以适用。

无论何种情况下，都必须符合条件 $x \geqslant 2a'$，否则按照 $x = 2a'$ 进行计算。

2. 小偏心受压承载力计算（$\xi > \xi_b$）

剪力墙截面小偏心受压时，截面全部受压或大部分受压，受拉部分的钢筋未达到屈服应力，因此，所有分布钢筋都不计入抗弯。这时剪力墙截面的抗弯承载力计算和柱子相同，如图 5-20 所示，基本方程为

$$F_N = \alpha_1 f_c b_w x + A'_s f_y - A_s \sigma_s \tag{5-89}$$

$$F_N \left(e_0 + \frac{h_w}{2} - a \right) = \alpha_1 f_c b_w x \left(h_{w0} - \frac{x}{2} \right) + A'_s f_y (h_{w0} - a') \tag{5-90}$$

受拉钢筋应力 σ_s 根据平截面假定确定，为简化可以采用式（5-91）计算

$$\sigma_s = \frac{\xi - \beta_1}{\xi_b - \beta_1} f_y \tag{5-91}$$

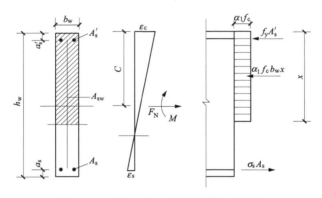

图 5-20　墙肢小偏心受压极限应力状态

在对称配筋情况下，对于常用的 I、II 级钢筋，在求解 ξ 时可以用下述近似方程

$$\xi = \frac{x}{h_{w0}} = \frac{F_N - \xi_b \alpha_1 f_c b_w h_{w0}}{\dfrac{F_N e - 0.43 \alpha_1 f_c b_w h_{w0}^2}{(\beta_1 - \xi_b)(h_{w0} - a')} + \alpha_1 f_c b_w h_{w0}} + \xi_b \tag{5-92}$$

其中

$$e = e_0 + \frac{h_{w0}}{2} - a \tag{5-93}$$

将 ξ 值代入式（5-90）可以得到

$$A_s = A'_s = \frac{F_N e - \xi(1 - 0.5\xi)\alpha_1 f_c b_w h_{w0}^2}{f_y (h_{w0} - a')} \tag{5-94}$$

在非对称配筋时，可以先按照端部构造配筋要求，给定 A_s，然后由式（5-89）、式（5-90）求解 ξ 及 A'_s。如果 $\xi \geqslant h_w/h_{w0}$，即全截面受压，此时，A'_s 可以直接由式（5-95）求出

$$A'_s = \frac{F_N e - \alpha_1 f_c b_w h_w \left(h_{w0} - \dfrac{h_w}{2}\right)}{f_y (h_{w0} - a')} \tag{5-95}$$

剪力墙腹板中竖向分布钢筋按照构造要求配置。在小偏心受压时，要求验算剪力墙平面外的稳定性，此时按照轴心受压构件计算。

3. 偏心受拉承载力计算

在弯矩 M 和轴向拉力 F_N 的作用下，墙肢截面受拉可以由偏心距大小判别其属于大偏心受拉还是小偏心受拉

$$e_0 \geqslant \frac{h}{2} - a \, , \; 大偏心受拉$$

$$e_0 < \frac{h}{2} - a \, , \; 小偏心受拉$$

在大偏心受拉情况下，如图 5-21 所示。截面部分受压，极限状态下的截面应力分布与大偏心受压相同，忽略受压区及中和轴附近分布钢筋作用的假定也适用。因而其计算公式与大偏心受压相似，仅需将轴向力 F_N 变号，即

$$-F_N = \alpha_1 f_c b_w x + A'_s f_y - A_s f_y - (h_{w0} - 1.5x) \frac{A_{sw}}{h_{w0}} f_{yw} \tag{5-96}$$

$$F_N \left(e_0 - \frac{h_w}{2} + \frac{x}{2}\right) = A_s f_y \left(h_{w0} - \frac{x}{2}\right) + A'_s f_y \left(\frac{x}{2} - a'\right) + (h_{w0} - 1.5x) \frac{A_{sw} f_{yw}}{h_{w0}} \left(\frac{h_{w0}}{2} + \frac{x}{4}\right) \tag{5-97}$$

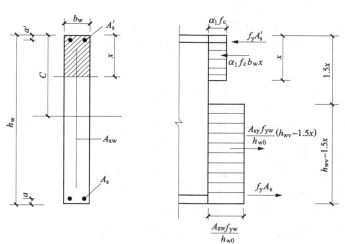

图 5-21　墙肢大偏心受拉极限应力状态

因此，在对称配筋时，其计算公式与大偏心受压相似，仅轴向力 F_N 的有关项需要变号。即

$$\xi = \frac{-F_N + A_{sw} f_{yw}}{\alpha_1 f_c b_w h_{w0} + 1.5 A_{sw} f_{yw}} \tag{5-98}$$

$$M \leqslant M_{sw} + A_s f_y (h_{w0} - a') \tag{5-99}$$

$$M_{sw} = \frac{A_{sw} f_{yw}}{2} h_{w0} \left(1 - \frac{x}{h_{w0}}\right) \left(1 - \frac{F_N}{A_{sw} f_{yw}}\right) \tag{5-100}$$

与大偏心受压情况类似，需要给定分布钢筋 A_{sw} 及 f_{yw}。但是，由式（5-98）可知，给定的分布钢筋除应该满足构造要求外，还必须满足下式，才能保证截面上 $\xi > 0$，即存在受压区

$$A_{sw} > \frac{F_N}{f_{yw}}$$

计算 A_s、A_s' 的公式与大偏心受压相同。

在小偏心受拉情况下，或大偏心受拉而混凝土受压区很小（$x \leqslant 2a'$）时，按照全截面受拉假定计算配筋。在这种情况下，混凝土开裂将贯通整个截面，一般不允许在剪力墙中出现这种情况。一旦出现这种情况，对称配筋可以用以下近似公式校核承载能力，即

$$F_N \leqslant \frac{1}{\dfrac{1}{F_{N0u}} + \dfrac{e_0}{M_{wu}}} \tag{5-101}$$

其中

$$F_{N0u} = 2A_s f_y + A_{sw} f_{yw} \tag{5-102}$$

$$M_{wu} = A_s f_y (h_{w0} - a') + 0.5 h_{w0} A_{sw} f_{yw} \tag{5-103}$$

上述公式适用于无地震作用组合时的计算，在考虑地震作用组合时，公式中的 M 和 F_N 要乘以构件的承载力抗震调整系数 γ_{RE}，γ_{RE} 取值 0.85。

5.6.2 墙肢斜截面抗剪承载力

斜裂缝出现在剪力墙中可能有两种情况：一种情况是弯曲受拉边缘先出现水平裂缝，然后向倾斜方向发展成为斜裂缝；另一种情况是因腹板中部主拉应力过大而出现斜向裂缝，然后向两侧边缘发展。

斜裂缝出现后的剪切破坏可能有以下 3 种情况：

（1）当没有腹筋或腹筋过少时，一旦出现斜裂缝，很快形成一条主裂缝，使构件劈裂而丧失承载力。为了避免这类破坏，必须在腹板上配置足够数量的抗剪腹筋。

（2）当配置足够数量的腹筋时，腹筋可以限制斜裂缝的开展。随着裂缝逐步扩大，混凝土受剪的区域减小，最后在压应力及剪应力的共同作用下，混凝土破碎而丧失承载力。剪力墙抗剪腹筋计算主要是建立在这种剪压破坏形态基础上。

（3）当剪力墙截面过小或混凝土强度等级选择不当时，截面剪应力过高，腹板中较早出现斜裂缝。尽管按照计算需要可以配置较多的腹筋，但是过多的腹筋并不能充分发挥作用，在钢筋应力较小时，混凝土就被剪压破碎了。只能用加大混凝土截面或提高混凝土强度等级来防止这种破坏，在设计中则从限制截面的剪压比来控制。

1. 抗剪承载力计算公式

剪力墙腹板中存在竖向及水平分布钢筋，两者对限制斜裂缝开展都有作用，它们各自作用的大小与剪跨比、斜裂缝倾斜度有关。但是在设计中，通常将两者的功能分开，竖向分布钢筋抵抗弯矩，水平分布钢筋抵抗剪力。因此，斜裂缝抗剪承载力计算目标是在已确定的截面尺寸及混凝土强度等级下，计算水平分布钢筋的面积。

当截面上有一定的轴向压力时，能够抵抗部分主拉应力，对提高抗剪承载力是有利的，

而轴心拉力会降低抗剪承载力。在反复荷载作用下也会降低墙体的抗剪承载力，因此，考虑地震作用时采用较低的抗剪承载力。

剪力墙偏心受压及受拉斜截面抗剪承载力按照下列公式进行验算（偏心受拉时与 F_N 有关项目取负号）。

永久、短暂设计状况

$$V_w \leqslant \frac{1}{\lambda - 0.5}\left(0.5 f_t b_w h_{w0} \pm 0.13 F_N \frac{A_w}{A}\right) + f_{yh}\frac{A_{sh}}{s}h_{w0} \tag{5-104}$$

地震设计状况

$$V_w \leqslant \frac{1}{\gamma_{RE}}\left[\frac{1}{\lambda - 0.5}\left(0.4 f_t b_w h_{w0} \pm 0.1 F_N \frac{A_w}{A}\right) + 0.8 f_{yh}\frac{A_{sh}}{s}h_{w0}\right] \tag{5-105}$$

式中　V_w——设计剪力，一～三级抗震设计及 9 度设防时由强剪弱弯要求计算得到，其他情况则取内力组合得到的最大计算剪力；

A——剪力墙全截面面积；

A_w——I 形或 T 形截面剪力墙腹板的面积，矩形截面面积 $A_w = A$；

F_N——剪力墙截面的轴向压力或拉力设计值，当 $F_N > 0.2 f_c b_w h_{w0}$ 时，取 $F_N = 0.2 f_c b_w h_{w0}$，抗震设计时应该考虑地震作用组合；

f_{yh}——水平钢筋抗拉设计强度；

A_{sh}——配置在同一水平截面内水平分布钢筋各肢面积总和；

s——剪力墙水平分布钢筋间距；

λ——计算截面剪跨比，当 $\lambda < 1.5$ 时取 $\lambda = 1.5$，当 $\lambda > 2.2$ 时取 $\lambda = 2.2$，计算截面与墙底之间的距离小于 $0.5 h_{w0}$ 时，λ 应该按照距墙底 $0.5 h_{w0}$ 处的弯矩值与剪力值计算，剪跨比由计算截面所承受的弯矩和剪力及截面高度求出，即

$$\lambda = \frac{M}{V h_{w0}}$$

当截面受拉力，使式（5-104）、式（5-105）右边第一项小于 0 时，取其等于 0，验算时不考虑混凝土作用。

永久、短暂设计状况

$$V \leqslant f_{yh}\frac{A_{sh}}{s}h_{w0} \tag{5-106}$$

地震设计状况

$$V \leqslant \frac{1}{\gamma_{RE}}\left(0.8 f_{yh}\frac{A_{sh}}{s}h_{w0}\right) \tag{5-107}$$

抗震设计状况时，为了实现剪力墙的强剪弱弯，一、二、三级剪力墙底部加强部位，其墙肢截面组合的剪力设计值要按照式（5-108）进行调整

$$V = \eta_{vw} V_w \tag{5-108}$$

式中　V——考虑地震作用组合的剪力墙墙肢底部加强部位截面的剪力设计值；

V_w——考虑地震作用组合的剪力墙墙肢底部加强部位截面的剪力计算值；

η_{vw}——剪力增大系数，一级为 1.6，二级为 1.4，三级为 1.2。

在 9 度一级抗震设计时，剪力墙底部加强部位用实际配筋计算的抗弯承载力计算的剪力增大系数为

$$V = 1.1 \frac{M_{wua}}{M_w} V_w \tag{5-109}$$

式中　M_{wua}——剪力墙正截面抗弯承载力，应该考虑承载力抗震调整系数 γ_{RE}、采用实际配筋面积、材料强度标准值和组合的轴力设计值等计算，有翼墙时应该计入墙两侧各一倍翼墙厚度范围内的纵向钢筋；

　　　　M_w——底部加强部位剪力墙底截面弯矩的组合计算值。

2. 剪力墙截面剪压比限值

为了避免剪力墙发生脆性斜压破坏，需要控制剪压比，即混凝土截面平均剪应力与混凝土抗压强度比值，因而剪力墙的截面需要符合下列要求：

永久、短暂设计状况

$$V \leqslant 0.25 \beta_c f_c b_w h_{w0} \tag{5-110}$$

地震设计状况：

剪跨比大于 2.5 时　　　　$V \leqslant \frac{1}{\gamma_{RE}} (0.2 \beta_c f_c b_w h_{w0}) \tag{5-111}$

剪跨比不大于 2.5 时　　　$V \leqslant \frac{1}{\gamma_{RE}} (0.15 \beta_c f_c b_w h_{w0}) \tag{5-112}$

式中　V_w——剪力墙墙肢截面剪力计算值，应该经过调整增大；

　　　　h_{w0}——剪力墙截面有效高度；

　　　　λ——计算截面处的剪跨比。

当不能满足上述要求时，需要加大截面尺寸或提高混凝土强度等级。

5.6.3　施工缝的抗滑移验算

按照一级抗震设计的剪力墙，需要防止水平施工缝处发生滑移，考虑了摩擦力的有利影响之后，需要验算通过水平施工缝的竖向钢筋是否足以抵抗水平剪力。当已配置的端部和分布钢筋不够时，可以设置附加插筋，附加插筋在上下层剪力墙中都有足够的锚固长度。水平施工缝处的抗滑移能力宜符合式（5-113）的要求

$$V_{wj} \leqslant \frac{1}{\gamma_{RE}} (0.6 f_y A_s + 0.8 F_N) \tag{5-113}$$

式中　V_{wj}——水平施工缝处考虑地震作用组合的剪力设计值；

　　　　f_y——竖向钢筋抗拉强度设计值；

　　　　A_s——水平施工缝处剪力墙腹板内竖向分布钢筋、竖向插筋和边缘构件（不包括两侧翼墙）纵向钢筋的总截面面积；

　　　　F_N——水平施工缝处考虑地震作用组合的不利轴向力设计值，压力取正值，拉力取负值。

5.7　剪力墙构造要求

5.7.1　材料及截面尺寸

1. 材料

为了确保钢筋混凝土剪力墙结构的承载力及变形能力，剪力墙结构混凝土强度等级不应该低于 C20，且不宜高于 C60。带有筒体和短肢剪力墙结构的混凝土强度等级不应该低

于 C30。

2. 截面尺寸

剪力墙的截面尺寸除必须满足避免发生剪切破坏的最小截面尺寸限值外，还需要满足下列要求：

（1）应该符合 JGJ 3—2010 中附录 D 的墙体稳定性验算要求。

（2）一、二级抗震墙：底部加强部位不应该小于 200mm，其他部位不应该小于160mm；一字形独立剪力墙底部加强部位不应该小于 220mm，其他部位不应该小于 180mm。

（3）三、四级剪力墙：不应该小于 160mm，一字形独立剪力墙底部加强部位不应该小于 180mm。

（4）非抗震设计时不应该小于 160mm。

（5）剪力墙井筒中，分隔电梯井或管道井的墙肢截面厚度可以适当减小，但不宜小于 160mm。

（6）短肢剪力墙截面厚度除应该满足以上 5 条要求外，底部加强部位不应该小于 200mm，其他部位不应该小于 180mm。

5.7.2　剪力墙构造要求

1. 墙肢轴压比

在高层剪力墙结构中，剪力墙的高度比较大，竖向荷载也较大，作用在剪力墙上的轴压应力也比较大。当偏心受压剪力墙所受轴压力比较大时，受压区高度增大，与偏心受压的钢筋混凝土柱类似，其延性就会降低，对发挥其抗震性能不利。因此，与钢筋混凝土框架柱类似，为了保证在地震作用下剪力墙具有良好的延性，就需要限制剪力墙轴压比的大小。

在重力荷载代表值作用下，一、二、三级抗震等级的剪力墙墙肢的轴压比不宜超过表 5-9 的限值要求。

表 5-9　　　　　　　　　　　　　剪力墙墙肢轴压比限值

抗震等级	一级（9 度）	一级（6、7、8 度）	二、三级
轴压比限值	0.4	0.5	0.6

注　墙肢轴压比是指在重力荷载代表值作用下墙肢承受的轴向压力设计值与墙肢的全截面面积和混凝土轴心抗压强度设计值乘积之比值。

剪力墙截面受压区高度不仅与轴压力有关，而且与截面形状有关。在相同的轴压力作用下，带翼缘的剪力墙受压区高度较小，延性相对要好，而一字形的矩形截面最为不利。因此，对截面形状为一字形的矩形剪力墙的墙肢应该从严控制其轴压比。

2. 边缘构件的设计

研究表明，剪力墙的边缘构件（暗柱、明柱、翼墙）中配置横向钢筋，可以约束混凝土而改善混凝土的受压性能，提高剪力墙的延性。根据设计要求的不同，边缘构件分为两类，即约束边缘构件和构造边缘构件。对延性要求比较高的剪力墙，在可能出现塑性铰的部位应该设置约束边缘构件，其他部位可以设置构造边缘构件。约束边缘构件的截面尺寸及配筋要求比构造边缘构件高。

一、二、三级抗震设计的剪力墙底层墙肢底截面的轴压比大于表 5-10 的规定值时，以及部分框支剪力墙结构，应该在底部加强部位及相邻的上一层设置约束边缘构件，在其他情况下，剪力墙应该设置构造边缘构件。

表 5-10　　　　　　　　　　　剪力墙可不设约束边缘构件的最大轴压比

等级或烈度	一级（9度）	一级（6、7、8度）	二、三级
轴压比	0.1	0.2	0.3

（1）约束边缘构件。剪力墙的约束边缘构件可以为暗柱、端柱和翼墙，如图 5-22 所示，并应该符合下列规定：

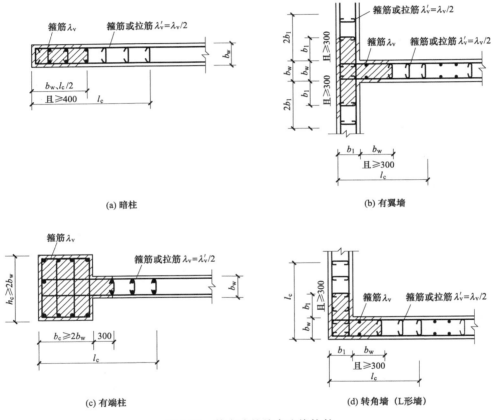

(a) 暗柱　　　　　　　　　　　　　　　(b) 有翼墙

(c) 有端柱　　　　　　　　　　　　　　(d) 转角墙（L形墙）

图 5-22　剪力墙的约束边缘构件

1）约束边缘构件沿墙肢的长度 l_c 和箍筋配箍特征值 λ_v 应该符合表 5-11 的要求，其体积配箍率 ρ_v 应该按照式（5-114）计算

$$\rho_v = \lambda_v \frac{f_c}{f_{yv}} \tag{5-114}$$

式中　　ρ_v——箍筋体积配箍率，可以计入箍筋、拉筋及符合构造要求的水平分布钢筋，计入的水平分布钢筋的体积配箍率不应该大于总体积配箍率的 30%；

　　　　λ_v——约束边缘构件配箍特征值；

　　　　f_c——混凝土轴心抗压强度设计值，混凝土强度等级低于 C35 时，应该取 C35 的混凝土轴心抗压强度设计值；

f_{yv}——箍筋、拉筋或水平分布钢筋的抗拉强度设计值，超过 360MPa 时，应该取 360MPa。

2）剪力墙约束边缘构件阴影部分如图 5-23 所示的竖向钢筋除应该满足正截面受压（受拉）承载力计算要求外，其配筋率一、二、三级抗震设计时分别不应该小于 1.2%、1.0% 和 1.0%，并分别不应该少于 $8\phi16$、$6\phi16$ 和 $6\phi14$ 的钢筋（ϕ 表示钢筋直径）。

3）约束边缘构件内箍筋或拉筋沿竖向的间距，一级抗震设计时不宜大于 100mm，二、三级抗震设计时不宜大于 150mm，箍筋、拉筋沿水平方向的肢距不宜大于 300mm，且不应该大于竖向钢筋间距的 2 倍。

表 5-11　　　　　　　　约束边缘构件沿墙肢的长度 l_c 和箍筋配箍特征值 λ_v

项目	一级（9度）		一级（6、7、8度）		二、三级	
	$\mu_N \leqslant 0.2$	$\mu_N > 0.2$	$\mu_N \leqslant 0.3$	$\mu_N > 0.3$	$\mu_N \leqslant 0.4$	$\mu_N > 0.4$
l_c（暗柱）	$0.20h_w$	$0.25h_w$	$0.15h_w$	$0.20h_w$	$0.15h_w$	$0.20h_w$
l_c（翼墙或端柱）	$0.15h_w$	$0.20h_w$	$0.10h_w$	$0.15h_w$	$0.10h_w$	$0.15h_w$
λ_v	0.12	0.20	0.12	0.20	0.12	0.20

注　1. μ_N 为墙肢在重力荷载代表值作用下的轴压比，h_w 为墙肢的长度。

　　2. 剪力墙的翼缘长度小于翼缘厚度的 3 倍或端柱截面边长小于 2 倍墙厚时，按照无翼墙、无端柱查表。

　　3. l_c 为约束边缘构件墙肢的长度，如图 5-22 所示。对暗柱不应该小于墙厚和 400mm 的较大值；有翼墙或端柱时，不应该小于翼墙厚度 b_w 或端柱沿墙肢方向截面高度加 300mm。

（2）构造边缘构件。剪力墙构造边缘构件的范围宜按照图 5-23 所示阴影部分采用，其最小配筋应该满足表 5-12 的规定，并应该符合下列规定：

1）竖向配筋应该满足正截面受压（受拉）承载力的要求。

2）当端柱承受集中荷载时，其竖向钢筋、箍筋直径和间距应该满足框架柱的相应要求。

3）箍筋、拉筋沿水平方向的肢距不宜大于 300mm，不应大于竖向钢筋间距的 2 倍。

4）抗震设计时，对于连体结构、错层结构及 B 级高度高层建筑结构中的剪力墙（筒体），其构造边缘构件的最小配筋应该符合的要求有：①竖向钢筋最小量应该比表 5-19 中的数值提高 $0.001A_c$ 采用；②箍筋的配筋范围宜取图 5-23 所示阴影部分，其配箍特征值 λ_v 不宜小于 0.1。

5）非抗震设计的剪力墙，墙肢端部应该配置不少于 $4\phi12$ 的纵向钢筋，箍筋直径不应该小于 6mm，间距不宜大于 250mm。

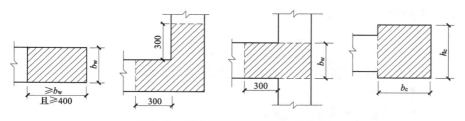

图 5-23　剪力墙的构造边缘构件范围

表 5-12　　　　　　　　　剪力墙构造边缘构件的最小配筋要求

抗震等级	底部加强部位		
	竖向钢筋最小量（取较大值）	箍筋	
		最小直径（mm）	沿竖向最大间距（mm）
一	$0.010A_c$，$6\phi16$	8	100
二	$0.008A_c$，$6\phi14$	8	150
三	$0.006A_c$，$6\phi12$	6	150
四	$0.005A_c$，$4\phi12$	6	200

抗震等级	其他部位		
	竖向钢筋最小量（取较大值）	拉筋	
		最小直径（mm）	沿竖向最大间距（mm）
一	$0.008A_c$，$6\phi14$	8	150
二	$0.006A_c$，$6\phi12$	8	200
三	$0.005A_c$，$4\phi12$	6	200
四	$0.004A_c$，$4\phi12$	6	250

　　注　1. A_c为构造边缘构件的截面面积，即如图 5-23 所示剪力墙截面的阴影部分。

　　　　2. ϕ 表示钢筋直径。

　　　　3. 其他部位的转角处宜采用箍筋。

　　3. 墙肢配筋构造

　　（1）为了防止剪力墙发生斜拉型剪切破坏，在墙肢中应当配置一定数量的水平分布钢筋和竖向分布钢筋，来限制斜裂缝开展，同时，也可以减小温度收缩等不利因素的影响。剪力墙内竖向和水平分布钢筋的配筋率，一、二、三级抗震设计时均不应该小于 0.25%，四级抗震设计和非抗震设计时均不应该小于 0.20%。

　　（2）剪力墙的竖向和水平分布钢筋的间距均不宜大于 300mm，直径不应该小于 8mm。剪力墙竖向和水平分布钢筋的直径不宜大于墙厚的 1/10。

　　（3）高层剪力墙内的竖向和水平分布钢筋不应该单排配置，当剪力墙截面厚度不大于 400mm 时，可以采用双排配筋。当剪力墙厚度大于 400mm，但不大于 700mm 时，宜采用三排配筋；当剪力墙厚度大于 700mm 时，宜采用四排配筋。各排分布钢筋之间拉筋的间距不应该大于 600mm，直径不应小于 6mm。

　　（4）房屋顶层剪力墙、长矩形平面房屋楼梯间和电梯间剪力墙、端开间纵向剪力墙，以及端山墙的水平和竖向分布钢筋的配筋率均不应小于 0.25%，间距均不应大于 200mm。

　　剪力墙水平和竖向分布钢筋的配筋率 ρ_{sw} 可以按照式（5-115）计算

$$\rho_{sw} = \frac{A_{sw}}{b_w s} \tag{5-115}$$

式中　A_{sw}——配置在同一截面内水平或竖向钢筋各肢总面积；

　　　　b_w——截面宽度；

　　　　s——水平和竖向分布钢筋间距。

　　（5）剪力墙的钢筋锚固和连接应该符合下列规定：

　　1）非抗震设计时，剪力墙纵向钢筋最小锚固长度应该取 l_a；抗震设计时，剪力墙纵向钢筋最小锚固长度应该取 l_{aE}。

2）剪力墙竖向及水平分布钢筋采用搭接连接时，如图 5-24 所示。一、二级抗震设计时剪力墙的底部加强部位，接头位置应该错开，同一截面连接的钢筋数量不宜超过总数量的 50%，错开净距不宜小于 500mm，其他情况剪力墙的钢筋可以在同一截面连接，非抗震设计时，分布钢筋的搭接长度不应该小于 $1.2l_a$，抗震设计时不应该小于 $1.2l_{aE}$。暗柱及端柱纵向钢筋连接和锚固要求宜与框架柱一样。

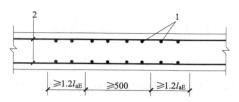

图 5-24　剪力墙分布钢筋的搭接连接
（非抗震设计时图中 l_{aE} 取 l_a）
1—竖向分布钢筋；2—水平分布钢筋

5.8　连梁截面设计及构造要求

当连梁的跨高比小于 5 时，在竖向荷载作用下，其产生的弯矩占总弯矩的比例比较小，水平荷载作用下产生的弯矩使它对剪切变形很敏感，容易出现剪切裂缝，应该按照以下介绍的方法进行设计。当连梁的跨高比不小于 5 时，在竖向荷载作用下，其产生的弯矩占总弯矩的比例比较大，与一般框架梁的受力类似，可以按照框架梁设计方法设计。

5.8.1　连梁配筋计算

剪力墙中的连梁受到弯矩、剪力和轴力的共同作用，由于轴力较小常忽略而按照受弯构件设计。

1. 抗弯承载力验算

连梁的抗弯承载力验算与普通的受弯构件相同。连梁一般采用对称配筋（$A_s = A_s'$），可以按照双筋截面验算。连梁受压区很小，通常采用简化计算公式

$$M \leqslant f_y A_s (h_{b0} - a') \tag{5-116}$$

式中　A_s——纵向受拉钢筋面积；

h_{b0}——连梁截面有效高度；

a'——纵向受压钢筋合力点至截面近边的距离。

2. 抗剪承载力验算

大多数连梁的跨高比较小。在住宅、旅馆等建筑中，采用剪力墙结构时，连梁的跨高比可能小于 2.5，甚至接近于 1。在水平荷载作用下，连梁两端作用着符号相反的弯矩，剪切变形大，易出现剪切裂缝。特别在小跨高比情况下，连梁的剪切变形很大，剪切破坏影响更大。在反复荷载作用下，斜裂缝会很快扩展到全对角线上，发生剪切破坏，有时还会在梁端发生剪切滑移破坏。因此，在地震作用下，连梁的抗剪承载力会降低。连梁的抗剪承载力可以按照下列情况验算。

（1）永久、短暂设计状况

$$V_b \leqslant 0.7 f_t b_b h_{b0} + f_{yv} \frac{A_{sv}}{s} h_{b0} \tag{5-117}$$

（2）地震设计状况：

跨高比大于 2.5 的连梁

$$V_b \leqslant \frac{1}{\gamma_{re}} \left(0.42 f_t b_b h_{b0} + f_{yv} \frac{A_{sv}}{s} h_{b0} \right) \tag{5-118}$$

跨高比不大于 2.5 的连梁

$$V_b \leqslant \frac{1}{\gamma_{re}} \left(0.38 f_t b_b h_{b0} + 0.9 f_{yv} \frac{A_{sv}}{s} h_{b0} \right) \tag{5-119}$$

式中　V_b——连梁截面剪力设计值（需要经过调整增大）；

　　　　b_b——连梁截面宽度。

如果连梁中的平均剪应力过大，就会过早地出现剪切斜裂缝，在箍筋未能充分发挥作用之前，连梁就已发生剪切破坏。试验研究揭示，连梁截面上的平均剪应力大小对连梁破坏性能的影响过大，尤其在小跨高比条件下。因此，需要限制连梁截面上的平均剪应力，使连梁的截面尺寸不至于太小，对小跨高比的连梁限制应该更严格，限制条件如下：

（1）永久、短暂设计状况

$$V_b \leqslant 0.25 \beta_c f_c b_b h_{b0} \tag{5-120}$$

（2）地震设计状况：

跨高比大于 2.5 的连梁

$$V_b \leqslant \frac{1}{\gamma_{RE}} 0.20 \beta_c f_c b_b h_{b0} \tag{5-121}$$

跨高比不大于 2.5 的连梁

$$V_b \leqslant \frac{1}{\gamma_{RE}} 0.15 \beta_c f_c b_b h_{b0} \tag{5-122}$$

式中　V——连梁剪力计算值；

　　　　β_c——混凝土强度影响系数。

当连梁截面上的设计剪力不满足以上公式中的限制条件时，一般可以采用以下处理方法：

（1）减小连梁截面高度或者采取其他减小连梁刚度的措施。应该注意，当连梁截面上的平均应力超过限值时，若加大截面高度，一般会使作用在连梁上的剪力更大，反而不利。

（2）对抗震设计的剪力墙中连梁弯矩及剪力可以进行塑性调幅，以降低其剪力设计值。可以采用两种方法：一种是在进行内力计算之前就将连梁刚度进行折减，允许在不影响其承受竖向荷载能力的前提下适当开裂，通常设防烈度低时可以少折减一些（6、7 度时可以取0.7），设防烈度高时可以多折减一些（8、9 度时可以取 0.5），折减系数不宜小于 0.5，以保证连梁承受竖向荷载的能力；另一种是在内力计算后再将连梁弯矩和剪力进行折减。这两种方法的目的都是要减小连梁内力和减少配筋。不论采用哪一种方法，连梁调幅后的弯矩和剪力设计值都不应低于使用状态下的值，也不宜低于比设防烈度低一度的地震组合所得的弯矩设计值，以避免在正常使用状况或小震作用下而使连梁开裂。一般可以控制调幅后的弯矩在 6、7 度时不小于调幅之前弯矩（完全弹性）的 0.8 倍，在 8、9 度时不小于 0.5 倍。另外，当部分连梁降低弯矩设计值之后，其余部位连梁和墙肢的弯矩设计值应该相应提高。

（3）当连梁的破坏对承受竖向荷载没有明显影响时，可以考虑在大震作用下该连梁不参与工作，按照独立墙肢的计算简图进行第二次多遇地震作用下的内力分析，墙肢截面应该按照两次计算所得的较大值进行计算配筋。该方法是利用剪力墙作为第二道防线，此时剪力墙的刚度降低，侧向位移允许增大。当前面两种方法不能解决问题时，可以考虑采取该方法。

5.8.2　连梁的剪力设计值计算

为了实现连梁的强剪弱弯，延迟剪切破坏，提高延性，连梁的抗剪承载力应该大于或等于连梁的抗弯极限承载力。连梁的剪力设计值应该按照以下规定计算：

（1）非抗震设计及四级抗震设计剪力墙的连梁，应该取考虑水平风荷载或水平地震作用组合的剪力设计值。

（2）一、二、三级抗震设计剪力墙的连梁，其梁端截面组合的剪力设计值应该按照式（5-123）进行调整

$$V_{\mathrm{b}} = \eta_{\mathrm{vb}} \frac{M_{\mathrm{b}}^{\mathrm{l}} + M_{\mathrm{b}}^{\mathrm{r}}}{l_{\mathrm{n}}} + V_{\mathrm{Gb}} \tag{5-123}$$

式中　η_{vb}——连梁剪力增大系数，一级抗震设计取 1.3，二级抗震设计取 1.2，三级抗震设计取 1.1；

$M_{\mathrm{b}}^{\mathrm{l}}$、$M_{\mathrm{b}}^{\mathrm{r}}$——连梁左右端截面顺时针或逆时针方向考虑地震作用组合的弯矩设计值，对一级抗震设计且两端均为负弯矩时，绝对值较小一端的弯矩为零；

　　l_{n}——连梁的净跨；

　　V_{Gb}——在重力荷载代表值（9 度时还应该包括竖向地震作用标准值）作用下，按照简支梁计算的梁端截面剪力设计值。

9 度设防时一级抗震设计剪力墙的连梁应该按照式（5-124）计算

$$V_{\mathrm{b}} = 1.1 \frac{(M_{\mathrm{bua}}^{\mathrm{l}} + M_{\mathrm{bua}}^{\mathrm{r}})}{l_{\mathrm{n}}} + V_{\mathrm{Gb}} \tag{5-124}$$

式中　$M_{\mathrm{bua}}^{\mathrm{l}}$、$M_{\mathrm{bua}}^{\mathrm{r}}$——连梁左右端截面顺时针或逆时针方向实配的抗震受弯承载力所对应的弯矩值，应该按照实配钢筋面积（计入受压钢筋）和材料强度标准值并考虑承载力抗震调整系数计算。

5.8.3　连梁配筋构造

（1）跨高比（l/h_{b}）不大于 1.5 的连梁，非抗震设计时，其纵向钢筋的最小配筋率可以取为 0.2%；抗震设计时，其纵向钢筋的最小配筋率宜符合表 5-13 的要求；跨高比大于 1.5 的连梁，其纵向钢筋的最小配筋率可以按照框架梁的要求采用。

表 5-13　　　　　　　跨高比不大于 1.5 的连梁纵向钢筋的最小配筋率　　　　　　%

跨高比	最小配筋率（采用较大值）
$l/h_{\mathrm{b}} \leqslant 0.5$	0.20，$45f_{\mathrm{t}}/f_{\mathrm{y}}$
$0.5 < l/h_{\mathrm{b}} \leqslant 1.5$	0.25，$55f_{\mathrm{t}}/f_{\mathrm{y}}$

（2）剪力墙结构连梁中，非抗震设计时，顶面及底面单侧纵向钢筋的最大配筋率不宜大于 2.5%；抗震设计时，顶面及底面单侧纵向钢筋的最大配筋率宜符合表 5-14 的要求。如果不满足，则应该按照实配钢筋进行连梁强剪弱弯的验算。

表 5-14　　　　　　　　　　连梁纵向钢筋的最大配筋率　　　　　　　　　　%

跨高比	最大配筋率
$l/h_{\mathrm{b}} \leqslant 1.0$	0.6
$1.0 < l/h_{\mathrm{b}} \leqslant 2.0$	1.2
$2.0 < l/h_{\mathrm{b}} \leqslant 2.5$	1.5

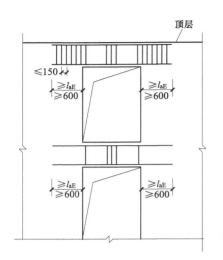

图 5-25　连梁配筋构造示意

（注：非抗震设计时图中 l_{aE} 取 l_a）

（3）连梁的配筋构造如图 5-25 所示，应该符合下列规定：

1）连梁顶面、底面纵向水平钢筋伸入墙肢的长度，抗震设计时不应小于 l_{aE}，非抗震设计时不应小于 l_a，且不小于 600mm。

2）抗震设计时，沿连梁全长箍筋的构造应该符合 JGJ 3—2010 中关于框架梁梁端加密区箍筋的构造要求；非抗震设计时，沿连梁全长的箍筋直径不应该小于 6mm，间距不应该大于 150mm。

3）顶层连梁纵向水平钢筋伸入墙肢的长度范围内应该配置箍筋，箍筋间距不宜大于 150mm，直径应该与该连梁的箍筋直径相同。

4）连梁高度范围内的墙肢水平分布钢筋应该在连梁内拉通作为连梁的腰筋。连梁截面高度大于 700mm 时，其两侧面腰筋的直径不应该小于 8mm，间距不应该大于 200mm；跨高比不大于 2.5 的连梁，其两侧腰筋的总面积配筋率不应该小于 0.3%。

（4）剪力墙开小洞口和连梁开洞应该符合下列规定：

1）剪力墙开有边长小于 800mm 的小洞口，且在结构整体计算中不考虑其影响时，应该在洞口上、下和左、右配置补强钢筋，补强钢筋的直径不应该小于 12mm，截面面积应该分别不小于被截断的水平分布钢筋和竖向分布钢筋的面积，如图 5-26 所示。

2）穿过连梁的管道宜预埋套管，洞口上下截面有效高度不宜小于梁高的 1/3，且不宜小于 200mm；被洞口消弱的截面应该进行承载力验算，洞口处应该配置补强纵向钢筋和箍筋，如图 5-26（b）所示，补强纵向钢筋的直径不应该小于 12mm。

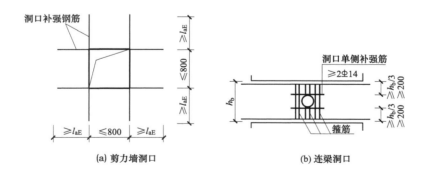

(a) 剪力墙洞口　　　　　(b) 连梁洞口

图 5-26　洞口补强钢筋示意（注：非抗震设计时图中 l_{aE} 取 l_a）

习　题

5-1　什么是剪力墙结构体系?

5-2　剪力墙的分类有哪几种? 如何判别? 分析方法有哪些?

5-3　剪力墙结构在竖向荷载作用下的内力如何计算?

5-4　在水平荷载作用下整体墙的内力和位移如何计算?

5-5　在水平荷载作用下小开口墙的内力和位移如何计算?

5-6　在水平荷载作用下双肢墙的内力和位移如何计算?

5-7　在水平荷载作用下壁式框架的内力和位移如何计算?

5-8　剪力墙结构设计时, 采取什么措施保证其延性?

5-9　怎么控制剪力墙的轴压比?

5-10　什么是约束边缘构件? 什么是构造边缘构件? 它们的适用范围是什么?

5-11　对联肢墙中连梁设计和构造有哪些要求?

第6章 框架-剪力墙结构设计

6.1 概 述

6.1.1 框架-剪力墙结构的特点

（1）框架-剪力墙结构是由框架和剪力墙组成的结构体系，简称框剪结构。框架可以提供比较大的使用空间，来满足不同建筑功能的要求，剪力墙具有良好的抗侧刚度，剪力墙与框架通过楼板协同工作，共同承受竖向及水平荷载，从而使框架-剪力墙结构具有较强的抗震抗风能力，可以有效地减小结构的侧向位移。

框架-剪力墙结构广泛应用于需要大空间的多层和高层建筑，如办公楼、教学楼、图书馆、医院病房楼、饭店、商业大楼、多层工业厂房等建筑。

（2）在水平力作用下，剪力墙是竖向悬臂结构，其变形曲线是弯曲型，如图6-1（a）所示。在剪力墙结构中，由于所有抗侧力单元都是剪力墙，在水平力作用下，各片墙的侧向位移相似。因而楼层剪力在各片墙之间是按照其等效刚度 EI_{eq} 的比例进行分配的。

在水平力作用下，框架的变形曲线是剪切型，如图6-1（b）所示。楼层越高，水平位移增加越慢。在纯框架结构中，各榀框架的变形曲线相似，因此，楼层剪力按照框架柱的抗侧刚度 D 值的比例进行分配。

框架-剪力墙结构由框架和剪力墙两种不同的抗侧力结构组成，这两种结构的受力特点和变形性质不同，它们之间通过平面内刚度无限大的楼板连接在一起。在水平力作用下，它们的水平位移协调一致，不能各自自由变形，在不考虑扭转影响的情况下，在同一楼层的水平位移相同。在水平力作用下，框架-剪力墙结构的变形曲线是反S形的弯剪型，如图6-1（c）所示。由于框架与剪力墙之间存在着相互作用，楼层剪力就不能按照刚度进行简单的分配了，需要采用考虑框架与剪力墙之间协同工作的计算方法来确定。

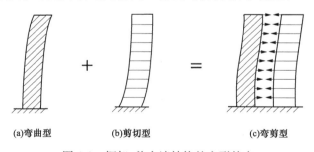

(a)弯曲型　　　　(b)剪切型　　　　(c)弯剪型

图6-1 框架-剪力墙结构的变形特点

（3）框架-剪力墙结构在水平力作用下，由于框架与剪力墙协同工作，在下部楼层，因为剪力墙位移小，它拉住框架的变形，使剪力墙承担了大部分剪力；上部楼层则相反，剪力墙的位移越来越大，框架的变形反而小，因而框架除承受水平力作用下的部分剪力外，还要负担拉回剪力墙变形的附加剪力，因此，在上部楼层即使水平力产生的楼层剪力很小，而框架中仍有相当数值的剪力。

（4）框架-剪力墙结构在水平力作用下，框架与剪力墙之间楼层剪力的分配和框架各楼层剪力分布情况，是随楼层所处高度而变化的，与结构刚度特征值直接相关，框架-剪力墙结构中框架底部剪力为 0，剪力控制截面在房屋高度的中部甚至是上部，而纯框架最大剪力在底部。

（5）框架-剪力墙结构在水平力作用下，水平位移是由楼层层间位移与层高之比 $\Delta u/h$ 控制的，而不是顶点水平位移进行控制。层间位移最大值发生在 $(0.4\sim0.8)H$ 范围内的楼层，H 为建筑总高度。

（6）框架-剪力墙结构在水平荷载作用下，框架上下各楼层的剪力值比较接近，梁、柱的弯矩和剪力值变化较小，使得梁、柱构件规格比较少，有利于施工。

（7）框架-剪力墙结构由延性比较好的框架、抗侧刚度较大并且带有边框的剪力墙、良好耗能能力的连梁所组成，无论是剪力墙屈服，还是框架部分构件屈服，另一部分抗侧力结构还能继续发挥作用，两部分会发生内力重分布，它们还可以共同抵抗水平荷载，从而形成多道设防，是一种抗震性能极好的结构体系。

6.1.2　剪力墙的布置

在框架-剪力墙结构中，剪力墙是主要的抗侧力构件，为了抵抗纵横两个方向的地震作用，在抗震设计时，结构两个主轴方向均应该布置剪力墙，并且应该设计成双向刚接抗侧力体系。主体结构构件之间除个别节点之外均应该采用刚接，以保证结构整体的几何不变和刚度的发挥。梁与柱或柱与剪力墙的中线宜重合，使内力传递和分布合理，并且保证节点核心区的完整性。

剪力墙的布置，应该遵循"均匀、分散、对称、周边"的原则。均匀、分散是指剪力墙宜片数比较多，均匀、分散地布置在建筑平面上。单片剪力墙底部承担的水平剪力不宜超过结构底部总水平剪力的 30%。对称是指剪力墙在结构单元的平面上尽可能对称布置，使水平力合力作用线尽可能靠近刚度中心，避免产生过大的扭转。周边是指剪力墙尽可能布置在建筑平面周边，以加大其抗扭转力臂，提高其抵抗扭转能力。剪力墙宜贯通建筑物的全高，沿着高度方向剪力墙的厚度宜逐渐减薄，避免竖向出现刚度突变。剪力墙开洞时，洞口宜上下对齐。在抗震设计时，剪力墙的布置宜使结构各主轴方向的侧向刚度接近。

一般情况下，剪力墙宜布置在平面的以下部位：

（1）恒荷载较大处。较大的竖向荷载可以避免墙肢出现偏心受拉的不利受力状态。

（2）建筑物周边附近。减少楼板外伸段的长度，具有比较大的抗扭刚度。

（3）楼梯、电梯间。楼梯、电梯间楼板开洞较大，设置剪力墙进行加强。

（4）平面形状变化处。在平面形状变化处应力集中比较严重，在该处设置剪力墙进行加强，可以减少应力集中对结构的影响。

框架-剪力墙结构依靠楼盖传递水平荷载给剪力墙，楼板在平面内要有足够的刚度，才能确保框架与剪力墙协同工作，因此必须限制剪力墙的间距。在长矩形平面或平面有一部分比较长的建筑中，在该部位布置的剪力墙除应有足够的总体刚度之外，各片剪力墙之间的距离不宜过大，需要满足表 6-1 的要求。若剪力墙之间的距离过大，剪力墙之间的楼盖会在自身平面内发生弯曲变形，造成处于该区间的框架不能与邻近的剪力墙协同工作而增加负担。当剪力墙之间的楼盖开有较大的洞口时，该区域楼盖的平面内刚度更小，因而剪力墙的间距应该再适当减小。另外，纵向剪力墙不宜布置在房屋的两尽端，以避免房屋的两端被抗侧刚度较大的剪力墙锁住，而造成中间部分的楼盖在混凝土收缩或者温度变化时出现裂缝。

表 6-1　　　　　　　　　　　　　　　　剪力墙的间距　　　　　　　　　　　　　　　　　　　m

楼盖形式	非抗震设计（取较小值）	抗震设防烈度		
		6、7 度（取较小值）	8 度（取较小值）	9 度（取较小值）
现浇	5.0B，60	4.0B，50	3.0B，40	2.0B，30
装配整体	3.5B，50	3.0B，40	2.0B，30	—

注　1. 表中 B 为剪力墙之间的楼盖宽度。
　　2. 装配整体式楼盖应该设置厚度不小于 50mm 的钢筋混凝土现浇层。
　　3. 现浇层厚度大于 60mm 的叠合楼板可以作为现浇板考虑。
　　4. 当房屋端部没有布置剪力墙时，第一片剪力墙与房屋端部的距离，不宜大于表中剪力墙间距的 1/2。

6.1.3　框架-剪力墙结构中的梁

（1）框架-剪力墙结构中有 3 种梁，如图 6-2 所示。

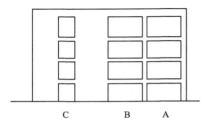

图 6-2　框架-剪力墙结构中的梁

第 1 种是普通框架梁 A，即两端均与框架柱相连的梁。第 2 种是框架与剪力墙之间相连的连梁 B，它一端与墙肢相连，另一端与框架柱相连。第 3 种是剪力墙之间的连梁 C，它两端都与墙肢相连。

（2）A 梁按照框架梁设计，C 梁按照联肢墙的连梁设计。

（3）B 梁一端与刚度很大的墙肢相连，另一端与刚度较小的框架柱相连。B 梁在水平力作用下，会由于弯曲变形很大而出现很大的弯矩和剪力，首先开裂、屈服，进入弹塑性工作状态。因此，B 梁设计时必须保证强剪弱弯，保证在剪切破坏之前已受弯屈服而产生塑性变形。

（4）在进行内力和位移计算时，考虑 B 梁可能先屈服进入弹塑性状态，其刚度应该乘以折减系数 β 予以降低。为了防止裂缝开展过大，避免发生破坏，β 值不宜小于 0.5，如果配筋困难，还可以在刚度足够、满足水平位移限值的条件下，通过降低连梁的高度来减小刚度，降低其内力。

6.2　框架-剪力墙结构的内力计算

6.2.1　框架-剪力墙结构协同工作原理和计算简图

框架-剪力墙结构是把框架与剪力墙这两种抗侧力单元通过楼板协调变形，共同工作，从而共同抵抗竖向荷载及水平力的结构，如图 6-3 所示。

在竖向荷载作用下，按照各自承受荷载的面积计算出每榀框架和每片剪力墙承担的竖向荷载，分别计算内力。

在水平力作用下，因为框架与剪力墙的变形性质不同，不能简单地把总水平剪力按照刚度的比例分配给框架和剪力墙，必须依据两者的协同工作性质寻求解决框架与剪力墙在水平力作用下的侧向位移和水平层间剪力及内力的计算方法。

框架-剪力墙结构内力与位移的近似计算方法，称为框架-剪力墙协同工作计算方法，这种方法适用于比较规则的结构，而且只能计算无扭转时的剪力分配；如果有扭转，需要单独

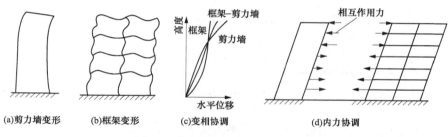

(a)剪力墙变形　　(b)框架变形　　(c)变相协调　　　(d)内力协调

图 6-3　框架-剪力墙结构协同工作

进行扭转计算，然后再叠加两部分计算结果。

1. 基本假定

在水平力作用下，框架-剪力墙结构体系的内力分析是一个三维超静定问题，一般可以把它简化为平面结构来计算，并在结构分析中做以下基本假定：

（1）楼板在自身平面内的刚度无限大。楼板将整个计算区段内的框架和剪力墙连成一个整体，在水平力作用下，框架和剪力墙之间没有产生相对位移。

（2）当结构体形规则，剪力墙布置比较对称均匀时，结构在水平力作用下不计入扭转的影响；否则应该计入扭转的影响。

（3）忽略剪力墙和框架柱的轴向变形及基础转动的影响。

由上述假定，在水平力作用下，计算区段内的框架-剪力墙结构在同一楼层处各榀框架和剪力墙的侧向位移是相同的。在内力计算时，可以把结构中所有的框架综合成总框架，把所有的剪力墙综合成总剪力墙，楼板的作用是保证各片平面结构具有相同的水平位移，但楼板外的刚度为 0，它对各平面结构不产生约束弯矩，可以把楼板简化成铰接连杆，并且按照 D 值法计算综合框架的抗侧刚度及内力，按照悬臂墙方法计算综合剪力墙的抗侧刚度；因此，关于 D 值法的假定在该方法中都成立；关于悬臂墙方法的一些假定在此也都成立；墙肢间连梁及框架柱与剪力墙之间连梁，统称为连系梁，所有连系梁综合成总连系梁，总连系梁简化为带刚域杆件。

2. 总剪力墙和总框架刚度计算

（1）总剪力墙刚度计算

$$EI_w = \sum_n EI_{eq} \tag{6-1}$$

式中　　n——总剪力墙中剪力墙数量；

　　　　EI_{eq}——单片剪力墙的等效抗弯刚度。

（2）总框架刚度计算。按照 D 值法求解框架内力时，所用的柱抗侧刚度 D 值，其物理意义是使框架柱两端产生单位相对位移时所需的剪力，表达式为

$$D = \alpha \frac{12i_c}{h^2} \tag{6-2}$$

在框架-剪力墙协同工作计算中，需要采用总框架抗剪刚度 C_f，即框架在楼层间产生单位剪切变形时所需的水平剪力，C_f 与 D 之间的关系如图 6-4 所示，由此可得

$$C_f = h \sum D_j \tag{6-3}$$

在实际工程中，总框架各层抗剪刚度 C_f 及总剪力墙各层等效抗弯刚度 EI_{eq} 沿竖向不一

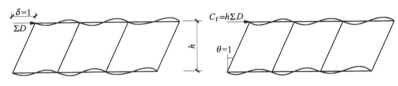

图 6-4　框架抗剪刚度

定相同，而是有变化的，如果相差不大，其平均值 EI_w 可以采用加权平均法算得

$$C_f = \frac{\sum_m h_i C_{fi}}{H} \tag{6-4}$$

$$EI_w = \frac{\sum_m h_i EI_{wi}}{H} \tag{6-5}$$

式中　　C_{fi}——总框架各层抗剪刚度；

　　　　EI_{wi}——总剪力墙各层抗弯刚度；

　　　　h_i——各层层高；

　　　　H——建筑物总高度。

3. 协同工作的计算目的

协同工作计算方法的主要目的是计算在总水平荷载作用下的综合框架层间剪力 V_f、综合剪力墙的总剪力 V_w 和总弯矩 M_w、总连梁的梁端弯矩 M_1 和剪力 V_1。然后按照框架的规律把 V_f 分配到每根柱，按照剪力墙的规律把 V_w、M_w 分配到每片墙，按照连梁刚度把 M_1 和剪力 V_1 分配到每根连梁，从而得到每个关键截面设计所需要的内力。

4. 协同工作的计算简图

协同工作有两种计算简图，如图 6-5 和图 6-6 所示。

(1) 铰接体系。如图 6-5（a）所示的框架-剪力墙结构，横向计算简图中有剪力墙 3 片、框架 4 榀，其中框架中有边柱 8 根、中柱 4 根。横向墙肢之间没有连梁，或者虽有连梁但连梁很小，横向墙肢与框架柱之间也没有连梁，剪力墙和框架之间仅靠楼板连接来协同工作，所有剪力墙和框架在每层楼板标高处的侧向位移相等，总框架与总剪力墙之间为铰接连杆，如图 6-5（b）所示结构。

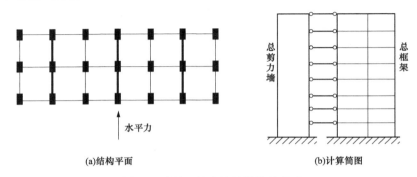

(a)结构平面　　　　　　　　　　　　　　　　(b)计算简图

图 6-5　框架-剪力墙结构铰接体系

（2）刚接体系。如图 6-6（a）所示，横向剪力墙之间有连梁，且连梁刚度较大；纵向剪力墙和框架之间也有连梁。由于连梁的刚度对剪力墙的内力影响比较大，所以计算简图需要考虑连梁对墙肢的约束，将连梁与楼盖的作用综合为总连杆。采用连梁与剪力墙刚性连接的横向计算简图，如图 6-6（b）所示。

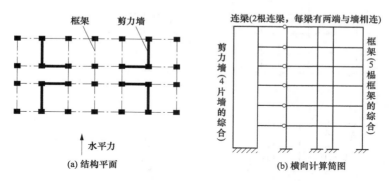

图 6-6　框架-剪力墙结构刚接体系

如图 6-6（a）所示，横向抗侧力结构由 4 片双肢墙和 5 榀框架组成，双肢墙的连梁对墙肢会产生约束弯矩。在计算简图中，剪力墙与连梁间采用刚接，表示剪力墙平面内的连梁对墙有转动约束，框架与总连杆之间采用铰接，表示楼板铰接连杆的作用。被连接的总剪力墙包括 4 片墙，总框架包括 5 榀框架；总连杆包含 4 根连梁，每根梁有两个刚接端与墙相连，即 2 根连梁的 4 个刚接端对墙肢有约束弯矩作用。这种连接方式或者计算简图称为框架-剪力墙刚接体系。

对图 6-6（a）所示结构，当计算纵向地震作用时，确定总剪力墙、总框架和总连梁时需要注意，在中间两片抗侧力结构中，有剪力墙也有柱；一端与墙相连，另一端与柱相连的梁称为连梁，该梁对墙和柱都会产生转动约束作用；但该梁对柱的约束作用已反映在柱的 D 值中，该梁对墙的约束作用仍以刚接的形式反映，所以仍表示为一端刚接、一端铰接的形式。总剪力墙包括 4 片墙，总框架包括 2 榀框架，总连梁包含 8 根一端刚接、一端铰接的连梁，即 8 个刚接端对墙肢有约束弯矩作用。

计算地震作用对结构的影响时，纵、横两个方向均需要考虑。计算横向地震作用时，考虑沿横向布置的抗震墙和横向框架；计算纵向地震作用时，考虑沿纵向布置的抗震墙和纵向框架。取剪力墙截面时，另一方向的剪力墙可以作为翼墙。

5. 协同工作的基本原理

框架-剪力墙结构在水平力作用下，外荷载由框架和剪力墙共同承担，外荷载在剪力墙和框架之间产生的弯矩由协同工作计算确定，协同工作计算采用连续连杆法。如图 6-7（a）所示铰接体系计算简图，将总连梁分散到结构全高，称为连续连杆，然后将连杆切开，成为剪力墙和框架两个基本体系，如图 6-7（c）、（d）所示。

将连杆切开后，在各楼层标高处框架和剪力墙之间存在相互作用的集中荷载 P_{fi}，为了简化计算，集中荷载 P_{fi} 简化为连续分布力 $p(x)$、$p_f(x)$。当楼层层数比较多时，将集中荷载简化为分布力不会给计算结果带来多大误差。将连杆切开后，框架和剪力墙之间的相互作用相当于一个弹性地基梁之间的作用。总剪力墙相当于置于弹性地基上的梁，同时承受外荷载 $p(x)$ 和"弹性地基"[总框架对它的弹性反力 $p_f(x)$]。总框架相当于一个弹性地基，承受着总剪力墙传给它们的力 $p_f(x)$。

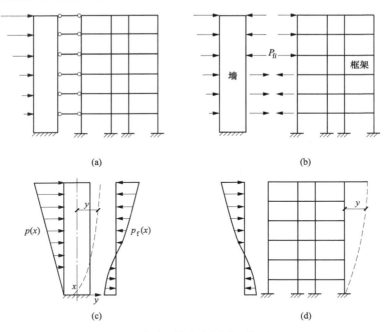

图 6-7　框架-剪力墙协同工作原理

6.2.2　框架-剪力墙结构铰接体系在水平荷载作用下的内力计算

1. 基本方程及其解

如图 6-7（c）所示计算简图，将框架-剪力墙铰接体系中的连杆切开，取总剪力墙为隔离体，建立协同工作微分方程。被切开的剪力墙是一个竖向悬臂受弯构件，为静定结构，受外荷载和框架反力作用。剪力墙上任一截面的转角、弯矩及剪力的正负号仍采用梁中通用的规定。把总剪力墙当作悬臂梁，其内力与弯曲变形的关系如下

$$EI_w \frac{\mathrm{d}^4 y}{\mathrm{d}x^4} = p(x) - p_f(x) \tag{6-6}$$

由计算假定可知，总框架和总剪力墙有相同的位移曲线，当取总框架为隔离体时，可以求出框架水平力 $p_f(x)$ 与侧向位移 $y(x)$ 之间的关系。

当总框架的剪切变形为 $\theta = \mathrm{d}y/\mathrm{d}x$ 时，由总框架抗剪刚度的定义可以得总框架层间剪力为

$$V_f = C_f \theta = C_f \frac{\mathrm{d}y}{\mathrm{d}x} \tag{6-7}$$

对上式求导得

$$\frac{\mathrm{d}V_f}{\mathrm{d}x} = -p_f(x) = C_f \frac{\mathrm{d}^2 y}{\mathrm{d}x^2} \tag{6-8}$$

将式（6-8）代入式（6-6），整理后得

$$\frac{\mathrm{d}^4 y}{\mathrm{d}x^4} - \frac{C_f}{EI_w} \frac{\mathrm{d}^2 y}{\mathrm{d}x^2} = \frac{p(x)}{EI_w} \tag{6-9}$$

为了计算方便，引入符号

$$\xi = \frac{x}{H}$$

$$\lambda = H\sqrt{\frac{C_f}{EI_w}} \tag{6-10}$$

此时，微分方程改写为

$$\frac{d^4 y}{d\xi^4} - \lambda^2 \frac{d^2 y}{d\xi^2} = \frac{H^4}{EI_w} p(\xi) \tag{6-11}$$

式中　λ——框架-剪力墙结构的刚度特征值，它的物理意义是总框架抗剪刚度 C_f 与总剪力墙抗弯刚度 EI_w 的相对比值，它们对框架-剪力墙结构的受力状态、变形状态及外力分配都有很大的影响。

式（6-11）是一个四阶常系数非齐次线性微分方程，其一般解为

$$y = C_1 + C_2\xi + A\,sh(\lambda\xi) + B\,ch(\lambda\xi) + y_1 \tag{6-12}$$

式中　C_1、C_2、A、B——积分常数；

　　　　y_1——式（6-11）的特解，与外荷载的形式有关。

以剪力墙为隔离体，4 个积分常数可以由边界特解确定：

（1）$\xi = 0$（即 $x = 0$）时，结构底部位移 $y = 0$。

（2）$\xi = 0$ 时，结构底部转角 $dy/d\xi = 0$。

（3）$\xi = 1$（即 $x = H$）时，结构顶部弯矩为零，即 $d^2 y/d\xi^2 = 0$。

（4）$\xi = 1$ 时，结构顶部总剪力为

$$V = V_w + V_f = \begin{cases} 0 & \text{（倒三角形荷载）} \\ 0 & \text{（均布荷载）} \\ P & \text{（顶部集中荷载）} \end{cases}$$

利用边界条件，可以求得微分方程的 4 个积分常数和总剪力墙的位移 y（ξ）。

当积分常数确定之后，可以用材料力学的公式求出总剪力墙的转角、弯矩及剪力，即

$$\begin{cases} \theta = \dfrac{dy}{dx} = \dfrac{1}{H}\dfrac{dy}{d\xi} \\[2mm] M_w = EI_w\dfrac{d\theta}{dx} = EI_w\dfrac{d^2 y}{d\xi^2} = EI_w\dfrac{1}{H^2}\dfrac{d^2 y}{d\xi^2} \\[2mm] V_w = -\dfrac{dM_w}{dx} = -EI_w\dfrac{d^3 y}{dx^3} = -EI_w\dfrac{1}{H^3}\dfrac{d^3 y}{d\xi^3} \end{cases} \tag{6-13}$$

框架的剪力为

$$V_f = C_f\frac{dy}{dx} = \frac{C_f}{H}\frac{dy}{d\xi} \tag{6-14}$$

或者由总剪力减去剪力墙剪力而得到，即

$$V_f = V_p - V_w \tag{6-15}$$

2. 三种荷载作用下的积分常数及位移与弯矩、剪力的计算

（1）均布荷载作用下的积分常数及位移与弯矩、剪力。下面以均布荷载为例，说明积分常数 C_1、C_2、A、B 的确定方法，并计算结构的位移 y、总剪力墙的弯矩 M_w、剪力 V_w 和总框架的剪力 V_f。

当均布水平荷载 q 作用于结构时，式（6-11）的特解为

$$y_1 = -\frac{qH^2}{2C_f}\xi^2 \tag{6-16}$$

代入式（6-12），得方程的一般解为

$$y = C_1 + C_2\xi + A\,\mathrm{sh}(\lambda\xi) + B\,\mathrm{ch}(\lambda\xi) - \frac{qH^2}{2C_f}\xi^2 \tag{6-17}$$

4 个积分常数由剪力墙上、下端的边界条件确定。

1) $\xi=1$ 时，结构顶部总剪力为 $V = V_w + V_f = 0$；因

$$V_w = -\frac{\mathrm{d}M_w}{\mathrm{d}x} = -EI_w\frac{\mathrm{d}^3y}{\mathrm{d}x^3} = -EI_w\frac{1}{H^3}\frac{\mathrm{d}^3y}{\mathrm{d}\xi^3}, \quad V_f = C_f\theta = C_f\frac{\mathrm{d}y}{\mathrm{d}x} = \frac{C_f}{H}\frac{\mathrm{d}y}{\mathrm{d}\xi}$$

将两式相加，可得

$$-\frac{EI_w}{H^3}\frac{\mathrm{d}^3y}{\mathrm{d}\xi^3} + \frac{C_f}{H}\frac{\mathrm{d}y}{\mathrm{d}\xi} = 0$$

即

$$\lambda^2\frac{\mathrm{d}y}{\mathrm{d}\xi} = \frac{\mathrm{d}^3y}{\mathrm{d}\xi^3}$$

将式（6-17）代入上述条件有

$$\lambda^2\left(C_2 - \frac{qH^2}{C_f} + A\lambda\,\mathrm{ch}\lambda + B\lambda\,\mathrm{sh}\lambda\right) = A\lambda^3\,\mathrm{ch}\lambda + B\lambda^3\,\mathrm{sh}\lambda$$

得

$$C_2 = \frac{qH^2}{C_f} \tag{6-18}$$

2) $\xi=0$ 时，结构底部转角 $\mathrm{d}y/\mathrm{d}\xi = 0$；将式（6-17）代入上述条件有

$$C_2 + A\lambda = 0$$

得

$$A = -\frac{C_2}{\lambda} = -\frac{qH^2}{C_f\lambda} \tag{6-19}$$

3) $\xi=1$（即 $x=H$）时，结构顶部弯矩为零，即 $\mathrm{d}^2y/\mathrm{d}\xi^2 = 0$；将式（6-17）代入上述条件有

$$A\lambda^2\,\mathrm{sh}\lambda\xi + B\lambda^2\,\mathrm{ch}\lambda\xi - \frac{qH^2}{C_f} = 0$$

得

$$B = \frac{qH^2}{\lambda^2C_f}\left(\frac{\lambda\,\mathrm{sh}\lambda + 1}{\mathrm{ch}\lambda}\right) \tag{6-20}$$

4) $\xi=0$（即 $x=0$）时，$y=0$；将式（6-17）代入上述条件有

$$C_1 = -B = -\frac{qH^2}{\lambda^2C_f}\left(\frac{\lambda\,\mathrm{sh}\lambda + 1}{\mathrm{ch}\lambda}\right) \tag{6-21}$$

将所得积分常数代入式（6-17），整理后得

$$y = \frac{qH^2}{C_f\lambda^2}\left\{\frac{1+\lambda\,\mathrm{sh}\lambda}{\mathrm{ch}\lambda}\big[\mathrm{ch}(\lambda\xi)-1\big] - \lambda\,\mathrm{sh}(\lambda\xi) + \lambda^2\xi\left(1-\frac{\xi}{2}\right)\right\}$$

即

$$y = \frac{qH^4}{EI_w\lambda^4}\left\{\frac{1+\lambda\,\mathrm{sh}\lambda}{\mathrm{ch}\lambda}[\mathrm{ch}(\lambda\xi)-1]-\lambda\,\mathrm{sh}(\lambda\xi)+\lambda^2\xi\left(1-\frac{\xi}{2}\right)\right\} \tag{6-22}$$

式（6-22）即为水平位移的计算公式。由式（6-13）可以求出剪力墙的弯矩和剪力的计算公式为

$$M_w = EI_w\frac{1}{H^2}\frac{\mathrm{d}^2y}{\mathrm{d}\xi^2} = \frac{qH^2}{\lambda^2}\left[\left(\frac{\lambda\,\mathrm{sh}\lambda+1}{\mathrm{ch}\lambda}\right)\mathrm{ch}(\lambda\xi)-\lambda\,\mathrm{sh}(\lambda\xi)-1\right] \tag{6-23}$$

$$V_w = -EI_w\frac{1}{H^3}\frac{\mathrm{d}^3y}{\mathrm{d}\xi^3} = \frac{qH}{\lambda}\left[\lambda\,\mathrm{ch}(\lambda\xi)-\left(\frac{\lambda\,\mathrm{sh}\lambda+1}{\mathrm{ch}\lambda}\right)\mathrm{sh}(\lambda\xi)\right] \tag{6-24}$$

框架剪力的计算公式为

$$V_f = C_f\frac{\mathrm{d}y}{\mathrm{d}x} = \frac{C_f}{H}\frac{\mathrm{d}y}{\mathrm{d}\xi} = qH\left[\left(\frac{\lambda\,\mathrm{sh}\lambda+1}{\mathrm{ch}\lambda}\right)\frac{1}{\lambda}\mathrm{sh}(\lambda\xi)-\mathrm{ch}(\lambda\xi)+(1-\xi)\right] \tag{6-25}$$

（2）3 种荷载作用下的位移与弯矩、剪力。用同样的方法可以确定倒三角形荷载和顶部集中荷载作用下的积分常数 C_1、C_2、A、B，以及结构的位移 y、总剪力墙的弯矩 M_w、剪力 V_w 和总框架的剪力 V_f。

1）位移。将 3 种荷载作用下的积分常数 C_1、C_2、A、B 分别代入式（6-17），得到倒三角形荷载、均布荷载、顶部集中荷载作用下的微分方程的解为

$$\begin{cases} y = \frac{qH^4}{EI_w\lambda^2}\left[\frac{\mathrm{ch}(\lambda\xi)-1}{\mathrm{ch}\lambda}\left(\frac{\mathrm{sh}\lambda}{2\lambda}-\frac{\mathrm{sh}\lambda}{\lambda^3}+\frac{1}{\lambda^2}\right)+\left(\xi-\frac{\mathrm{sh}(\lambda\xi)}{\lambda}\right)\left(\frac{1}{2}-\frac{1}{\lambda^2}\right)-\frac{\xi^2}{6}\right] \\[2mm] y = \frac{qH^4}{EI_w\lambda^2}\left\{\frac{1+\lambda\,\mathrm{sh}\lambda}{\mathrm{ch}\lambda}[\mathrm{ch}(\lambda\xi)-1]-\lambda\,\mathrm{sh}(\lambda\xi)+\lambda^2\xi\left(1-\frac{\xi}{2}\right)\right\} \\[2mm] y = \frac{PH^3}{EI_w\lambda^3}\left\{\frac{\mathrm{sh}\lambda}{\mathrm{ch}\lambda}[\mathrm{ch}(\lambda\xi)-1]-\mathrm{sh}(\lambda\xi)+\lambda\xi\right\} \end{cases} \tag{6-26}$$

式（6-26）就是框架-剪力墙结构在倒三角形荷载、均布荷载、顶部集中荷载作用下的位移方程，通过对位移方程的积分，即可求出总剪力墙的弯矩 M_w、剪力 V_w。通过平衡关系，可以进一步求出总框架的剪力 V_f 和总连梁的弯矩 M_1 和剪力 V_1。

2）总剪力墙的弯矩

$$\begin{cases} M_w = \frac{qH^2}{\lambda^2}\left[\left(1+\frac{1}{2}\lambda\,\mathrm{sh}\lambda-\frac{\mathrm{sh}\lambda}{\lambda}\right)\frac{\mathrm{ch}(\lambda\xi)}{\mathrm{ch}\lambda}-\left(\frac{\lambda}{2}-\frac{1}{\lambda}\right)\mathrm{sh}(\lambda\xi)-\xi\right] \\[2mm] M_w = \frac{qH^2}{\lambda^2}\left[\frac{\lambda\,\mathrm{sh}\lambda+1}{\mathrm{ch}\lambda}\mathrm{ch}(\lambda\xi)-\lambda\,\mathrm{sh}(\lambda\xi)-1\right] \\[2mm] M_w = PH\left[\frac{\mathrm{sh}\lambda}{\lambda\,\mathrm{ch}\lambda}\mathrm{ch}(\lambda\xi)-\frac{1}{\lambda}\mathrm{sh}(\lambda\xi)\right] \end{cases} \tag{6-27}$$

3）总剪力墙的剪力

$$\begin{cases} V_w = \frac{qH}{\lambda^2}\left[\left(1+\frac{\lambda\,\mathrm{sh}\lambda}{2}-\frac{\mathrm{sh}\lambda}{\lambda}\right)\frac{\lambda\,\mathrm{sh}(\lambda\xi)}{\mathrm{ch}\lambda}-\left(\frac{\lambda}{2}-\frac{1}{\lambda}\right)\lambda\,\mathrm{ch}(\lambda\xi)-1\right] \\[2mm] V_w = \frac{qH}{\lambda}\left[\lambda\,\mathrm{ch}(\lambda\xi)-\frac{1+\lambda\,\mathrm{sh}\lambda}{\mathrm{ch}\lambda}\mathrm{sh}(\lambda\xi)\right] \\[2mm] V_w = P\left[\mathrm{ch}(\lambda\xi)-\frac{\mathrm{sh}\lambda}{\mathrm{ch}\lambda}\mathrm{sh}(\lambda\xi)\right] \end{cases} \tag{6-28}$$

4）总框架的剪力。总框架的剪力可以直接由总剪力减去剪力墙的剪力得到，即

$$V_f = V_p(\xi) - V_w(\xi) = \begin{cases} \dfrac{1}{2}(1-\xi^2)qH - V_w(\xi) \\ (1-\xi)qH - V_w(\xi) \\ P - V_w(\xi) \end{cases} \tag{6-29}$$

由式（6-26）～式（6-28）可知，剪力墙位移 y、内力 M_w、V_w 均是 λ、ξ 的函数，计算起来比较麻烦，为了方便计算，给出了 3 种典型荷载作用下 y、M_w、V_w 的计算图表，如图 6-8～图 6-16 所示，提供给设计时查用。

图 6-8～图 6-16 并没有直接给出位移 y、弯矩 M_w 和剪力 V_w 的值，而是给出位移系数 $y(\xi)/f_H$、弯矩系数 $M_w(\xi)/M_0$ 和剪力系数 $V_w(\xi)/V_0$，其中 f_H 是剪力墙单独承受水平荷载时在顶点产生的位移；M_0、V_0 为考虑水平荷载单独作用时在结构底部产生的总弯矩和总剪力。3 种不同荷载所对应的 f_H、M_0、V_0 均分别示于相应的图中。计算时首先根据结构刚度特征值 λ 及所求截面的相对坐标 ξ，从图 6-8～图 6-16 中分别查出各系数，然后根据以下公式求得结构在该截面处的位移及内力

$$\begin{cases} y = \left[\dfrac{y(\xi)}{f_H}\right]f_H \\ M_w = \left[\dfrac{M_w(\xi)}{M_0}\right]M_0 \\ V_w = \left[\dfrac{V_w(\xi)}{V_0}\right]V_0 \end{cases} \tag{6-30}$$

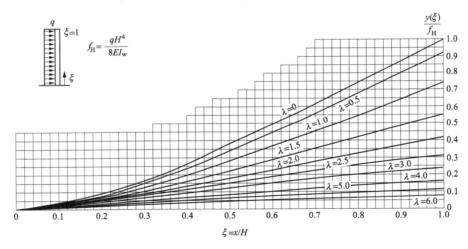

图 6-8　均布荷载作用下剪力墙的位移系数

6.2.3　框架-剪力墙结构刚接体系在水平荷载作用下的内力计算

连梁对剪力墙的转动有约束作用，框架-剪力墙结构的计算简图如图 6-17（a）所示，为框架-剪力墙结构刚接体系。将墙、框架分开后，在楼层标高处，剪力墙与框架之间除了有相互作用的集中水平力 p_{fi} 外，在连梁反弯点处还有剪力 V_i，如图 6-17（b）所示。将此剪力移到剪力墙轴线上，如图 6-17（c）所示，并将集中力矩 M_i 简化为分布的线力矩 m，如图 6-17（d）所示，就是框架-剪力墙结构刚接体系协同工作的关系图。由图 6-17（d）可知，框架-剪力墙结构刚接体系与铰接体系不同之处是，除了相互作用间有水平作用力 p_{fi} 外，墙

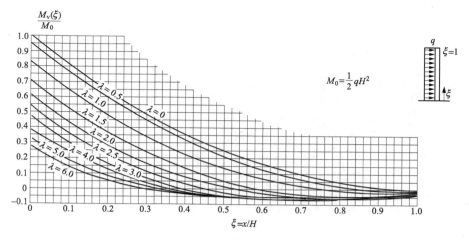

图 6-9　均布荷载作用下剪力墙的弯矩系数

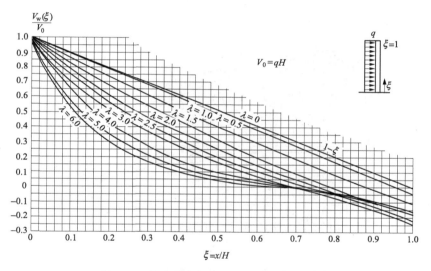

图 6-10　均布荷载作用下剪力墙的剪力系数

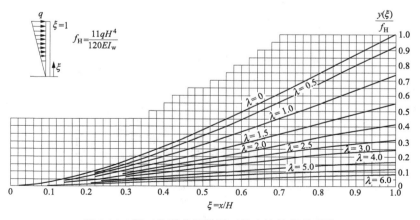

图 6-11　倒三角形荷载作用下剪力墙的位移系数

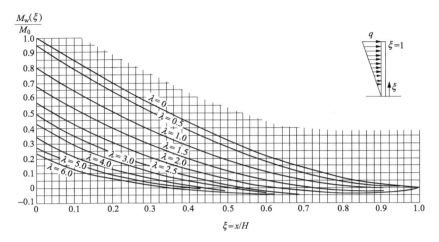

图 6-12　倒三角形荷载作用下剪力墙的弯矩系数

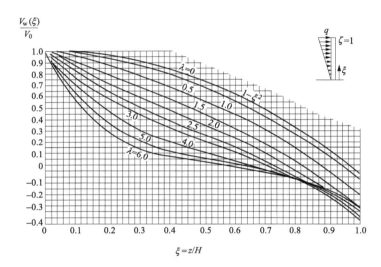

图 6-13　倒三角形荷载作用下剪力墙的剪力系数

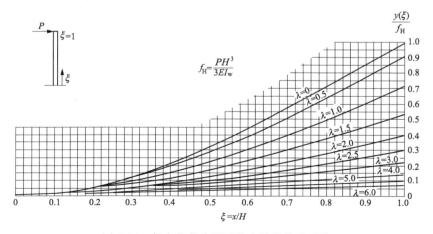

图 6-14　集中荷载作用下剪力墙的位移系数

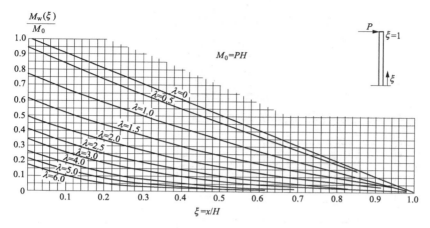

图 6-15　集中荷载作用下剪力墙的弯矩系数

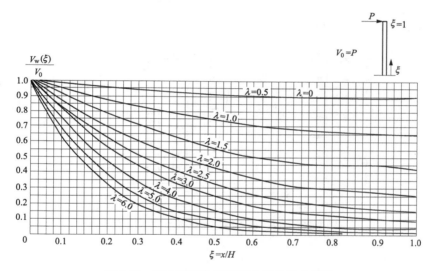

图 6-16　集中荷载作用下剪力墙的剪力系数

肢还受连梁的约束弯矩 M_i（或 m）作用。下面主要讨论连梁约束弯矩 m 的计算方法。

1. 刚接连梁的梁端约束弯矩系数

在框架-剪力墙结构刚接体系中，形成刚接连杆的连梁有两种：一种是连接墙肢与框架的连梁；另一种是连接墙肢与墙肢的连梁。这两种连梁都可以简化为带有刚域的梁，如图 6-18 所示。

在水平荷载作用下，由于假设楼板在自身平面内刚度无限大，剪力墙与框架协同工作时，同层剪力墙与框架的水平位移必然相等，同时假设同层所有节点的转角 θ 也相同。把刚接连梁两端都产生单位转角时梁端所需要施加的力矩，称为梁端约束弯矩系数，以 m 表示，如图 6-19 所示。

由壁式框架计算可知，梁端约束弯矩系数公式为

$$\begin{cases} m_{12} = \dfrac{6EI(1+a-b)}{l(1-a-b)^3(1+\beta)} \\[3mm] m_{21} = \dfrac{6EI(1+b-a)}{l(1-a-b)^3(1+\beta)} \end{cases} \qquad (6\text{-}31)$$

$$\beta = \frac{12\mu EI}{GAl'^2}$$

式中 β——考虑剪切变形时的影响系数，如果不考虑剪切变形的影响，可以令 $\beta=0$。

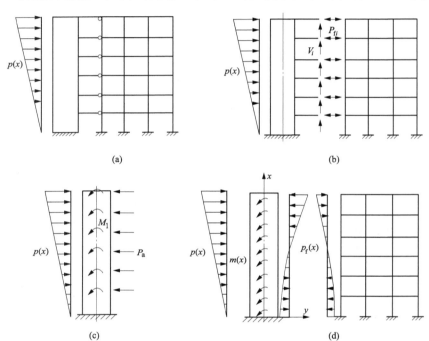

图 6-17　框架-剪力墙刚接体系协同工作关系

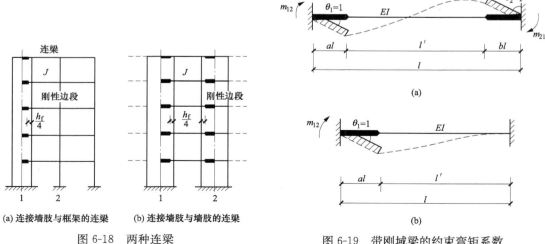

(a) 连接墙肢与框架的连梁　　(b) 连接墙肢与墙肢的连梁

图 6-18　两种连梁

图 6-19　带刚域梁的约束弯矩系数

令式（6-31）中 $b=0$，就可以得到仅左边有刚性边段的梁端约束弯矩系数

$$\begin{cases} m_{12} = \dfrac{6EI(1+a)}{l(1-a)^3(1+\beta)} \\[4mm] m_{21} = \dfrac{6EI}{l(1-a)^3(1+\beta)} \end{cases} \tag{6-32}$$

在实际工程中，按照以上公式计算的结果，连梁的弯矩比较大，梁配筋很多。为了减少配筋，允许考虑连梁的塑性变形，对连梁进行调幅。调幅的办法是降低连梁的刚度，在式（6-31）和式（6-32）中用 $\beta_h EI$ 代替 EI，β_h 值一般不宜小于 0.5。

有了梁端约束弯矩系数 m_{12} 和 m_{21}，就可以求出梁端有转角 θ 时的约束弯矩

$$\begin{cases} M_{12} = m_{12}\theta \\ M_{21} = m_{21}\theta \end{cases} \tag{6-33}$$

将集中的约束弯矩连续化均布在整个层高上，则均布的线弯矩为

$$\overline{m}_{ij} = \frac{M_{ij}}{h} = \frac{m_{ij}}{h}\theta \tag{6-34}$$

当一层内连梁有 n 个刚接点与剪力墙连接时，总的线约束弯矩为

$$m = \sum_{i=1}^{n} \frac{m_{ij}}{h}\theta \tag{6-35}$$

式中　　n——连梁与剪力墙连接点的总数；

m_{ij}——i、j 分别代表 1、2，即 m_{ij} 代表 m_{12} 或 m_{21}。

式（6-35）就是刚接点连梁与剪力墙的线约束弯矩公式。

2. 基本方程及其解

在框架-剪力墙结构刚接体系的计算简图中，如图 6-17（c）所示，刚接连梁的约束弯矩使剪力墙 x 截面产生的弯矩为

$$M_{\mathrm{m}} = -\int_x^H m\,\mathrm{d}x \tag{6-36}$$

相对应的剪力及荷载分别为

$$V_{\mathrm{m}} = -\frac{\mathrm{d}M_{\mathrm{m}}}{\mathrm{d}x} = -m = -\frac{m_{ij}}{h}\frac{\mathrm{d}y}{\mathrm{d}x} \tag{6-37}$$

$$p_{\mathrm{m}} = -\frac{\mathrm{d}V_{\mathrm{m}}}{\mathrm{d}x} = \frac{\mathrm{d}m}{\mathrm{d}x} = \sum \frac{m_{ij}}{h}\frac{\mathrm{d}^2 y}{\mathrm{d}x^2} \tag{6-38}$$

式（6-37）、式（6-38）式中的剪力及荷载称为"等代剪力"和"等代荷载"，其物理意义为刚接连梁的约束弯矩作用所分担的剪力和荷载。

有了约束弯矩后，剪力墙的变形、内力和荷载间的关系可以表示为

$$\begin{cases} EI_{\mathrm{w}}\dfrac{\mathrm{d}^2 y}{\mathrm{d}x^2} = M_{\mathrm{w}} \\[3mm] EI_{\mathrm{w}}\dfrac{\mathrm{d}^3 y}{\mathrm{d}x^3} = \dfrac{\mathrm{d}M_{\mathrm{w}}}{\mathrm{d}x} = -V_{\mathrm{w}} - V_{\mathrm{m}} = -V_{\mathrm{w}} + m \\[3mm] EI_{\mathrm{w}}\dfrac{\mathrm{d}^4 y}{\mathrm{d}x^4} = -\dfrac{\mathrm{d}V_{\mathrm{w}}}{\mathrm{d}x} + \dfrac{\mathrm{d}m}{\mathrm{d}x} = p_{\mathrm{w}} + p_{\mathrm{m}} = p(x) - p_{\mathrm{f}}(x) + \sum \dfrac{m_{ij}}{h}\dfrac{\mathrm{d}^2 y}{\mathrm{d}x^2} \end{cases} \tag{6-39}$$

与没有约束弯矩的剪力墙相比，后两式中均多了一项，即式（6-37）、式（6-38）中的

"等代剪力"和"等代荷载"。

由于总框架的受力仍然与铰接体系相同，p_f 与前同，即

$$p_{\mathrm{f}} = -\frac{\mathrm{d}V_{\mathrm{f}}}{\mathrm{d}x} = -C_{\mathrm{f}}\frac{\mathrm{d}^2 y}{\mathrm{d}x^2} \tag{6-40}$$

代入式（6-39）的第三式，经过整理得

$$\frac{\mathrm{d}^4 y}{\mathrm{d}x^4} - \frac{C_{\mathrm{f}} + \sum \dfrac{m_{ij}}{h}}{EI_{\mathrm{w}}}\frac{\mathrm{d}^2 y}{\mathrm{d}x^2} = \frac{p(x)}{EI_{\mathrm{w}}} \tag{6-41}$$

式（6-41）即为求解 $y(x)$ 的基本微分方程。

引入符号 $\xi = x/H$

$$\lambda = H\sqrt{\frac{C_{\mathrm{f}} + \sum \dfrac{m_{ij}}{h}}{EI_{\mathrm{w}}}} = H\sqrt{\frac{C_{\mathrm{m}}}{EI_{\mathrm{w}}}} \tag{6-42}$$

其中 $C_{\mathrm{m}} = C_{\mathrm{f}} + \sum \frac{m_{ij}}{h}$

式（6-41）可以变为

$$\frac{\mathrm{d}^4 y}{\mathrm{d}x^4} - \lambda^2 \frac{\mathrm{d}^2 y}{\mathrm{d}\xi^2} = \frac{p(\xi)H^4}{EI_{\mathrm{w}}} \tag{6-43}$$

式（6-43）的形式与铰接体系基本微分方程式完全相同，因而铰接体系中所有微分方程的解，对刚接体系都适用，所有曲线都可以应用。但是需要注意下列两点区别：

（1）结构的刚度特征值 λ 不同，考虑了刚接连梁的约束弯矩的影响，λ 应该按照式（6-42）计算。

（2）剪力墙、框架剪力不同。

由框架-剪力墙结构剪力系数图表查出的 V_{w} 是铰接体系总剪力墙的剪力，不能代表刚接体系总剪力墙的剪力。

在刚接体系中，先把位移方程 y 求导 3 次得到的剪力，记为 V_{w}，称为广义剪力；再考虑连梁约束弯矩的影响，即式（6-39）的第二式，有

$$EI_{\mathrm{w}}\frac{\mathrm{d}^3 y}{\mathrm{d}x^3} = -\overline{V}_{\mathrm{w}} = -V_{\mathrm{w}} + m \tag{6-44}$$

因此

$$V_{\mathrm{w}} = \overline{V}_{\mathrm{w}} + m \tag{6-45}$$

考虑任意高度处（ξ 处）总剪力墙剪力与总框架剪力之和应该与外荷载产生的总剪力相等，即

$$V_{\mathrm{p}} = V_{\mathrm{w}} + V_{\mathrm{f}} = \overline{V}_{\mathrm{w}} + \overline{V}_{\mathrm{f}} \tag{6-46}$$

则

$$\overline{V}_{\mathrm{f}} = V_{\mathrm{p}} - \overline{V}_{\mathrm{w}} \tag{6-47}$$

这里，因为考虑了刚接连梁约束弯矩的影响，所以，对剪力墙和框架分别引入两个广义剪力，即 $\overline{V}_{\mathrm{w}} = V_{\mathrm{w}} - m$ 和 $\overline{V}_{\mathrm{f}} = V_{\mathrm{f}} + m$，$m$ 为梁约束弯矩。

3. 框架-剪力墙结构内力计算步骤

下面将刚接体系中总剪力在总框架和总剪力墙及总连梁中的分配计算步骤总结如下：

（1）由刚接体系的 λ 值及 ξ 值，查计算图表图 6-8～图 6-16，得到剪力墙的剪力系数，算出剪力墙的广义剪力 $\overline{V}_{\mathrm{w}}$。

（2）将总剪力 V_{p} 减去剪力墙的广义剪力 $\overline{V}_{\mathrm{w}}$，得到框架的广义剪力 $\overline{V}_{\mathrm{f}}$，即

$$\overline{V}_{\mathrm{f}} = V_{\mathrm{p}} - \overline{V}_{\mathrm{w}}$$

（3）将 $\overline{V}_{\mathrm{f}}$ 按照框架抗剪刚度和连梁刚度比例分配，求出框架的总剪力 V_{f} 和梁端的总约束弯矩 m，即

$$V = \frac{C_{\mathrm{f}}}{C_f + \sum \dfrac{m_{ij}}{h}} \overline{V}_{\mathrm{f}} \tag{6-48}$$

$$m = \frac{\sum \dfrac{m_{ij}}{h}}{C_{\mathrm{f}} + \sum \dfrac{m_{ij}}{h}} \overline{V}_{\mathrm{f}} \tag{6-49}$$

（4）按式（6-50）计算剪力墙的剪力

$$V_{\mathrm{w}} = \overline{V}_{\mathrm{w}} + m \tag{6-50}$$

6.2.4　各剪力墙、框架和连梁的内力计算

在总剪力墙、总框架和总连梁的内力求出之后，还要求出各墙肢、各框架梁柱及各连梁的内力，为构件的截面设计提供依据。

1. 剪力墙内力

剪力墙的弯矩和剪力都是底部截面最大，越往上越小。一般取楼板标高处的 M、V 作为设计内力。求出各楼板标高 ξ_j 处的总弯矩、总剪力后，按照各片墙的等效刚度进行分配。第 j 层第 i 个墙肢的内力为

$$M_{wij} = \frac{EI_{eqj}}{\sum\limits_{i=1}^{k} EI_{eqj}} M_{wi} \tag{6-51}$$

$$V_{wij} = \frac{EI_{eqj}}{\sum\limits_{i=1}^{k} EI_{eqj}} V_{wi} \tag{6-52}$$

式中　M_{wij}、V_{wij}——第 i 层第 j 个墙肢分配到的弯矩和剪力；

　　　　　k——墙肢总数。

2. 各框架梁、柱内力

框架梁、柱内力的计算方法可以采用 D 值法。在求得框架总剪力 V_{f} 后，按照各柱 D 值的比例把 V_{f} 分配给各柱。严格地说，应当取各柱反弯点位置的标高计算 V_{f}，但太繁琐。在近似的方法中，可以近似取该柱上、下端两层楼板标高 ξ_j 处剪力的平均值 V_{cij}，作为该层柱的剪力，则第 i 层第 j 个柱的剪力为

$$V_{cij} = \frac{D_j}{\sum\limits_{j=1}^{k} D_j} \cdot \frac{V_{f(i-1)} + V_{fi}}{2} \tag{6-53}$$

式中　　　k——第 j 层中柱子总数；

V_{fi}、$V_{f(i-1)}$——第 j 层柱柱顶与柱底楼板标高处框架的总剪力。

在求得每个柱的剪力后，可以确定柱端弯矩，再根据节点平衡条件，由上、下柱端弯矩求得梁端弯矩，然后由梁端弯矩确定梁端剪力，由各层框架梁的梁端剪力可以求得各柱轴向力。

3. 刚接连梁墙边弯矩和剪力

按照式（6-49）求出总线约束弯矩 m 后，利用每根梁的约束弯矩系数 m_{ij} 值，按照比例将总线约束弯矩 m 分配给每根梁，得到每根梁的线约束弯矩 $\overline{m}_{ij} = \dfrac{m_{ij}}{\sum m_{ij}} m$，则每根梁梁端的集中弯矩为

$$M_{ij} = \overline{m}_{ij} h = \frac{m_{ij}}{\sum m_{ij}} m h \tag{6-54}$$

这里 m_{ij} 中 i、j 仍表示 1、2。

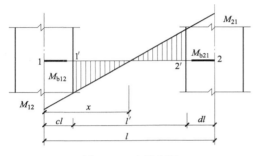

图 6-20　连梁弯矩

式（6-54）为剪力墙轴线处的弯矩，设计时要求出墙边的弯矩和剪力，如图 6-20 所示。利用如图 6-20 所示的三角形比例关系可以求出墙边的弯矩和剪力。

实际上，可以按照式（6-55）先求出连梁的剪力

$$V_b = \frac{M_{12} + M_{21}}{l} \tag{6-55}$$

因为有各墙肢转角相同的假设，连梁的反弯点总是在梁跨的中点。因而，可以由连梁的剪力求出墙边弯矩

$$M_{1'2'} = M_{2'1'} = V_b \frac{l_0}{2} \tag{6-56}$$

式中　l_0——连梁净跨。

在框架-剪力墙结构协同工作计算体系中，组成总剪力墙的各片剪力墙中常含有双肢墙，下面简述双肢墙的简化计算步骤：

（1）在双肢墙与框架协同工作时，可以近似按照顶点位移相等的条件求出双肢墙换算为无洞口墙的等效刚度，再与其他墙和框架一起协同计算。

（2）由协同计算求得双肢墙的底部弯矩，可以按照底部等弯矩求倒三角形分布的等效荷载，然后求出双肢墙各部分的内力。

按照底部等弯矩求等效荷载时，底部剪力应与实际剪力值相近，如相差太大则可以按照两种荷载分布情况求等效荷载然后叠加。

（3）由等效荷载求各层连梁的剪力及连梁对墙肢的约束弯矩。

（4）计算墙肢各层截面弯矩。

（5）双肢墙内力按照各墙肢的等效抗弯刚度在两墙肢之间进行分配。

6.3　框架-剪力墙结构协同工作性能

6.3.1　结构的侧向位移特征

在框架结构中设置部分剪力墙组成框架-剪力墙结构，既改善了结构的受力性能，增

强抵抗地震作用的能力，又改善了结构的层间位移，因而在高层建筑结构中得到广泛应用。

　　框架和剪力墙单独承受侧向荷载时，其侧向位移曲线是不同的，但是通过刚性楼板的连接作用，使得它们协调一致共同工作。一方面，若考虑框架单独承受全部侧向荷载，框架为抵抗各楼层的剪力，在柱与梁内产生弯矩，这时框架将产生如图 6-1 (b) 所示的剪切型侧向位移情况。虽然框架节点要发生转动，又由于柱轴向变形所引起的倾覆状的变形影响是次要的，所以楼面仍保持水平状态。由 D 值法可知，框架结构的层间位移与层间总剪力成正比，即越向下，层间总剪力越大，故其层间位移也越大。另一方面，若考虑剪力墙单独承受侧向荷载，则剪力墙各层楼面处的弯矩，将等于外荷载在该楼面标高处产生的倾覆力矩。该力矩与剪力墙纵向变形的曲率成正比。这时剪力墙的侧向位移形状与悬臂梁位移曲线相同，即弯曲型。当剪力墙与框架共同工作时，由于两者位移必须协调一致，结构侧向位移曲线即为弯剪型。

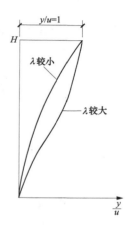

图 6-21　结构侧移曲线

　　框架-剪力墙结构的侧向位移曲线，随其刚度特征值 λ 的变化而变化。当 λ 值很小时（如 $\lambda \leqslant 1$），即综合框架的抗侧向刚度比综合剪力墙的等效抗弯刚度小很多时，结构侧向位移曲线比较接近于剪力墙结构的侧向位移曲线，即曲线凸向原始位置；反之，当 λ 值较大时（如 $\lambda \geqslant 6$），即综合框架的抗侧刚度比综合剪力墙的等效抗弯刚度大很多时，结构侧向位移曲线比较接近于框架结构的侧向位移曲线，即曲线凹向原始位置，如图 6-21 所示。

6.3.2　结构的内力分布特征

　　作用在整个框架-剪力墙结构上的荷载 p 由综合剪力墙和综合框架共同承担，即

$$p = p_\mathrm{w} + p_\mathrm{f}$$

　　因为剪力墙与框架在侧向荷载作用下的变形特征不同，从而导致了 p_w 与 p_f 沿结构高度方向的分布形式与外荷载形式不一致。当剪力墙与框架存在于同一个建筑物时，由于楼板在其平面内刚度无穷大，则两者的变形必须协调。因此，两者都有企图阻止对方发生自由变形的趋势，这就必然在两者之间发生力的重分布。如图 6-22 所示，在结构顶部，框架在单独受力时侧向位移曲线的转角比较小，而剪力墙在单独受力时侧向位移曲线的转角比较大，因而，框架-剪力墙结构中剪力墙明显受到了框架的"扶持"。在结构底部，因剪力墙侧向位移曲线的转角为 0°，剪力墙提供了极大的刚度，使综合框架所承受的剪力不断减少直至为 0°。这时，剪力墙所负担的荷载 p_w 大于总水平荷载 p，而框架所承担的荷载 p_f 的作用方向与外荷载 p 的作用方向相反。当然，p_w 与 p_f 的代数和仍等于外荷载 p 值。图 6-23 所示为在均布荷载作用下，外荷载在框架与剪力墙之间的分配。

　　如图 6-24 所示，在均布荷载作用下，综合剪力墙和综合框架承受的剪力 V_w、V_f 随结构刚度特征值 λ 的变化情况。值得注意的是，在结构底部，框架所承受的总剪力应该等于 0，外荷载所产生的剪力均由剪力墙承担。在结构顶部，尽管外荷载所产生的总剪力应该等于 0，但是综合剪力墙的剪力 V_w 和综合框架的剪力 V_f 都不等于 0，它们数值相等，方向相反，两者刚好平衡。

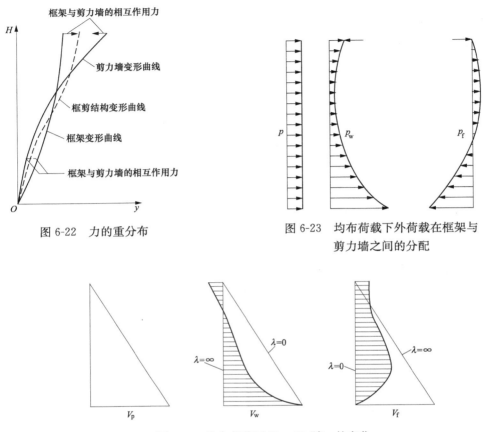

图 6-22　力的重分布

图 6-23　均布荷载下外荷载在框架与
剪力墙之间的分配

图 6-24　均布荷载下 V_w、V_f 随 λ 的变化

6.4　框架-剪力墙结构构件的截面设计及构造要求

6.4.1　框架-剪力墙结构中剪力墙的数量

在框架-剪力墙结构中,剪力墙布置得太少,对抵抗风荷载和地震作用的帮助很小;但是剪力墙布置得太多,既增加了材料用量、结构自重,又加剧了地震作用效应,还提高了造价,没必要。

我国已经建成大量的框架-剪力墙结构,这些工程都设置有足够的剪力墙,使得其刚度能够满足要求,自振周期在合理的范围,地震作用的大小也合适。这些工程的设计经验,可以在布置剪力墙时作为参考。

可以采用底层结构截面(即剪力墙截面面积 A_w 和柱截面面积 A_c 之和)与楼面面积 A_f 的比值,剪力墙截面面积 A_w 与楼面面积 A_f 的比值作为一个指标。从一些设计较合理的工程来看,A_w+A_c/A_f 值或者 A_w/A_f 值大约在表 6-2 的范围内,这些数值带有经验性质,是否合理还有待于研究,设计时可以供参考。

当设防烈度、场地情况不同时,可以根据上述数值适当增减:层数多、高度大的框架-剪力墙结构,宜取表 6-2 中的上限值;剪力墙纵横两个方向总量在上述范围内,两个方向剪力墙的数量宜相近。

表 6-2　　　　　　国内已建框架-剪力墙结构房屋墙、柱面积与楼面面积百分比

设计条件	$(A_w+A_c)/A_f$	A_w/A_f	设计条件	$(A_w+A_c)/A_f$	A_w/A_f
7度、Ⅱ类土	3%～5%	1.5%～2.5%	8度、Ⅱ类土	4%～6%	2.5%～3%

可以按照刚度特征值求剪力墙的合理数量：

（1）按照 GB 50011—2010 的要求，剪力墙承受的底部地震弯矩不应该小于底部地震总弯矩的 50%；小于 50% 时，框架抗震等级应该按照纯框架结构划分，因此，$\lambda \leqslant 2.4$。

（2）为使框架最大楼层剪力 $V_{max} \geqslant 0.2F_{EK}$（$F_{EK}$ 为底部总剪力），剪力墙数量不宜过多，因此，$\lambda \geqslant 1.15$。

（3）一般情况下，宜取 $\lambda=1.5\sim2.0$，并且期望框架-剪力墙结构中框架最大楼层剪力为 $V_{f,max}/V_0=0.2\sim0.4$。

宜将框架底部总剪力 $F_{EK}=\alpha_1 G_{eq}$ 保持在表 6-3 的范围内。

表 6-3　　　　　　框架-剪力墙结构比较适宜的 α_1 值

场地类别	烈　度		
	7 度	8 度	9 度
Ⅰ	1.5～3	3～5	7～9
Ⅱ	2～3	4～6	9～12
Ⅲ	3～5	5～8	11～16
Ⅳ	4～7	9～12	16～22

6.4.2　框架-剪力墙结构中框架承担的地震倾覆力矩

对于竖向布置比较规则的框架-剪力墙结构，框架部分承担的地震倾覆力矩可以按照式（6-57）计算

$$M_c = \sum_{i=1}^{n} \sum_{j=1}^{m} V_{ij} h_i \tag{6-57}$$

式中　M_c——框架承担的在基本振型地震作用下的地震倾覆力矩；

　　　n——房屋层数；

　　　m——框架第 i 层的柱根数；

　　　V_{ij}——第 i 层第 j 根框架柱的计算地震剪力；

　　　h_i——第 i 层层高。

6.4.3　框架-剪力墙结构设计要求

1. 抗震设计的框架-剪力墙结构应符合的要求

抗震设计的框架-剪力墙结构，应该根据在规定的水平力作用下结构底层框架部分承受的地震倾覆力矩与结构总地震倾覆力矩的比值，确定相应的设计方法，并应该符合下列要求：

（1）框架部分承受的地震倾覆力矩不大于结构总地震倾覆力矩的 10% 时，按照剪力墙结构进行设计，其中框架部分应该按照框架-剪力墙结构中的框架进行设计。

（2）当框架部分承受的地震倾覆力矩大于结构总地震倾覆力矩的 10%，但不大于 50%

时，按照框架-剪力墙结构进行设计。

（3）当框架部分承受的地震倾覆力矩大于结构总地震倾覆力矩的 50%，但不大于 80% 时，按照框架-剪力墙结构进行设计，其最大适用高度可以比框架结构适当增加，框架部分的抗震等级和轴压比限值宜按照框架结构的规定采用。

（4）当框架部分承受的地震倾覆力矩大于结构总地震倾覆力矩的 80% 时，按照框架-剪力墙结构进行设计，但其最大适用高度宜按照框架结构采用，框架部分的抗震等级和轴压比限值应该按照框架结构的规定采用。

2. 框架-剪力墙结构中框架承担的总剪力应满足的要求

（1）抗震设计的框架-剪力墙结构中，框架部分承担的地震剪力满足式（6-58）要求的楼层，其框架总剪力不必调整；不满足式（6-58）要求的楼层，其框架总剪力应该按照 $0.2V_0$ 和 $1.5V_{f,max}$ 两者的较小值采用

$$V_f \geqslant 0.2V_0 \tag{6-58}$$

式中　　V_0——对框架柱数量从下至上基本不变的结构，应该取对应于地震作用标准值的结构底部总剪力，对框架柱数量从下至上分段有规律变化的结构，应该取每段底层结构对应于地震作用标准值的总剪力；

　　　　V_f——对应于地震作用标准值且未经调整的各层（或某一段内各层）框架承担的地震总剪力；

　　　　$V_{f,max}$——对框架柱数量从下至上基本不变的结构，应该取对应于地震作用标准值且未经调整的各层框架承担的地震总剪力中的最大值，对框架柱数量从下至上分段有规律变化的结构，应该取每段中对应地震作用标准值且未经调整的各层框架承担的地震总剪力中的最大值。

在地震作用下，框架-剪力墙结构中楼层地震总剪力主要由剪力墙来承担，框架柱只承担很小一部分；也就是说，框架由于地震作用引起的内力很小，而框架作为抗震的第二道防线，太过单薄是不利的。为了保证框架部分有一定的能力储备，规定框架部分所承担的地震剪力不应该小于一定的值，并将该值规定为：取基底总剪力的 20%（$0.2V_0$）和各层框架承担的地震总剪力中的最大值的 1.5 倍（$1.5V_{f,max}$）两者中的较小值。

（2）各层框架所承担的地震总剪力按照（1）调整后，应该按照调整前、后总剪力的比值调整每根框架柱，以及与之相连框架梁的剪力及端部弯矩标准值，框架柱的轴力标准值可以不调整。

（3）按照振型分解反应谱法计算地震作用时，为了方便操作，框架柱地震剪力的调整可以在振型组合之后进行。

框架剪力的调整应该在楼层剪力满足 JGJ 3—2010 规定的楼层最小剪力系数（剪重比）的前提下进行。

6.4.4　框架-剪力墙结构中剪力墙的构造要求

1. 剪力墙的构造要求

JGJ 3—2010 规定：非抗震设计时，框架-剪力墙结构中剪力墙竖向和水平分布钢筋的配筋率均不应小于 0.20%，抗震设计时均不应小于 0.25%，并应该至少双排布置，具体应该根据墙厚确定，可以参照剪力墙结构的相关规定；各排分布钢筋之间应该设置拉筋，拉筋直径不应该小于 6mm，间距不应该大于 600mm。

这些是剪力墙设计的最基本构造要求，确保了剪力墙具有最低的强度和延性保证。在实际工程中，应该根据情况确定不低于该项要求的、适当的构造设计。

2. 带边框剪力墙构造要求

（1）带边框剪力墙的截面厚度应该符合下列规定：

1）抗震设计时，一、二级剪力墙的底部加强部位均不应小于 200mm；

2）除第 1）项以外的其他情况不应小于 160mm。

（2）剪力墙的水平钢筋应该全部锚入边框柱内，锚固长度不应小于 l_a（非抗震设计）或 l_{aE}（抗震设计）。

（3）带边框剪力墙的混凝土强度等级宜与边框柱相同。

（4）与剪力墙重合的框架梁可以保留，也可以做成宽度与剪力墙相同的暗梁，暗梁截面高度可以取墙厚的 2 倍或与该榀框架梁截面等高，暗梁的配筋可以按照构造配置且符合一般框架梁相应抗震等级的最小配筋要求。

（5）剪力墙截面宜按照工字形设计，其端部纵向受力钢筋应该配置在边框柱截面内。

（6）边框柱截面宜与该榀框架其他柱的截面相同，边框柱应该符合框架柱构造配筋规定，剪力墙底部加强部位边框柱的箍筋宜沿全高加密；当带边框剪力墙上的洞口紧邻边框柱时，边框柱的箍筋宜沿全高加密。

习　题

6-1　什么是框架-剪力墙结构？为什么框架和剪力墙两者可以协同工作？

6-2　框剪结构近似计算方法有哪些假定？

6-3　框剪结构中剪力墙的布置应该满足什么要求？

6-4　求解框剪结构微分方程的边界条件有哪些？

6-5　求得总框架和总剪力墙的建立后，怎样求各杆件的 M、V、F_N？

6-6　如何区分铰接体系和刚接体系？

6-7　总框架、总剪力墙和总连梁的刚度如何计算？D 值和 C_f 值的物理意义有什么不同？

6-8　当框架或剪力墙沿高度方向刚度发生变化时，怎样计算 λ 值？

6-9　什么是刚度特征值 λ？它对内力分配、侧向位移有什么影响？

6-10　刚接体系中如何确定连梁的计算简图及连梁的跨度？什么时候是两端有刚域？什么时候是一端有刚域？刚域尺寸怎么确定？

第7章 筒体结构设计

7.1 筒体结构分类和结构布置

7.1.1 筒体结构分类

筒体结构是一种竖向悬臂筒式结构体系，具有造型美观、应用灵活、受力合理、整体性强等优点，可以建造高度更高的高层建筑。目前，全世界最高的 100 栋高层建筑约有 2/3 采用筒体结构。筒体的基本形式有实腹筒、框筒和桁架筒等，即采用剪力墙围成筒状，构成空间薄壁实腹筒体，如图 7-1（a）所示；或者由框架通过加密柱子形成密排柱，加大框架梁的截面高度以增大刚度，形成空间整体受力的非实腹筒体-框筒，如图 7-1（b）所示；或者由四个平面桁架所组成的空间桁架形成非实腹筒体-桁架筒体，如图 7-1（c）所示。

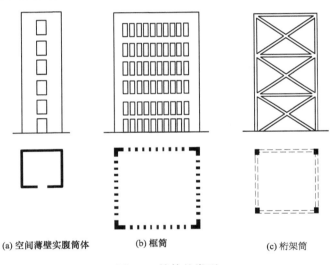

(a) 空间薄壁实腹筒体　　　(b) 框筒　　　(c) 桁架筒

图 7-1　筒体的类型

实腹筒体通常利用电梯井、楼梯间和管道井等四周的墙体围成，就像一根固定于基础上的、箱形截面的竖向悬臂梁，具有很好的抗弯刚度和抗扭刚度。框筒是由在建筑物的周边布置密排柱，以及上、下层窗洞间的窗裙梁所形成的密集空间网络组成。框筒和桁架筒可以是钢结构、钢筋混凝土结构或者混合结构。

由一个或者多个实腹筒体或者非实腹筒体组成的结构体系，称为筒体结构体系。用筒体结构体系来抵抗水平荷载，它比剪力墙结构或者框架-剪力墙结构体系具有更大的强度和刚度。

筒体结构依据筒体的组成形式不同，可划分为框筒结构、框架-核心筒结构、筒中筒结构、束筒结构等。

1. 框筒结构

框筒是由密排的柱和高跨比很大的窗裙梁组成的空间结构，如图 7-1（b）所示。在水平荷载作用下，框筒结构的整体工作状态不同于平面框架结构，而是与空间结构的实腹筒体相似，可以视为箱形截面的竖向悬臂构件，即沿四周布置的框架都参与抵抗水平荷载，层剪力由平行于水平荷载作用方向的腹板框架抵抗，倾覆力矩由腹板框架和垂直于水平荷载作用方向的翼缘框架共同承担。该倾覆力矩在框筒柱中产生的轴力分布，框筒的一侧翼缘框架柱受拉，另一侧的翼缘框架柱受压，腹板框架柱则有拉有压，框筒的腹板框架不再保持平截面变形，其腹板框架柱的轴力呈曲线分布，如图 7-2 所示。靠近角柱的柱子轴力大，远离角柱的柱子轴力小。这种翼缘框架柱内轴力随着距角柱距离的增大而减小，不再保持直线分布的现象称为"剪力滞后"。剪力滞后使部分中柱分担的内力减小，承载能力得不到发挥，结构整体性减弱。为了减小剪力滞后效应，应该限制框筒的柱距，加大梁的高度，控制框筒的长宽比。

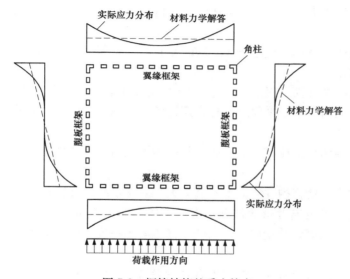

图 7-2　框筒结构的受力特点

2. 框架-核心筒结构

框架-核心筒结构是由布置在楼层中部的剪力墙核心筒和周边的框架组成，框架-核心筒结构的受力性能与框架-剪力墙结构相类似，但框架-核心筒结构中柱子数量少而截面偏大，框架-核心筒结构可以提供比较大的使用空间，常应用于高层办公楼。

3. 筒中筒结构

筒中筒结构是由实腹筒、框筒或者桁架筒组成，通常由框筒或者桁架筒作为外筒，内筒为剪力墙和连梁组成的薄壁筒，内、外筒之间由平面内刚度很大的楼板连接，使外框筒和实腹筒协同工作，形成一个刚度很大的空间结构体系，外框筒采用大的平面尺寸，共同抵抗水平荷载产生的倾覆力矩和扭矩；内筒为楼梯间、电梯间、管道竖井等构成的钢筋混凝土实腹筒或带支撑框架，具有比较大的抵抗水平剪力的能力。内、外筒之间的开阔空间可以满足建筑上的自由分隔、灵活布置的要求。内筒与外筒之间的距离不宜大于 12m，内筒的边长为外筒相应边长的 1/3 左右比较适宜，常应用于可以供出租的商务办公中心。

4. 束筒结构

由两个或者两个以上的框筒组成的结构体系称为束筒结构体系。束筒结构的抗侧刚度比框筒结构和筒中筒结构更大，能够适用于更高的高层建筑。框筒可以是钢筋混凝土框筒，也可以是钢框筒。构成束筒的每一单元筒能够独立形成一个筒体结构，所以沿建筑物高度方向，可以中断某些单元筒。通过单元筒的平面组合，可以形成不同的平面形状，来满足建筑使用要求。束筒结构的典型代表是芝加哥110层、高442m的西尔斯大厦。

7.1.2　筒体结构布置

1. 框筒结构的布置

筒体结构具有很大的抗侧刚度和抗扭刚度，其结构布置除符合一般原则之外，应该以减小剪力滞后、充分发挥材料的作用为目的，高效充分发挥所有柱子的作用。筒体结构布置的要点归纳为：

（1）筒体结构的性能以正多边形为最佳，且边数越多性能越好，剪力滞后现象越不明显，结构的空间作用越大；反之，边数越少，结构的空间作用越差。结构平面布置应该充分发挥其空间整体作用。

（2）筒体结构的高宽比不应小于3，并宜大于4，其适用高度不宜低于60m，以充分发挥筒体结构的作用。

（3）框筒结构的柱截面宜做成正方形、矩形或者 T 形，若为矩形截面，由于梁、柱的弯矩主要在框架平面内，框架平面外的柱弯矩比较小，则矩形的长边应该与腹板框架或者翼缘框架方向一致。

（4）由于框筒结构柱距比较小，在底层常因为设置出入通道而要求加大柱距，所以必须布置转换结构。

（5）框筒结构中的楼盖构件的高度不宜太大，要尽量减少楼盖构件与柱子之间的弯矩传递，可以将楼盖做成平板或者密肋楼盖，采用钢楼盖时可以将楼板梁与柱的连接处理成铰接；框筒或者束筒结构可以设置内柱，以减小楼盖梁的跨度，内柱只承受竖向荷载而不参与抵抗水平荷载。

采用普通梁板体系时，楼面梁的布置方式一般沿内、外筒单向布置。外端与框筒柱一一对应，内端支承在内筒墙上，最好在平面外有墙相接，以增强内筒在支承处的平面外抵抗力，角区楼板的布置，宜使角柱承受比较大的竖向荷载，来平衡角柱中的双向受力。筒体结构梁板式楼层布置示意图如图 7-3 所示。

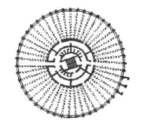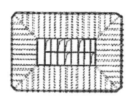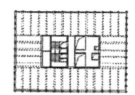

图 7-3　筒体结构梁板式楼面典型布置示意图

2. 框架-核心筒结构的布置

框架-核心筒结构的布置除了符合高层建筑的一般布置原则之外，还应该满足现行规范的要求：

（1）核心筒是框架－核心筒结构中的主要抗侧力部分，承载力和延性要求都应该更高，抗震时需要采取提高延性的各种构造措施。核心筒宜贯通建筑物全高。核心筒的宽度不宜小于筒体总高的 1/12，当筒体结构设置角筒、剪力墙或者增强结构整体刚度的杆件时，核心筒的宽度可以适当减小。

（2）核心筒应该具有良好的整体性，墙肢宜均匀、对称布置，筒体角部附近不宜开洞，当不可避免时，筒角内壁至洞口的距离不应该小于 500m 和开洞墙截面厚度的较大值；抗震设计时，核心筒的连梁宜通过配置交叉暗撑、设水平缝或者减小梁截面的高宽比等措施来提高连梁的延性。在核心筒延性要求比较高的情况下，可以采用钢骨混凝土核心筒，即在纵横墙相交的地方设置竖向钢骨，在楼板标高处设置钢骨暗梁、钢骨形成的钢框架可以提高核心筒的承载力和抗震性能。

（3）框架-核心筒结构的周边柱间必须设置框架梁。框架可以布置成方形、长方形、圆形或者其他多种形状，框架-核心筒结构对于形状没有限制，框架柱距大，布置灵活，有利于建筑平面多样化。结构平面布置尽可能规则、对称，以减小扭转影响，质量分布宜均匀，内筒尽可能居中，核心筒与外柱之间距离一般以 10～12m 为宜。如果距离很大，则需要另设内柱，或者采用预应力混凝土楼盖，否则楼层梁太大，不利于减小层高；沿竖向结构刚度应连续，避免刚度突变。

（4）框架-核心筒结构内力分配的特点是框架承受的剪力和倾覆力矩都比较小。抗震设计时，为了实现双重抗侧力结构体系，对钢筋混凝土框架-核心筒结构，要求外框架构件的截面不宜过小，框架承担的剪力和弯矩需要进行调整增大；对钢-混凝土混合结构，要求外框架承受的层间剪力应该达到总层间剪力的 20%～25%；由于外钢框架柱截面小，钢框架-钢筋混凝土核心筒结构要达到这个比例比较困难，因此，这种结构的总高度不宜太大，如果采用钢骨混凝土、钢管混凝土柱，则比较容易达到双重抗侧力体系的要求。

（5）非地震区的抗风结构采用伸臂加强结构抗侧刚度是有利的，抗震结构则应该进行方案比较，不设伸臂就能满足侧向位移要求时就不必设置伸臂。必须设置伸臂时，必须处理好框架柱与核心筒的内力突变，要避免出现塑性铰或者剪力墙破坏等形成薄弱层的潜在危险。

（6）框架-核心筒结构的楼盖，宜选用结构高度小、整体性强、结构自重轻及有利于施工的楼盖结构形式。因此，宜选用现浇梁板式楼盖，也可以选用密肋式楼盖、无黏结预应力混凝土楼盖，以及预制预应力薄板加现浇层的叠合楼盖。当内筒与外框架的中距大于 8m 时，应该优先采用无黏结预应力混凝土楼盖。

3. 筒中筒结构

（1）筒中筒结构中的外框筒宜做成密柱深梁，一般情况下，柱距不宜大于 4；框筒梁的截面高度可以取柱净距的 1/4 左右。开孔率要满足规定要求。

（2）筒中筒结构的内筒宜居中，面积不宜太小，内筒的宽度可以为高度的 1/15～1/12，也可以为外筒边长的 1/3～1/2，其高宽比一般约为 12，不宜大于 15；如有另外的角筒或者剪力墙，内筒平面尺寸还可以适当减小。内筒贯通建筑物的全高，竖向刚度宜均匀变化；内筒与外筒或者外框架的中距，非抗震设计时宜小于 12，抗震设计时宜小于 10，宜采用预应力混凝土楼（屋）盖，必要时可以增设内柱。筒中筒结构的内外筒间距通常为 10～12m，宜采用预应力楼盖。

4. 束筒结构的布置

束筒结构相当于增加梁腹板框架数量的框筒结构。该结构对于减小剪力滞后效应、增强整体性十分有效，所以束筒结构的抗侧刚度比框筒结构和筒中筒结构大。

7.2　筒体结构的计算

框筒、框架-核心筒、筒中筒、束筒都是空间结构，需要采用三维空间结构分析方法分析计算内力。在初步设计阶段，选择结构的截面尺寸时需要进行简单的估算。因此，以下主要介绍筒体结构的简化近似计算方法。

7.2.1　三维空间有限元矩阵位移法

三维空间有限元矩阵位移法是将框筒的梁、柱简化为带刚域杆件，按照空间杆系方法求解，每个节点有 6 个自由度，单元刚度矩阵为 12 阶；将内筒视为薄壁杆件，考虑其截面翘曲变形，每个杆端有 7 个自由度，比普通空间杆件单元增加了双力矩所产生的扭转角，单元刚度矩阵为 14 阶；外筒与内筒通过楼板连接协同工作，而假定楼板为平面内刚度无限大，忽略其平面外刚度。楼板的作用只是保证内、外筒在楼板标高处具有相同的水平位移，而楼板与筒之间无弯矩传递。该法的优点是可以分析梁、柱为任意布置的一般的空间结构，可以分析平面为非对称的结构和荷载，并可以获得内筒受约束扭转引起的翘曲应力。计算借助三维有限元矩阵位移法进行，此法通过计算机来进行分析的，也是目前工程设计中主流软件常用的方法，采用此法可以计算框筒、框架-核心筒、筒中筒、束筒等结构。

在 20 世纪中期，由于计算机容量的限制，曾发出现了两种简化三维空间结构计算的方法，即等效连续体法和有限条法。

（1）等效连续体法。框筒的四榀框架用四片等效均匀的正交异性平板代替，形成一个等效实腹筒，求出平板内的双向应力后再求梁、柱内力。内筒为实腹筒体，与外筒协同工作。通过弹性力学方法求得函数解，也可以通过程序计算，程序比较小。

（2）有限条法。把外筒及内筒都沿高度划分成竖向条带，条带的应力分布用函数形式表示，条带连接线上的位移为未知函数，通过求解位移函数得到应力。这种方法与平面有限元方法相比，大大减少了未知量的数量，适用于在比较规则的高层建筑结构的空间分析中采用。外筒与内筒也通过无限刚性楼板连接协同工作。

7.2.2　等效平面结构分析法

在水平力作用下，矩形平面筒体结构的受力分析，可以简化为等效平面结构，并按照平面结构计算。其依据是楼板在自身平面内刚度无限大的假定，所有的抗侧力结构通过楼板协同工作。

1. 等效槽形截面法——框筒结构的简化计算方法

（1）内力简化计算。在水平力作用下，矩形框筒结构出现明显剪力滞后效应，中间翼缘柱子的轴力比较小，为了简化计算，将矩形框筒简化为两个槽形竖向结构，如图 7-4 所示。槽形的翼缘宽度取值既不大于腹板宽度的 1/2，也不大于建筑高度的 1/10。

将双槽形截面作为等效截面，利用材料力学公式可以求出整体弯曲正应力和剪应力。单根柱子范围内的弯曲正应力合成柱的轴力，层高范围内的剪应力构成窗裙梁的剪力，其第 i

个柱内轴力及第 j 个梁内剪力 V_{bj} 可以由式（7-1）确定

$$F_{Nci} = \frac{M_p \gamma_i}{I_e} A_{ci} \tag{7-1}$$

$$V_{bj} = \frac{V_p S_j}{I_e} h \tag{7-2}$$

式中　M_p、V_p——水平荷载产生的总弯矩和总剪力；

　　　　I_e——框筒简化槽形截面对框筒中和轴的惯性矩；

　　　　γ_i——第 i 个柱截面形心至槽形截面形心的距离；

　　　　A_{ci}——第 i 个柱截面面积；

　　　　S_j——第 j 根梁中心线以外的面积对中和轴的面积矩；

　　　　h——层高。

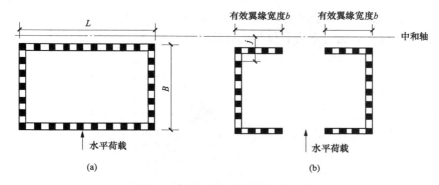

图 7-4　框筒结构的等效槽形截面

柱子受到的剪力 V_{ci} 可以近似按照壁式框架的抗侧刚度 D 进行分配，得

$$V_{ci} = \frac{D_i}{\sum D_i} V \tag{7-3}$$

柱子的局部弯矩近似按照式（7-4）确定

$$M_{cj} = \frac{h}{2} V_{cj} \tag{7-4}$$

（2）位移的近似计算。位移计算只考虑弯曲变形，则框筒顶点位移可以近似按照式（7-5）计算

$$\begin{cases} \Delta = \frac{11}{60} \dfrac{V_0 H^3}{EI_e} \\[2mm] \Delta = \frac{1}{8} \dfrac{V_0 H^3}{EI_e} \\[2mm] \Delta = \frac{1}{30} \dfrac{V_0 H^3}{EI_e} \end{cases} \tag{7-5}$$

式中　V_0——底部截面的剪力。

2. 翼缘展开法——框筒结构的简化计算方法

翼缘展开法即将空间框架结构简化为平面框架结构。水平力的作用使框筒产生两种主要变形：①背面翼缘框架承受轴力产生的轴向变形；②两侧腹板框架承受剪力和弯矩，产生剪

切和弯曲变形。翼缘框架与腹板框架之间的整体作用，是通过角柱传递的竖向作用力及角柱处竖向位移的协调来实现的。

根据框筒结构的受力特点，可以采用如下两点基本假定：

（1）对筒体结构的各榀平面单元，可以只考虑单元平面内的刚度，忽略其平面外的刚度。

（2）楼盖在其自身平面内的刚度为无穷大，因此，当筒体结构受力变形时，各层楼板在水平面内做平面运动。

在使框筒产生整体弯曲的水平力作用下，对于两个水平对称轴的矩形框架结构，可以取其1/4进行计算，如图7-5（a）、（b）所示为1/4框筒的平面和1/4空间框筒，其中水平荷载也按1/4作用于半个腹板框架上。按照计算假定，不考虑框架的平面外刚度，当框架发生弯曲变形时，翼缘框架平面外的水平位移不引起内力。在对称荷载下，翼缘框架在自身平面内没有水平位移。因此，可以把翼缘框架绕角柱转90°，使与腹板框架处于同一平面内，以形成等效平面框架体系，进行内力和位移的计算。

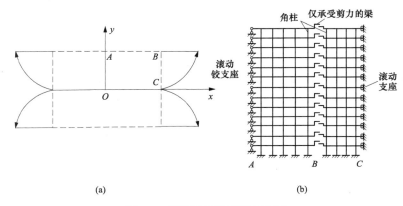

图7-5　框筒计算的翼缘展开法

7.3　筒体结构的截面设计及构造要求

筒体结构层数多、重量大，应该采用现浇混凝土结构，混凝土强度等级不宜低于C30，框架节点核心区的混凝土强度等级不宜低于柱的混凝土强度等级，并且应该进行核心区斜截面承载力计算；最低不少于柱混凝土强度等级的70%，需要进行核心区斜截面和正截面承载力验算。

剪力滞后效应导致框筒结构中各柱的竖向压缩量不同，角柱压缩变形最大，因而楼板四角下沉比较多，出现翘曲现象。设计楼板时，外角板宜设置双层双向附加构造钢筋，如图7-6所示，对防止楼板角部开裂具有明显效果，其单层单向配筋率不宜小于0.3%，钢筋的直径不应该小于8mm，间距不应该大于150mm，配筋范围不宜小于外框架（或者外筒）至内筒外墙中距的1/3和3m。楼板的厚度不宜于120mm，并宜双层配筋。

核心筒由若干剪力墙和连梁组成，其截面设计和构造措施应该符合剪力墙结构的有关规定，各剪力墙的截面形状应该尽量简单，截面形状复杂的墙体应该按照应力分布配置受力钢

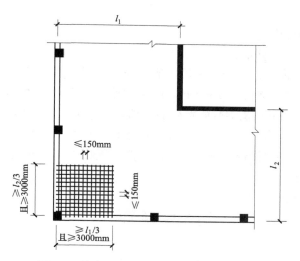

图 7-6　外角板设置双层双向附加构造钢筋

筋。此外，考虑核心筒是筒体结构的主要承重和抗侧力结构，筒角又是保证核心筒整体作用的关键部位，其边缘构件应该适当加强，底部加强部位约束边缘构件沿墙肢的长度不应该小于墙肢截面高度的 1/4，约束边缘构件范围内应该全部采用箍筋。

框筒梁的截面承载力设计方法、截面尺寸限制条件及配筋形式可以按照一般框架梁进行，外框筒梁和内筒连梁的构造配筋，非抗震设计时，箍筋直径不应该小于 8mm，间距不应该大于 150mm；抗震设计时，箍筋直径不应该小于 10mm，箍筋间距沿梁长不变，且不应该大于 100mm。当梁内设置交叉暗撑时，箍筋间距不应该大于 150mm，框筒梁上、下纵向钢筋的直径均不应该小于 16mm，腰筋的直径不应该小于 10mm，间距不应该大于 200mm。

跨高比不大于 2 的框筒梁和内筒连梁宜采用交叉暗撑，跨高比不大于 1 的框筒梁和内筒连梁应该采用交叉暗撑，要求梁的截面宽度不宜小于 300mm，全部剪力应该由暗撑承担，如图 7-7 所示。

每根暗撑应该由 4 根纵向钢筋组成，纵筋直径不应该小于 14mm，其总面积应该按照式（7-6）～式（7-7）进行计算。

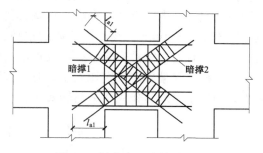

图 7-7　梁内交叉暗撑的配筋

持久、短暂设计状况

$$A_s \geqslant \frac{V_b}{2f_y \sin\alpha} \tag{7-6}$$

地震设计状况

$$A_s \geqslant \frac{\gamma_{RE} V_b}{2f_y \sin\alpha} \tag{7-7}$$

式中　α——暗撑与水平线的夹角；

　　　V_b——外框筒或者内筒连梁的剪力设计值；

A_s——钢筋面积；

f_y——钢筋抗拉强度值；

γ_{RE}——承载力抗震调整系数。

两个方向暗撑的纵向钢筋均应该采用矩形箍筋或者螺旋箍筋绑成一体，箍筋直径不应该小于 8mm，箍筋间距不应该大于 150mm，端部加密区的箍筋间距不应该大于 100mm，加密区长度不应该小于 600mm 及梁截面宽度的 2 倍，纵筋伸入竖向构件的长度，非抗震设计时为 l_a，抗震设计时宜采取 $1.15l_a$，其中 l_a 为钢筋的锚固长度。

为了避免外框筒梁和内筒连梁在地震作用下产生脆性破坏，外框筒梁和内筒连梁的截面尺寸应该符合以下规定：

持久、短暂设计状况

$$V_b \leqslant 0.25\beta_c f_c b_b h_{b0} \tag{7-8}$$

地震设计状况：

跨高比大于 2.5 时

$$V_b \leqslant \frac{1}{\gamma_{RE}}(0.2\beta_c f_c b_b h_{b0}) \tag{7-9}$$

跨高比不大于 2.5 时

$$V_b \leqslant \frac{1}{\gamma_{RE}}(0.15\beta_c f_c b_b h_{b0}) \tag{7-10}$$

V_b——外框筒梁或者内筒连梁剪力设计值；

b_b——外框筒梁或者内筒连梁截面宽度；

h_{b0}——外框筒梁或者内筒连梁截面的有效高度；

β_c——混凝土强度影响系数。

核心筒外墙的截面厚度不应该小于层高的 1/20 及 200mm，对一、二级抗震设计的底部加强部位不宜小于层高的 1/16 及 200mm，不满足时，应该进行墙体稳定性计算，必要时可以增设扶壁柱或者扶壁墙。在满足承载力要求及轴压比限值时，核心筒内墙可以适当减薄，但不应该小于 160mm，核心筒墙体的水平、竖向配筋不应该少于两排；抗震设计时，核心筒的连梁，宜通过配置交叉暗撑、设置水平缝或者减小梁截面的高宽比等措施来提高连梁的延性。当核心筒偏置、长宽比大于 2 时，宜采用框架-双筒结构，可以增强结构的扭转刚度，减小结构在水平地震作用下的扭转效应。

习　题

7-1　筒体结构的分类有哪些？

7-2　解释筒体结构的剪力滞后现象？

7-3　框架-核心筒结构布置的主要原则有哪些？

7-4　筒体结构窗裙梁设计与普通框架梁设计相比较有什么特点？

7-5　框筒和筒中筒结构中楼板的布置和配筋应该注意什么问题？

附录 1　风荷载体形系数

风荷载体形系数如附图 1-1 所示。

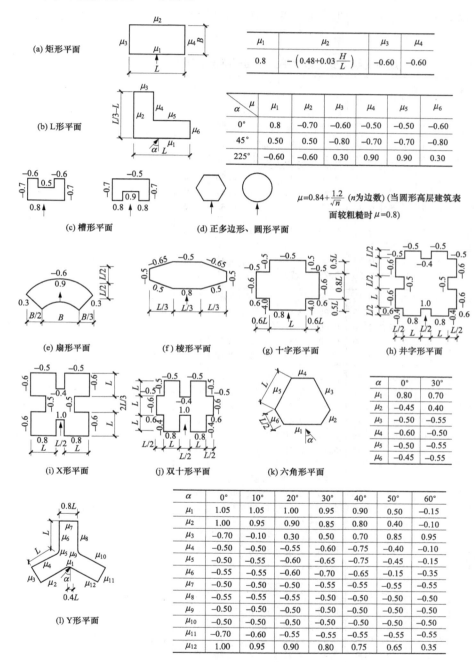

附图 1-1　风荷载体形系数

附录 2　规则框架承受均布及三角形分布水平力作用时反弯点的高度比

规则框架承受均布及三角形分布水平力作用时反弯点的高度比及修正值见附表 2-1～附表 2-4。

附表 2-1　规则框架承受均布水平力作用时标准反弯点的高度比 y_0 值

m	n	$\overline{K}$=0.1	0.2	0.3	0.4	0.5	0.6	0.7	0.8	0.9	1.0	2.0	3.0	4.0	5.0
1	1	0.80	0.75	0.70	0.65	0.65	0.60	0.60	0.60	0.60	0.55	0.55	0.55	0.55	0.55
2	2	0.45	0.40	0.35	0.35	0.35	0.35	0.40	0.40	0.40	0.40	0.45	0.45	0.45	0.45
	1	0.95	0.80	0.75	0.70	0.65	0.65	0.65	0.60	0.60	0.60	0.55	0.55	0.55	0.50
3	3	0.15	0.20	0.20	0.25	0.30	0.30	0.30	0.35	0.35	0.35	0.40	0.45	0.45	0.45
	2	0.55	0.50	0.45	0.45	0.45	0.45	0.45	0.45	0.45	0.45	0.50	0.50	0.50	0.50
	1	1.00	0.85	0.80	0.75	0.70	0.70	0.65	0.65	0.65	0.60	0.55	0.55	0.55	0.55
4	4	−0.05	0.05	0.15	0.20	0.25	0.30	0.30	0.35	0.35	0.35	0.40	0.45	0.45	0.45
	3	0.25	0.30	0.30	0.35	0.35	0.40	0.40	0.40	0.40	0.45	0.45	0.50	0.50	0.50
	2	0.65	0.55	0.50	0.50	0.45	0.45	0.45	0.45	0.45	0.45	0.50	0.50	0.50	0.50
	1	1.10	0.90	0.80	0.75	0.70	0.70	0.65	0.65	0.65	0.60	0.55	0.55	0.55	0.55
5	5	−0.20	0.00	0.15	0.20	0.25	0.30	0.30	0.35	0.35	0.40	0.45	0.45	0.50	0.50
	4	0.10	0.20	0.25	0.30	0.35	0.35	0.40	0.40	0.40	0.40	0.45	0.45	0.50	0.50
	3	0.40	0.40	0.40	0.40	0.40	0.45	0.45	0.45	0.45	0.45	0.50	0.50	0.50	0.50
	2	0.65	0.55	0.50	0.50	0.50	0.50	0.50	0.50	0.50	0.50	0.50	0.50	0.50	0.50
	1	1.20	0.95	0.80	0.75	0.75	0.70	0.70	0.65	0.65	0.65	0.55	0.55	0.55	0.55
6	6	−0.30	0.00	0.10	0.20	0.25	0.25	0.30	0.30	0.35	0.35	0.40	0.45	0.45	0.45
	5	0.00	0.20	0.25	0.30	0.35	0.35	0.40	0.40	0.40	0.40	0.45	0.45	0.50	0.50
	4	0.20	0.30	0.35	0.35	0.40	0.40	0.40	0.45	0.45	0.45	0.45	0.50	0.50	0.50
	3	0.40	0.40	0.40	0.45	0.45	0.45	0.45	0.45	0.45	0.45	0.50	0.50	0.50	0.50
	2	0.70	0.60	0.55	0.50	0.50	0.50	0.50	0.50	0.50	0.50	0.50	0.50	0.50	0.50
	1	1.20	0.95	0.85	0.80	0.75	0.70	0.70	0.65	0.65	0.65	0.55	0.55	0.55	0.55
7	7	−0.35	−0.05	0.10	0.20	0.20	0.25	0.30	0.30	0.35	0.35	0.40	0.45	0.45	0.45
	6	−0.10	0.15	0.25	0.30	0.35	0.35	0.35	0.40	0.40	0.40	0.45	0.45	0.50	0.50
	5	0.10	0.25	0.30	0.35	0.40	0.40	0.40	0.45	0.45	0.45	0.45	0.50	0.50	0.50
	4	0.30	0.35	0.40	0.40	0.40	0.45	0.45	0.45	0.45	0.45	0.50	0.50	0.50	0.50
	3	0.50	0.45	0.45	0.45	0.45	0.45	0.45	0.45	0.45	0.50	0.50	0.50	0.50	0.50
	2	0.75	0.60	0.55	0.50	0.50	0.50	0.50	0.50	0.50	0.50	0.50	0.50	0.50	0.50
	1	1.20	0.95	0.85	0.80	0.75	0.70	0.70	0.65	0.65	0.65	0.55	0.55	0.55	0.55
8	8	−0.35	−0.15	0.10	0.15	0.25	0.25	0.30	0.30	0.35	0.35	0.40	0.45	0.45	0.45
	7	−0.10	0.15	0.25	0.30	0.35	0.35	0.40	0.40	0.40	0.40	0.45	0.50	0.50	0.50
	6	0.05	0.25	0.30	0.35	0.40	0.40	0.40	0.45	0.45	0.45	0.50	0.50	0.50	0.50
	5	0.20	0.30	0.35	0.40	0.40	0.45	0.45	0.45	0.45	0.45	0.50	0.50	0.50	0.50
	4	0.35	0.40	0.40	0.45	0.45	0.45	0.45	0.45	0.45	0.50	0.50	0.50	0.50	0.50
	3	0.50	0.45	0.45	0.45	0.45	0.45	0.45	0.50	0.50	0.50	0.50	0.50	0.50	0.50
	2	0.75	0.60	0.55	0.55	0.50	0.50	0.50	0.50	0.50	0.50	0.50	0.50	0.50	0.50
	1	1.20	1.00	0.85	0.80	0.75	0.70	0.70	0.65	0.65	0.65	0.55	0.55	0.55	0.55

续表

m	n \ $\bar{K}$	0.1	0.2	0.3	0.4	0.5	0.6	0.7	0.8	0.9	1.0	2.0	3.0	4.0	5.0
9	9	−0.40	−0.05	0.10	0.20	0.25	0.25	0.30	0.30	0.35	0.35	0.45	0.45	0.45	0.45
	8	−0.15	0.15	0.25	0.30	0.35	0.35	0.35	0.40	0.40	0.40	0.45	0.45	0.50	0.50
	7	0.05	0.25	0.30	0.35	0.40	0.40	0.40	0.45	0.45	0.45	0.45	0.50	0.50	0.50
	6	0.15	0.30	0.35	0.40	0.40	0.45	0.45	0.45	0.45	0.45	0.50	0.50	0.50	0.50
	5	0.25	0.35	0.40	0.40	0.45	0.45	0.45	0.45	0.45	0.45	0.50	0.50	0.50	0.50
	4	0.40	0.40	0.40	0.45	0.45	0.45	0.45	0.45	0.45	0.45	0.50	0.50	0.50	0.50
	3	0.55	0.45	0.45	0.45	0.45	0.45	0.45	0.45	0.50	0.50	0.50	0.50	0.50	0.50
	2	0.80	0.65	0.55	0.55	0.50	0.50	0.50	0.50	0.50	0.50	0.50	0.50	0.50	0.50
	1	1.20	1.00	0.85	0.80	0.75	0.70	0.70	0.65	0.65	0.65	0.55	0.55	0.55	0.55
10	10	−0.40	−0.05	0.10	0.20	0.25	0.30	0.30	0.30	0.35	0.35	0.40	0.45	0.45	0.45
	9	−0.15	0.15	0.25	0.30	0.35	0.35	0.40	0.40	0.40	0.40	0.45	0.45	0.50	0.50
	8	0.00	0.25	0.30	0.35	0.40	0.40	0.40	0.45	0.45	0.45	0.45	0.50	0.50	0.50
	7	0.10	0.30	0.35	0.40	0.40	0.45	0.45	0.45	0.45	0.45	0.50	0.50	0.50	0.50
	6	0.20	0.35	0.40	0.40	0.45	0.45	0.45	0.45	0.45	0.45	0.50	0.50	0.50	0.50
	5	0.30	0.40	0.40	0.45	0.45	0.45	0.45	0.45	0.45	0.50	0.50	0.50	0.50	0.50
	4	0.40	0.40	0.45	0.45	0.45	0.45	0.45	0.45	0.50	0.50	0.50	0.50	0.50	0.50
	3	0.55	0.50	0.45	0.45	0.45	0.50	0.50	0.50	0.50	0.50	0.50	0.50	0.50	0.50
	2	0.80	0.65	0.55	0.55	0.55	0.50	0.50	0.50	0.50	0.50	0.50	0.50	0.50	0.50
	1	1.30	1.00	0.85	0.80	0.75	0.70	0.70	0.65	0.65	0.65	0.60	0.55	0.55	0.55
11	11	−0.40	0.05	0.10	0.20	0.25	0.30	0.30	0.30	0.35	0.35	0.40	0.45	0.45	0.45
	10	−0.15	0.15	0.25	0.30	0.35	0.35	0.40	0.40	0.40	0.40	0.45	0.45	0.50	0.50
	9	0.00	0.25	0.30	0.35	0.40	0.40	0.40	0.45	0.45	0.45	0.45	0.50	0.50	0.50
	8	0.10	0.30	0.35	0.40	0.40	0.45	0.45	0.45	0.45	0.45	0.50	0.50	0.50	0.50
	7	0.20	0.35	0.40	0.45	0.45	0.45	0.45	0.45	0.45	0.45	0.50	0.50	0.50	0.50
	6	0.25	0.35	0.40	0.45	0.45	0.45	0.45	0.45	0.45	0.45	0.50	0.50	0.50	0.50
	5	0.35	0.40	0.40	0.45	0.45	0.45	0.45	0.45	0.45	0.50	0.50	0.50	0.50	0.50
	4	0.40	0.45	0.45	0.45	0.45	0.45	0.45	0.50	0.50	0.50	0.50	0.50	0.50	0.50
	3	0.55	0.50	0.50	0.50	0.50	0.50	0.50	0.50	0.50	0.50	0.50	0.50	0.50	0.50
	2	0.80	0.65	0.60	0.55	0.55	0.50	0.50	0.50	0.50	0.50	0.50	0.50	0.50	0.50
	1	1.30	1.00	0.85	0.80	0.75	0.70	0.70	0.65	0.65	0.65	0.60	0.55	0.55	0.55
12 以 上	↓1	−0.40	−0.05	0.10	0.20	0.25	0.30	0.30	0.30	0.35	0.35	0.40	0.45	0.45	0.45
	2	−0.15	0.15	0.25	0.30	0.35	0.35	0.40	0.40	0.40	0.40	0.45	0.45	0.50	0.50
	3	0.00	0.25	0.30	0.35	0.40	0.40	0.40	0.45	0.45	0.45	0.50	0.50	0.50	0.50
	4	0.10	0.30	0.35	0.40	0.40	0.45	0.45	0.45	0.45	0.45	0.50	0.50	0.50	0.50
	5	0.20	0.35	0.40	0.40	0.45	0.45	0.45	0.45	0.45	0.45	0.50	0.50	0.50	0.50
	6	0.25	0.35	0.40	0.45	0.45	0.45	0.45	0.45	0.45	0.45	0.50	0.50	0.50	0.50
	7	0.30	0.40	0.45	0.45	0.45	0.45	0.45	0.50	0.50	0.50	0.50	0.50	0.50	0.50
	8	0.35	0.40	0.45	0.45	0.45	0.45	0.45	0.50	0.50	0.50	0.50	0.50	0.50	0.50
	中间	0.40	0.40	0.45	0.45	0.45	0.45	0.50	0.50	0.50	0.50	0.50	0.50	0.50	0.50
	4	0.45	0.45	0.45	0.45	0.50	0.50	0.50	0.50	0.50	0.50	0.50	0.50	0.50	0.50
	3	0.60	0.50	0.50	0.50	0.50	0.50	0.50	0.50	0.50	0.50	0.50	0.50	0.50	0.50
	2	0.80	0.65	0.60	0.55	0.55	0.50	0.50	0.50	0.50	0.50	0.50	0.50	0.50	0.50
	↑1	1.30	1.00	0.85	0.80	0.75	0.70	0.70	0.65	0.65	0.65	0.55	0.55	0.55	0.55

附表 2-2 规则框架承受倒三角形分布水平力作用时标准反弯点的高度比 y_0 值

m	n \ $\overline{K}$	0.1	0.2	0.3	0.4	0.5	0.6	0.7	0.8	0.9	1.0	2.0	3.0	4.0	5.0
1	1	0.80	0.75	0.70	0.65	0.65	0.60	0.60	0.60	0.60	0.55	0.55	0.55	0.55	0.55
2	2	0.50	0.45	0.40	0.40	0.40	0.40	0.40	0.40	0.40	0.45	0.45	0.45	0.45	0.50
	1	1.00	0.85	0.75	0.70	0.70	0.65	0.65	0.65	0.60	0.60	0.55	0.55	0.55	0.55
3	3	0.25	0.25	0.25	0.30	0.30	0.35	0.35	0.35	0.40	0.40	0.45	0.45	0.45	0.50
	2	0.60	0.50	0.50	0.50	0.50	0.45	0.45	0.45	0.45	0.45	0.50	0.50	0.50	0.50
	1	1.15	0.90	0.80	0.75	0.75	0.70	0.70	0.65	0.65	0.65	0.60	0.55	0.55	0.55
4	4	0.10	0.15	0.20	0.25	0.30	0.30	0.35	0.35	0.35	0.40	0.45	0.45	0.45	0.45
	3	0.35	0.35	0.35	0.40	0.40	0.40	0.40	0.45	0.45	0.45	0.45	0.50	0.50	0.50
	2	0.70	0.60	0.55	0.50	0.50	0.50	0.50	0.50	0.50	0.50	0.50	0.50	0.50	0.50
	1	1.20	0.95	0.85	0.80	0.75	0.70	0.70	0.70	0.65	0.65	0.55	0.55	0.55	0.55
5	5	−0.05	0.10	0.20	0.25	0.30	0.30	0.35	0.35	0.35	0.35	0.40	0.45	0.45	0.45
	4	0.20	0.25	0.35	0.35	0.40	0.40	0.40	0.40	0.40	0.45	0.45	0.50	0.50	0.50
	3	0.45	0.40	0.45	0.45	0.45	0.45	0.45	0.45	0.45	0.45	0.50	0.50	0.50	0.50
	2	0.75	0.60	0.55	0.55	0.50	0.50	0.50	0.50	0.50	0.50	0.50	0.50	0.50	0.50
	1	1.30	1.00	0.85	0.80	0.75	0.70	0.70	0.65	0.65	0.65	0.65	0.55	0.55	0.55
6	6	−0.15	0.05	0.15	0.20	0.25	0.30	0.30	0.35	0.35	0.35	0.40	0.45	0.45	0.45
	5	0.10	0.25	0.30	0.35	0.35	0.40	0.40	0.40	0.45	0.45	0.45	0.50	0.50	0.50
	4	0.30	0.35	0.40	0.40	0.45	0.45	0.45	0.45	0.45	0.45	0.50	0.50	0.50	0.50
	3	0.50	0.45	0.45	0.45	0.45	0.45	0.45	0.45	0.45	0.50	0.50	0.50	0.50	0.50
	2	0.80	0.65	0.55	0.55	0.55	0.55	0.50	0.50	0.50	0.50	0.50	0.50	0.50	0.50
	1	1.30	1.00	0.85	0.80	0.75	0.70	0.70	0.65	0.65	0.65	0.60	0.55	0.55	0.55
7	7	−0.20	0.05	0.15	0.20	0.25	0.30	0.30	0.35	0.35	0.35	0.45	0.45	0.45	0.45
	6	0.05	0.20	0.30	0.35	0.35	0.40	0.40	0.40	0.40	0.45	0.45	0.50	0.50	0.50
	5	0.20	0.30	0.35	0.40	0.40	0.45	0.45	0.45	0.45	0.45	0.50	0.50	0.50	0.50
	4	0.35	0.40	0.40	0.45	0.45	0.45	0.45	0.45	0.45	0.45	0.50	0.50	0.50	0.50
	3	0.55	0.50	0.50	0.50	0.50	0.50	0.50	0.50	0.50	0.50	0.50	0.50	0.50	0.50
	2	0.80	0.65	0.60	0.55	0.55	0.55	0.50	0.50	0.50	0.50	0.50	0.50	0.50	0.50
	1	1.30	1.00	0.90	0.80	0.75	0.70	0.70	0.70	0.65	0.65	0.60	0.55	0.55	0.55
8	8	−0.20	0.05	0.15	0.20	0.25	0.30	0.30	0.35	0.35	0.35	0.45	0.45	0.45	0.45
	7	0.00	0.20	0.30	0.35	0.35	0.40	0.40	0.40	0.40	0.45	0.45	0.50	0.50	0.50
	6	0.15	0.30	0.35	0.40	0.40	0.45	0.45	0.45	0.45	0.45	0.50	0.50	0.50	0.50
	5	0.30	0.45	0.40	0.45	0.45	0.45	0.45	0.45	0.45	0.45	0.50	0.50	0.50	0.50
	4	0.40	0.45	0.45	0.45	0.45	0.45	0.45	0.50	0.50	0.50	0.50	0.50	0.50	0.50
	3	0.60	0.50	0.50	0.50	0.50	0.50	0.50	0.50	0.50	0.50	0.50	0.50	0.50	0.50
	2	0.85	0.65	0.60	0.55	0.55	0.55	0.50	0.50	0.50	0.50	0.50	0.50	0.50	0.50
	1	1.30	1.00	0.90	0.80	0.75	0.70	0.70	0.70	0.65	0.65	0.60	0.55	0.55	0.55
9	9	−0.25	0.00	0.15	0.20	0.25	0.30	0.30	0.35	0.35	0.40	0.45	0.45	0.45	0.45
	8	0.00	0.20	0.30	0.35	0.35	0.40	0.40	0.40	0.40	0.45	0.45	0.50	0.50	0.50
	7	0.15	0.30	0.35	0.40	0.40	0.45	0.45	0.45	0.45	0.45	0.50	0.50	0.50	0.50

续表

m	$\overline{K}$ / n	0.1	0.2	0.3	0.4	0.5	0.6	0.7	0.8	0.9	1.0	2.0	3.0	4.0	5.0
9	6	0.25	0.35	0.40	0.40	0.45	0.45	0.45	0.45	0.45	0.50	0.50	0.50	0.50	0.50
	5	0.35	0.40	0.45	0.45	0.45	0.45	0.45	0.45	0.50	0.50	0.50	0.50	0.50	0.50
	4	0.45	0.45	0.45	0.45	0.45	0.50	0.50	0.50	0.50	0.50	0.50	0.50	0.50	0.50
	3	0.60	0.50	0.50	0.50	0.50	0.50	0.50	0.50	0.50	0.50	0.50	0.50	0.50	0.50
	2	0.85	0.65	0.60	0.55	0.55	0.55	0.55	0.50	0.50	0.50	0.50	0.50	0.50	0.50
	1	1.35	1.00	0.90	0.80	0.75	0.75	0.70	0.70	0.65	0.65	0.60	0.55	0.55	0.55
10	10	−0.25	0.00	0.15	0.20	0.25	0.30	0.30	0.35	0.35	0.40	0.45	0.45	0.45	0.45
	9	−0.05	0.20	0.30	0.35	0.35	0.40	0.40	0.40	0.40	0.45	0.45	0.50	0.50	0.50
	8	0.10	0.30	0.35	0.40	0.40	0.40	0.45	0.45	0.45	0.45	0.50	0.50	0.50	0.50
	7	0.20	0.35	0.40	0.40	0.45	0.45	0.45	0.45	0.45	0.50	0.50	0.50	0.50	0.50
	6	0.30	0.40	0.40	0.45	0.45	0.45	0.45	0.45	0.45	0.50	0.50	0.50	0.50	0.50
	5	0.40	0.45	0.45	0.45	0.45	0.45	0.45	0.50	0.50	0.50	0.50	0.50	0.50	0.50
	4	0.50	0.45	0.45	0.45	0.50	0.50	0.50	0.50	0.50	0.50	0.50	0.50	0.50	0.50
	3	0.60	0.55	0.50	0.50	0.50	0.50	0.50	0.50	0.50	0.50	0.50	0.50	0.50	0.50
	2	0.85	0.65	0.60	0.55	0.55	0.55	0.55	0.50	0.50	0.50	0.50	0.50	0.50	0.50
	1	1.35	1.00	0.90	0.80	0.75	0.75	0.70	0.70	0.65	0.65	0.60	0.55	0.55	0.55
11	11	−0.25	0.00	0.15	0.20	0.25	0.30	0.30	0.30	0.35	0.35	0.45	0.45	0.45	0.45
	10	−0.05	0.20	0.25	0.30	0.35	0.40	0.40	0.40	0.40	0.45	0.45	0.50	0.50	0.50
	9	0.10	0.30	0.35	0.40	0.40	0.40	0.45	0.45	0.45	0.45	0.50	0.50	0.50	0.50
	8	0.20	0.35	0.40	0.40	0.45	0.45	0.45	0.45	0.45	0.45	0.50	0.50	0.50	0.50
	7	0.25	0.40	0.40	0.45	0.45	0.45	0.45	0.45	0.45	0.50	0.50	0.50	0.50	0.50
	6	0.35	0.40	0.45	0.45	0.45	0.45	0.45	0.50	0.50	0.50	0.50	0.50	0.50	0.50
	5	0.40	0.45	0.45	0.45	0.45	0.50	0.50	0.50	0.50	0.50	0.50	0.50	0.50	0.50
	4	0.50	0.50	0.50	0.50	0.50	0.50	0.50	0.50	0.50	0.50	0.50	0.50	0.50	0.50
	3	0.65	0.55	0.50	0.50	0.50	0.50	0.50	0.50	0.50	0.50	0.50	0.50	0.50	0.50
	2	0.85	0.65	0.60	0.55	0.55	0.55	0.55	0.50	0.50	0.50	0.50	0.50	0.50	0.50
	1	1.35	1.05	0.90	0.80	0.75	0.75	0.70	0.70	0.65	0.65	0.60	0.55	0.55	0.55
12 以上	↓1	−0.30	0.00	0.15	0.20	0.25	0.30	0.30	0.30	0.35	0.35	0.40	0.45	0.45	0.45
	2	−0.10	0.20	0.25	0.30	0.35	0.40	0.40	0.40	0.40	0.40	0.45	0.45	0.45	0.50
	3	0.05	0.25	0.35	0.40	0.40	0.40	0.45	0.45	0.45	0.45	0.45	0.50	0.50	0.50
	4	0.15	0.30	0.40	0.40	0.45	0.45	0.45	0.45	0.45	0.45	0.45	0.50	0.50	0.50
	5	0.25	0.35	0.50	0.45	0.45	0.45	0.45	0.45	0.45	0.45	0.50	0.50	0.50	0.50
	6	0.30	0.40	0.50	0.45	0.45	0.45	0.45	0.50	0.50	0.50	0.50	0.50	0.50	0.50
	7	0.35	0.40	0.55	0.45	0.45	0.45	0.50	0.50	0.50	0.50	0.50	0.50	0.50	0.50
	8	0.35	0.45	0.55	0.45	0.50	0.50	0.50	0.50	0.50	0.50	0.50	0.50	0.50	0.50
	中间	0.45	0.45	0.55	0.45	0.50	0.50	0.50	0.50	0.50	0.50	0.50	0.50	0.50	0.50
	4	0.55	0.50	0.50	0.50	0.50	0.50	0.50	0.50	0.50	0.50	0.50	0.50	0.50	0.50
	3	0.65	0.55	0.50	0.50	0.50	0.50	0.50	0.50	0.50	0.50	0.50	0.50	0.50	0.50
	2	0.70	0.70	0.60	0.55	0.55	0.55	0.55	0.50	0.50	0.50	0.50	0.50	0.50	0.50
	↑1	1.35	1.05	0.90	0.80	0.75	0.70	0.70	0.70	0.65	0.65	0.60	0.55	0.55	0.55

附表 2-3　　　　　　　　　上下梁相对刚度变化时修正值 y_1

α_1 \ $\overline{K}$	0.1	0.2	0.3	0.4	0.5	0.6	0.7	0.8	0.9	1.0	2.0	3.0	4.0	5.0
0.4	0.55	0.40	0.30	0.25	0.20	0.20	0.20	0.15	0.15	0.15	0.05	0.05	0.05	0.05
0.5	0.45	0.30	0.20	0.20	0.15	0.15	0.15	0.10	0.10	0.10	0.05	0.05	0.05	0.05
0.6	0.30	0.20	0.15	0.15	0.10	0.10	0.10	0.10	0.05	0.05	0.05	0.05	0.00	0.00
0.7	0.20	0.15	0.10	0.10	0.10	0.10	0.05	0.05	0.05	0.05	0.05	0.00	0.00	0.00
0.8	0.15	0.10	0.05	0.05	0.05	0.05	0.05	0.05	0.05	0.00	0.00	0.00	0.00	0.00
0.9	0.05	0.05	0.05	0.05	0.00	0.00	0.00	0.00	0.00	0.00	0.00	0.00	0.00	0.00

注　对于底层柱不考虑 α_1 值，所以不作此项修正。

附表 2-4　　　　　　　上、下层高度比变化时反弯点高度比修正值 y_2 和 y_3

α_2	α_3 \ $\overline{K}$	0.1	0.2	0.3	0.4	0.5	0.6	0.7	0.8	0.9	1.0	2.0	3.0	4.0	5.0
2.0		0.25	0.15	0.15	0.10	0.10	0.10	0.10	0.10	0.05	0.05	0.05	0.05	0.00	0.00
1.8		0.20	0.15	0.10	0.10	0.10	0.05	0.05	0.05	0.05	0.05	0.05	0.00	0.00	0.00
1.6	0.4	0.15	0.10	0.10	0.05	0.05	0.05	0.05	0.05	0.05	0.00	0.00	0.00	0.00	0.00
1.4	0.6	0.10	0.05	0.05	0.05	0.05	0.05	0.05	0.05	0.00	0.00	0.00	0.00	0.00	0.00
1.2	0.8	0.05	0.05	0.05	0.00	0.00	0.00	0.00	0.00	0.00	0.00	0.00	0.00	0.00	0.00
1.0	1.0	0.00	0.00	0.00	0.00	0.00	0.00	0.00	0.00	0.00	0.00	0.00	0.00	0.00	0.00
0.8	1.2	−0.05	−0.05	−0.05	0.00	0.00	0.00	0.00	0.00	0.00	0.00	0.00	0.00	0.00	0.00
0.6	1.4	−0.10	−0.05	−0.05	−0.05	−0.05	−0.05	−0.05	−0.05	0.05	0.00	0.00	0.00	0.00	0.00
0.4	1.6	−0.15	−0.10	−0.10	−0.05	−0.05	−0.05	−0.05	−0.05	−0.05	0.00	0.00	0.00	0.00	0.00
	1.8	−0.20	−0.15	−0.10	−0.10	−0.10	−0.05	−0.05	−0.05	−0.05	−0.05	−0.05	0.00	0.00	0.00
	2.0	−0.25	−0.15	−0.15	−0.10	−0.10	−0.10	−0.10	−0.10	−0.05	−0.05	−0.05	−0.05	0.00	0.00

注　1. y_2 为上层层高变化时的修正值，按照 α_2 查表求得，上层较高时为正值，对于最上层，不考虑 y_2 的修正值。
　　2. y_3 为下层层高变化时的修正值，按照 α_3 查表求得，下层较高时为负值，对于最下层，不考虑 y_3 的修正值。

附录 3　倒三角形分布荷载、均布荷载、顶部集中荷载下的 φ(ξ) 值

倒三角形分布荷载、均布荷载、顶部集中荷载 φ(ξ) 值见附表 3-1～附表 3-3。

附表 3-1

倒三角形分布荷载下的 φ(ξ) 值

ξ＼α	1.0	1.5	2.0	2.5	3.0	3.5	4.0	4.5	5.0	5.5	6.0	6.5	7.0	7.5	8.0	8.5	9.0	9.5	10.0	10.5
0.00	0.171	0.270	0.331	0.358	0.363	0.356	0.342	0.325	0.307	0.289	0.273	0.257	0.243	0.230	0.218	0.207	0.197	0.188	0.179	0.172
0.05	0.171	0.271	0.332	0.360	0.367	0.361	0.348	0.332	0.316	0.299	0.283	0.269	0.256	0.243	0.233	0.223	0.214	0.205	0.198	0.191
0.10	0.171	0.273	0.336	0.367	0.377	0.374	0.365	0.352	0.338	0.324	0.311	0.299	0.288	0.278	0.270	0.262	0.225	0.248	0.243	0.238
0.15	0.171	0.275	0.341	0.377	0.391	0.393	0.388	0.380	0.370	0.360	0.350	0.341	0.333	0.326	0.320	0.314	0.309	0.305	0.301	0.298
0.20	0.171	0.277	0.347	0.388	0.408	0.415	0.416	0.412	0.407	0.402	0.396	0.390	0.385	0.381	0.377	0.373	0.371	0.368	0.366	0.364
0.25	0.171	0.278	0.353	0.399	0.425	0.439	0.446	0.448	0.448	0.447	0.445	0.443	0.440	0.439	0.437	0.436	0.434	0.433	0.433	0.432
0.30	0.170	0.279	0.358	0.410	0.443	0.463	0.476	0.484	0.489	0.492	0.494	0.496	0.496	0.497	0.497	0.497	0.498	0.498	0.498	0.499
0.35	0.168	0.279	0.362	0.419	0.459	0.486	0.506	0.519	0.530	0.537	0.543	0.547	0.550	0.553	0.555	0.557	0.559	0.560	0.561	0.562
0.40	0.165	0.276	0.363	0.426	0.472	0.506	0.532	0.552	0.567	0.579	0.588	0.596	0.601	0.606	0.610	0.614	0.616	0.619	0.621	0.622
0.45	0.161	0.272	0.362	0.430	0.482	0.522	0.554	0.579	0.599	0.616	0.629	0.639	0.645	0.655	0.661	0.665	0.669	0.672	0.675	0.677
0.50	0.156	0.266	0.357	0.429	0.487	0.533	0.570	0.601	0.626	0.647	0.663	0.677	0.688	0.697	0.705	0.711	0.716	0.721	0.724	0.727
0.55	0.149	0.256	0.348	0.423	0.485	0.537	0.579	0.615	0.645	0.670	0.690	0.707	0.721	0.733	0.742	0.750	0.757	0.762	0.767	0.771
0.60	0.140	0.244	0.335	0.412	0.477	0.533	0.580	0.620	0.654	0.683	0.707	0.728	0.745	0.759	0.771	0.781	0.789	0.796	0.802	0.807
0.65	0.130	0.228	0.317	0.394	0.461	0.519	0.570	0.614	0.652	0.685	0.712	0.736	0.756	0.774	0.788	0.801	0.811	0.820	0.828	0.834
0.70	0.118	0.209	0.293	0.368	0.435	0.495	0.548	0.594	0.636	0.671	0.703	0.730	0.753	0.774	0.791	0.807	0.820	0.831	0.841	0.849
0.75	0.103	0.185	0.263	0.334	0.399	0.458	0.511	0.559	0.602	0.640	0.674	0.704	0.731	0.755	0.775	0.794	0.810	0.824	0.837	0.848
0.80	0.087	0.158	0.226	0.290	0.350	0.406	0.457	0.504	0.547	0.587	0.622	0.654	0.683	0.709	0.733	0.754	0.774	0.791	0.807	0.821
0.85	0.069	0.126	0.182	0.236	0.288	0.337	0.383	0.426	0.467	0.504	0.539	0.571	0.601	0.629	0.654	0.678	0.700	0.720	0.738	0.756
0.90	0.048	0.089	0.130	0.171	0.210	0.248	0.285	0.321	0.354	0.386	0.417	0.446	0.473	0.499	0.523	0.546	0.568	0.588	0.609	0.628
0.95	0.025	0.047	0.069	0.092	0.115	0.137	0.159	0.181	0.202	0.222	0.242	0.262	0.280	0.299	0.316	0.334	0.351	0.367	0.383	0.398
1.00	0.000	0.000	0.000	0.000	0.000	0.000	0.000	0.000	0.000	0.000	0.000	0.000	0.000	0.000	0.000	0.000	0.000	0.000	0.000	0.000

ξ \ α	11.0	11.5	12.0	12.5	13.0	13.5	14.0	14.5	15.0	15.5	16.0	16.5	17.0	17.5	18.0	18.5	19.0	19.5	20.0	20.5
0.00	0.165	0.158	0.152	0.147	0.142	0.137	0.132	0.128	0.124	0.120	0.117	0.113	0.110	0.107	0.104	0.102	0.099	0.097	0.095	0.092
0.05	0.185	0.180	0.174	0.170	0.165	0.161	0.158	0.154	0.151	0.148	0.145	0.143	0.140	0.138	0.136	0.134	0.132	0.130	0.129	0.127
0.10	0.233	0.229	0.226	0.222	0.219	0.217	0.214	0.212	0.210	0.208	0.207	0.205	0.204	0.203	0.201	0.200	0.199	0.199	0.198	0.197
0.15	0.295	0.293	0.290	0.288	0.287	0.285	0.284	0.283	0.282	0.281	0.280	0.280	0.279	0.278	0.278	0.278	0.277	0.277	0.277	0.276
0.20	0.363	0.361	0.360	0.360	0.358	0.358	0.358	0.357	0.357	0.357	0.357	0.356	0.356	0.356	0.356	0.356	0.356	0.356	0.356	0.356
0.25	0.432	0.431	0.431	0.431	0.431	0.431	0.431	0.431	0.431	0.431	0.431	0.431	0.432	0.432	0.432	0.432	0.432	0.432	0.432	0.433
0.30	0.499	0.498	0.500	0.500	0.500	0.501	0.501	0.502	0.502	0.502	0.503	0.503	0.503	0.503	0.504	0.504	0.504	0.504	0.505	0.505
0.35	0.563	0.564	0.565	0.566	0.566	0.567	0.568	0.568	0.569	0.568	0.568	0.570	0.570	0.571	0.571	0.571	0.571	0.572	0.572	0.572
0.40	0.624	0.625	0.626	0.627	0.628	0.628	0.629	0.630	0.631	0.631	0.632	0.632	0.633	0.633	0.633	0.634	0.634	0.634	0.634	0.635
0.45	0.679	0.681	0.682	0.684	0.685	0.686	0.686	0.687	0.688	0.688	0.688	0.688	0.690	0.690	0.691	0.691	0.691	0.692	0.692	0.692
0.50	0.730	0.732	0.733	0.735	0.736	0.737	0.738	0.738	0.740	0.741	0.741	0.742	0.742	0.743	0.743	0.743	0.744	0.744	0.744	0.745
0.55	0.774	0.777	0.778	0.781	0.782	0.784	0.785	0.786	0.787	0.788	0.788	0.789	0.790	0.790	0.790	0.791	0.791	0.792	0.792	0.792
0.60	0.811	0.815	0.818	0.820	0.822	0.824	0.826	0.827	0.828	0.829	0.830	0.831	0.831	0.832	0.833	0.833	0.833	0.834	0.834	0.834
0.65	0.840	0.844	0.848	0.852	0.855	0.857	0.859	0.861	0.863	0.864	0.865	0.867	0.867	0.868	0.869	0.870	0.870	0.871	0.871	0.871
0.70	0.857	0.863	0.868	0.873	0.878	0.881	0.884	0.887	0.890	0.892	0.893	0.895	0.896	0.898	0.899	0.900	0.901	0.901	0.902	0.903
0.75	0.858	0.866	0.874	0.881	0.887	0.892	0.897	0.901	0.903	0.908	0.911	0.914	0.916	0.918	0.920	0.921	0.923	0.924	0.925	0.926
0.80	0.834	0.846	0.856	0.866	0.874	0.882	0.889	0.896	0.901	0.907	0.911	0.916	0.919	0.923	0.926	0.929	0.932	0.934	0.936	0.938
0.85	0.772	0.786	0.800	0.813	0.825	0.836	0.846	0.855	0.864	0.872	0.879	0.886	0.893	0.899	0.904	0.909	0.914	0.918	0.922	0.926
0.90	0.646	0.663	0.679	0.694	0.708	0.722	0.735	0.748	0.760	0.771	0.781	0.792	0.801	0.810	0.819	0.827	0.835	0.843	0.850	0.857
0.95	0.413	0.428	0.442	0.456	0.469	0.483	0.495	0.508	0.520	0.532	0.543	0.555	0.566	0.576	0.587	0.597	0.607	0.617	0.626	0.635
1.00	0.000	0.000	0.000	0.000	0.000	0.000	0.000	0.000	0.000	0.000	0.000	0.000	0.000	0.000	0.000	0.000	0.000	0.000	0.000	0.000

附表 3-2

均布荷载下的 $\varphi(\xi)$ 值

ξ \ α	1.0	1.5	2.0	2.5	3.0	3.5	4.0	4.5	5.0	5.5	6.0	6.5	7.0	7.5	8.0	8.5	9.0	9.5	10.0	10.5
0.00	0.113	0.178	0.216	0.231	0.232	0.224	0.213	0.199	0.186	0.173	0.161	0.150	0.141	0.132	0.124	0.117	0.110	0.105	0.099	0.095
0.05	0.113	0.178	0.217	0.233	0.234	0.228	0.217	0.204	0.191	0.179	0.168	0.157	0.148	0.140	0.133	0.126	0.120	0.115	0.110	0.106
0.10	0.113	0.179	0.219	0.237	0.241	0.236	0.227	0.217	0.206	0.195	0.185	0.176	0.168	0.161	0.155	0.149	0.144	0.140	0.136	0.133
0.15	0.114	0.181	0.223	0.244	0.251	0.249	0.243	0.235	0.226	0.218	0.210	0.203	0.196	0.191	0.186	0.181	0.178	0.174	0.171	0.168
0.20	0.114	0.183	0.228	0.252	0.363	0.265	0.263	0.258	0.252	0.246	0.241	0.235	0.231	0.227	0.223	0.220	0.217	0.215	0.213	0.211
0.25	0.114	0.185	0.233	0.261	0.276	0.283	0.285	0.284	0.281	0.278	0.257	0.272	0.269	0.266	0.264	0.262	0.260	0.258	0.257	0.258
0.30	0.114	0.186	0.237	0.270	0.290	0.302	0.308	0.311	0.312	0.312	0.312	0.310	0.309	0.308	0.307	0.306	0.305	0.304	0.303	0.303
0.35	0.113	0.187	0.242	0.279	0.304	0.321	0.332	0.339	0.344	0.347	0.349	0.350	0.351	0.351	0.351	0.351	0.351	0.351	0.351	0.351
0.40	0.111	0.186	0.245	0.287	0.317	0.339	0.355	0.367	0.376	0.382	0.387	0.390	0.393	0.398	0.396	0.397	0.398	0.398	0.399	0.399
0.45	0.109	0.185	0.246	0.293	0.328	0.355	0.376	0.393	0.406	0.416	0.424	0.430	0.434	0.438	0.441	0.443	0.444	0.445	0.446	0.447
0.50	0.106	0.182	0.246	0.296	0.336	0.369	0.395	0.416	0.433	0.447	0.458	0.467	0.474	0.479	0.483	0.487	0.499	0.492	0.493	0.495
0.55	0.103	0.178	0.242	0.296	0.341	0.378	0.409	0.435	0.456	0.474	0.488	0.500	0.510	0.517	0.524	0.529	0.533	0.536	0.539	0.541
0.60	0.097	0.171	0.236	0.293	0.341	0.382	0.418	0.448	0.474	0.495	0.513	0.528	0.541	0.551	0.560	0.567	0.573	0.577	0.581	0.585
0.65	0.091	0.162	0.226	0.284	0.335	0.380	0.419	0.453	0.483	0.508	0.530	0.549	0.565	0.578	0.589	0.599	0.607	0.614	0.619	0.624
0.70	0.083	0.150	0.212	0.270	0.322	0.369	0.411	0.449	0.482	0.511	0.537	0.559	0.578	0.595	0.609	0.622	0.632	0.642	0.650	0.657
0.75	0.074	0.135	0.194	0.249	0.300	0.348	0.392	0.431	0.467	0.499	0.528	0.554	0.576	0.597	0.614	0.630	0.644	0.657	0.667	0.677
0.80	0.063	0.116	0.169	0.220	0.269	0.315	0.358	0.398	0.435	0.469	0.500	0.528	0.553	0.577	0.598	0.617	0.634	0.650	0.664	0.677
0.85	0.050	0.094	0.138	0.182	0.225	0.266	0.306	0.344	0.379	0.413	0.444	0.473	0.500	0.525	0.548	0.570	0.590	0.609	0.626	0.643
0.90	0.036	0.067	0.100	0.134	0.167	0.200	0.233	0.264	0.294	0.323	0.351	0.378	0.403	0.427	0.450	0.472	0.493	0.513	0.532	0.550
0.95	0.019	0.036	0.054	0.074	0.093	0.113	0.133	0.152	0.171	0.190	0.209	0.227	0.245	0.262	0.279	0.296	0.312	0.328	0.343	0.358
1.00	0.000	0.000	0.000	0.000	0.000	0.000	0.000	0.000	0.000	0.000	0.000	0.000	0.000	0.000	0.000	0.000	0.000	0.000	0.000	0.000

续表

α＼ξ	11.0	11.5	12.0	12.5	13.0	13.5	14.0	14.5	15.0	15.5	16.0	16.5	17.0	17.5	18.0	18.5	19.0	19.5	20.0	20.5
0.00	0.090	0.086	0.083	0.079	0.076	0.074	0.071	0.068	0.066	0.064	0.062	0.060	0.058	0.057	0.055	0.054	0.052	0.051	0.050	0.048
0.05	0.102	0.098	0.095	0.092	0.090	0.087	0.085	0.083	0.081	0.179	0.077	0.076	0.075	0.073	0.072	0.071	0.070	0.069	0.068	0.067
0.10	0.130	0.127	0.124	0.122	0.120	0.119	0.117	0.116	0.114	0.113	0.112	0.111	0.110	0.109	0.109	0.108	0.107	0.107	0.106	0.106
0.15	0.167	0.165	0.163	0.162	0.160	0.159	0.158	0.157	0.156	0.156	0.155	0.154	0.154	0.153	0.153	0.153	0.152	0.152	0.152	0.152
0.20	0.209	0.208	0.207	0.206	0.205	0.204	0.204	0.203	0.203	0.202	0.202	0.202	0.201	0.201	0.201	0.201	0.201	0.200	0.200	0.200
0.25	0.255	0.254	0.253	0.253	0.252	0.252	0.251	0.251	0.251	0.251	0.250	0.250	0.250	0.250	0.250	0.250	0.250	0.250	0.250	0.250
0.30	0.302	0.302	0.301	0.301	0.301	0.301	0.300	0.300	0.300	0.300	0.300	0.300	0.300	0.300	0.300	0.300	0.300	0.300	0.299	0.288
0.35	0.351	0.350	0.350	0.350	0.350	0.350	0.350	0.350	0.350	0.350	0.350	0.350	0.350	0.349	0.349	0.349	0.349	0.349	0.349	0.349
0.40	0.399	0.399	0.399	0.399	0.399	0.399	0.399	0.399	0.399	0.399	0.399	0.399	0.399	0.399	0.399	0.399	0.399	0.399	0.399	0.399
0.45	0.448	0.448	0.448	0.448	0.448	0.449	0.449	0.449	0.449	0.449	0.449	0.449	0.449	0.449	0.449	0.449	0.449	0.449	0.449	0.449
0.50	0.496	0.496	0.497	0.498	0.498	0.498	0.499	0.499	0.499	0.499	0.499	0.499	0.499	0.499	0.499	0.499	0.499	0.499	0.499	0.499
0.55	0.543	0.544	0.545	0.546	0.547	0.547	0.548	0.548	0.548	0.548	0.549	0.549	0.549	0.549	0.549	0.549	0.549	0.549	0.549	0.549
0.60	0.587	0.589	0.591	0.593	0.594	0.595	0.596	0.596	0.597	0.597	0.598	0.598	0.598	0.599	0.599	0.599	0.599	0.599	0.599	0.599
0.65	0.620	0.632	0.634	0.637	0.639	0.641	0.642	0.643	0.644	0.645	0.646	0.646	0.647	0.647	0.648	0.648	0.648	0.648	0.649	0.649
0.70	0.663	0.668	0.672	0.676	0.679	0.682	0.684	0.687	0.688	0.690	0.691	0.692	0.693	0.694	0.695	0.696	0.696	0.697	0.697	0.697
0.75	0.686	0.693	0.709	0.706	0.711	0.715	0.719	0.723	0.726	0.729	0.731	0.733	0.735	0.737	0.738	0.740	0.741	0.742	0.743	0.744
0.80	0.689	0.699	0.709	0.717	0.725	0.732	0.739	0.744	0.750	0.754	0.759	0.763	0.766	0.768	0.772	0.775	0.777	0.779	0.781	0.783
0.85	0.657	0.671	0.684	0.696	0.707	0.718	0.727	0.736	0.744	0.752	0.759	0.765	0.771	0.777	0.782	0.787	0.792	0.796	0.800	0.803
0.90	0.567	0.583	0.598	0.613	0.627	0.640	0.653	0.665	0.676	0.687	0.698	0.707	0.717	0.726	0.734	0.742	0.750	0.757	0.764	0.771
0.95	0.373	0.387	0.401	0.414	0.428	0.440	0.453	0.465	0.477	0.489	0.500	0.511	0.522	0.533	0.543	0.553	0.563	0.572	0.582	0.591
1.00	0.000	0.000	0.000	0.000	0.000	0.000	0.000	0.000	0.000	0.000	0.000	0.000	0.000	0.000	0.000	0.000	0.000	0.000	0.000	0.000

顶部集中荷载作用下的 $\varphi(\xi)$ 值

附表 3-3

ξ \ α	1.0	1.5	2.0	2.5	3.0	3.5	4.0	4.5	5.0	5.5	6.0	6.5	7.0	7.5	8.0	8.5	9.0	9.5	10.0	10.5
0.00	0.351	0.574	0.734	0.836	0.900	0.939	0.963	0.977	0.986	0.991	0.995	0.996	0.998	0.998	0.999	0.999	0.999	0.999	0.999	0.999
0.05	0.351	0.573	0.732	0.835	0.899	0.938	0.962	0.977	0.986	0.991	0.994	0.996	0.998	0.998	0.999	0.999	0.999	0.999	0.999	0.999
0.10	0.348	0.570	0.728	0.831	0.896	0.935	0.960	0.975	0.984	0.990	0.994	0.996	0.997	0.998	0.999	0.999	0.999	0.999	0.999	0.999
0.15	0.344	0.564	0.722	0.825	0.890	0.931	0.956	0.972	0.982	0.988	0.992	0.995	0.997	0.998	0.998	0.999	0.999	0.999	0.999	0.999
0.20	0.338	0.555	0.712	0.816	0.882	0.924	0.951	0.968	0.979	0.986	0.991	0.994	0.996	0.997	0.998	0.998	0.999	0.999	0.999	0.999
0.25	0.331	0.544	0.700	0.804	0.871	0.915	0.943	0.962	0.974	0.982	0.988	0.992	0.994	0.996	0.997	0.998	0.998	0.999	0.999	0.999
0.30	0.322	0.531	0.684	0.788	0.857	0.903	0.933	0.954	0.968	0.977	0.984	0.989	0.992	0.994	0.996	0.997	0.998	0.998	0.999	0.999
0.35	0.311	0.515	0.666	0.770	0.840	0.888	0.921	0.944	0.960	0.971	0.979	0.985	0.989	0.992	0.994	0.996	0.997	0.997	0.998	0.998
0.40	0.299	0.496	0.644	0.748	0.820	0.870	0.905	0.931	0.949	0.962	0.972	0.979	0.984	0.988	0.991	0.993	0.995	0.996	0.997	0.998
0.45	0.285	0.474	0.619	0.722	0.795	0.848	0.886	0.914	0.935	0.951	0.962	0.971	0.978	0.983	0.987	0.990	0.992	0.994	0.995	0.996
0.50	0.269	0.449	0.589	0.692	0.766	0.821	0.862	0.893	0.917	0.935	0.950	0.961	0.969	0.976	0.981	0.985	0.988	0.991	0.993	0.994
0.55	0.251	0.421	0.556	0.656	0.731	0.788	0.832	0.867	0.893	0.915	0.932	0.946	0.957	0.965	0.972	0.978	0.982	0.986	0.988	0.991
0.60	0.231	0.390	0.518	0.616	0.691	0.760	0.796	0.834	0.864	0.889	0.909	0.925	0.939	0.950	0.959	0.966	0.972	0.977	0.981	0.985
0.65	0.210	0.356	0.476	0.569	0.643	0.703	0.752	0.792	0.826	0.854	0.877	0.897	0.913	0.927	0.939	0.948	0.957	0.964	0.969	0.974
0.70	0.186	0.318	0.428	0.516	0.588	0.647	0.697	0.740	0.776	0.807	0.834	0.857	0.877	0.894	0.909	0.921	0.932	0.942	0.950	0.957
0.75	0.161	0.276	0.374	0.455	0.523	0.581	0.631	0.675	0.713	0.747	0.776	0.803	0.826	0.846	0.864	0.880	0.894	0.907	0.917	0.927
0.80	0.133	0.230	0.314	0.386	0.448	0.502	0.550	0.593	0.632	0.667	0.698	0.727	0.753	0.776	0.798	0.817	0.834	0.850	0.864	0.877
0.85	0.103	0.179	0.248	0.307	0.360	0.407	0.450	0.490	0.527	0.561	0.593	0.622	0.650	0.675	0.698	0.720	0.740	0.759	0.776	0.793
0.90	0.071	0.125	0.174	0.217	0.257	0.294	0.329	0.362	0.393	0.423	0.451	0.478	0.503	0.527	0.550	0.572	0.593	0.613	0.632	0.650
0.95	0.036	0.065	0.091	0.115	0.138	0.160	0.181	0.201	0.221	0.240	0.259	0.277	0.295	0.312	0.329	0.346	0.362	0.378	0.393	0.408
1.00	0.000	0.000	0.000	0.000	0.000	0.000	0.000	0.000	0.000	0.000	0.000	0.000	0.000	0.000	0.000	0.000	0.000	0.000	0.000	0.000

续表

ξ \ α	11.0	11.5	12.0	12.5	13.0	13.5	14.0	14.5	15.0	15.5	16.0	16.5	17.0	17.5	18.0	18.5	19.0	19.5	20.0	20.5
0.00	0.999	0.999	0.999	0.999	0.999	0.999	1.000	1.000	1.000	1.000	1.000	1.000	1.000	1.000	1.000	1.000	1.000	1.000	1.000	1.000
0.05	0.999	0.999	0.999	0.999	0.999	0.999	0.999	0.999	1.000	1.000	1.000	1.000	1.000	1.000	1.000	1.000	1.000	1.000	1.000	1.000
0.10	0.999	0.999	0.999	0.999	0.999	0.999	0.999	0.999	0.999	1.000	1.000	1.000	1.000	1.000	1.000	1.000	1.000	1.000	1.000	1.000
0.15	0.999	0.999	0.999	0.999	0.999	0.999	0.999	0.999	0.999	0.999	1.000	1.000	1.000	1.000	1.000	1.000	1.000	1.000	1.000	1.000
0.20	0.999	0.999	0.999	0.999	0.999	0.999	0.999	0.999	0.999	0.999	0.999	0.999	0.999	1.000	1.000	1.000	1.000	1.000	1.000	1.000
0.25	0.999	0.999	0.999	0.999	0.999	0.999	0.999	0.999	0.999	0.999	0.999	0.999	0.999	0.999	0.999	1.000	1.000	1.000	1.000	1.000
0.30	0.999	0.999	0.999	0.999	0.999	0.999	0.999	0.999	0.999	0.999	0.999	0.999	0.999	0.999	0.999	0.999	0.999	0.999	1.000	1.000
0.35	0.999	0.999	0.999	0.999	0.999	0.999	0.999	0.999	0.999	0.999	0.999	0.999	0.999	0.999	0.999	0.999	0.999	0.999	0.999	0.999
0.40	0.998	0.998	0.998	0.999	0.999	0.999	0.999	0.999	0.999	0.999	0.999	0.999	0.999	0.999	0.999	0.999	0.999	0.999	0.999	0.999
0.45	0.997	0.998	0.998	0.998	0.998	0.999	0.999	0.999	0.999	0.999	0.999	0.999	0.999	0.999	0.999	0.999	0.999	0.999	0.999	0.999
0.50	0.995	0.996	0.997	0.998	0.998	0.998	0.998	0.999	0.998	0.999	0.999	0.999	0.999	0.999	0.999	0.999	0.999	0.999	0.999	0.999
0.55	0.992	0.994	0.995	0.996	0.997	0.997	0.998	0.998	0.998	0.997	0.998	0.999	0.999	0.999	0.999	0.999	0.999	0.999	0.999	0.999
0.60	0.987	0.989	0.991	0.993	0.994	0.995	0.996	0.996	0.997	0.997	0.998	0.998	0.998	0.999	0.999	0.999	0.999	0.999	0.999	0.999
0.65	0.978	0.982	0.985	0.987	0.989	0.991	0.992	0.993	0.994	0.995	0.996	0.996	0.997	0.997	0.998	0.998	0.998	0.998	0.999	0.999
0.70	0.963	0.969	0.972	0.976	0.979	0.982	0.985	0.987	0.988	0.990	0.991	0.992	0.993	0.994	0.995	0.996	0.996	0.996	0.997	0.997
0.75	0.936	0.943	0.950	0.956	0.961	0.965	0.969	0.973	0.976	0.979	0.981	0.983	0.985	0.987	0.988	0.990	0.991	0.992	0.993	0.994
0.80	0.889	0.899	0.909	0.917	0.925	0.932	0.939	0.945	0.950	0.954	0.959	0.963	0.966	0.968	0.972	0.975	0.977	0.979	0.981	0.983
0.85	0.808	0.821	0.834	0.846	0.857	0.868	0.877	0.886	0.894	0.902	0.909	0.915	0.921	0.927	0.932	0.937	0.942	0.946	0.950	0.953
0.90	0.667	0.683	0.698	0.713	0.727	0.740	0.753	0.765	0.776	0.787	0.798	0.808	0.817	0.826	0.834	0.842	0.850	0.857	0.864	0.871
0.95	0.423	0.437	0.451	0.464	0.478	0.490	0.503	0.515	0.527	0.538	0.550	0.561	0.572	0.583	0.593	0.603	0.613	0.622	0.632	0.641
1.00	0.000	0.000	0.000	0.000	0.000	0.000	0.000	0.000	0.000	0.000	0.000	0.000	0.000	0.000	0.000	0.000	0.000	0.000	0.000	0.000

参 考 文 献

[1] 方鄂华，钱稼茹，叶列平．高层建筑结构设计 ［M］．北京：中国建筑工业出版社，2003.

[2] 方鄂华．高层建筑钢筋混凝土结构概念设计 ［M］．2 版．北京：机械工业出版社，2014.

[3] 霍达，何益斌，滕海文．高层建筑结构设计 ［M］．2 版．北京：高等教育出版社，2011.

[4] 吕西林．高层建筑结构 ［M］．3 版．武汉：武汉理工大学出版社，2011.

[5] 陈建云，刘金云．高层建筑结构设计 ［M］．大连：大连理工大学出版社，2011.

[6] 沈蒲生．高层建筑结构设计 ［M］．北京：中国建筑工业出版社，2006.

[7] 周云．高层建筑结构设计 ［M］．武汉：武汉理工大学出版社，2009.

[8] 黄林青．高层建筑混凝土结构 ［M］．北京：中国电力出版社，2009.

[9] 田砾．工作的开始——高层建筑结构设计 ［M］．北京：机械工业出版社，2013.

[10] 刘继明，马福，郭院成．高层建筑结构设计 ［M］．北京：科学出版社，2006.

[11] 伏文英．高层建筑结构设计计算条文与算例 ［M］．北京：中国建筑工业出版社，2015.

[12] 史庆轩，梁兴文．高层建筑结构设计 ［M］．2 版．北京：科学出版社，2012.

[13] 谭文辉，李达．高层建筑结构设计 ［M］．2 版．北京：冶金工业出版社，2013.

[14] 戴文勇．高层建筑常用公式及应用 ［M］．北京：化学工业出版社，2014.

[15] 徐亚丰．高层建筑结构设计 ［M］．北京：中国电力出版社，2015.